# 祁门红茶史料丛刊

第二辑（1912—1932）

康健◎主编
王世华◎审订

安徽师范大学出版社
ANHUI NORMAL UNIVERSITY PRESS
·芜湖·

**图书在版编目(CIP)数据**

祁门红茶史料丛刊. 第二辑，1912—1932 / 康健主编 .— 芜湖：安徽师范大学出版社，2020.6
ISBN 978-7-5676-4600-1

Ⅰ. ①祁… Ⅱ. ①康… Ⅲ. ①祁门红茶－史料－1912—1932 Ⅳ. ①TS971.21

中国版本图书馆CIP数据核字(2020)第077031号

祁门红茶史料丛刊 第二辑(1912—1932)　　康 健◎主编　王世华◎审订
QIMEN HONGCHA SHILIAO CONGKAN DI-ER JI (1912—1932)

总 策 划：孙新文　　执行策划：郭行洲 牛 佳
责任编辑：郭行洲 牛 佳　　责任校对：祝凤霞
装帧设计：丁奕奕　　责任印制：桑国磊
出版发行：安徽师范大学出版社
芜湖市九华南路189号安徽师范大学花津校区
网　　址：http://www.ahnupress.com/
发 行 部：0553-3883578　5910327　5910310(传真)
印　　刷：苏州市古得堡数码印刷有限公司
版　　次：2020年6月第1版
印　　次：2020年6月第1次印刷
规　　格：700 mm × 1000 mm　1/16
印　　张：26.75
字　　数：496千字
书　　号：ISBN 978-7-5676-4600-1
定　　价：86.00元

# 凡 例

一、本丛书所收资料以晚清民国（1873—1949）有关祁门红茶的资料为主，间亦涉及19世纪50年代前后的记载，以便于考察祁门红茶的盛衰过程。

二、本丛书所收资料基本按照时间先后顺序编排，以每条（种）资料的标题编目。

三、每条（种）资料基本全文收录，以确保内容的完整性，但删减了一些不适合出版的内容。

四、凡是原资料中的缺字、漏字以及难以识别的字，皆以□来代替。

五、在每条（种）资料末尾注明资料出处，以便查考。

六、凡是涉及表格说明“如左”“如右”之类的词，根据表格在整理后文献中的实际位置重新表述。

七、近代中国一些专业用语不太规范，存在俗字、简写、错字等，如“先令”与“仙令”、“萍水茶”与“平水茶”、“盈余”与“赢余”、“聂市”与“聂家市”、“泰晤士报”与“太晤士报”、“茶业”与“茶叶”等，为保持资料原貌，整理时不做改动。

八、本丛书所收资料原文中出现的地名、物品、温度、度量衡单位等内容，具有当时的时代特征，为保持资料原貌，整理时不做改动。

九、祁门近代属于安徽省辖县，近代报刊原文中存在将其归属安徽和江西两种情况，为保持资料原貌，整理时不做改动，读者自可辨识。

十、本丛书所收资料对于一些数字的使用不太规范，如“四五十两左右”，按照现代用法应该删去“左右”二字，但为保持资料原貌，整理时不做改动。

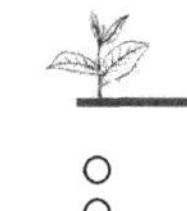

十一、近代报刊的数据统计表中存在一些逻辑错误。对于明显的数字统计错误，整理时予以更正；对于那些无法更正的逻辑错误，只好保持原貌，不做修改。

十二、本丛书虽然主要是整理近代祁门红茶史料，但收录的资料原文中有时涉及其他地区的绿茶、红茶等内容，为反映不同区域的茶叶市场全貌，整理时保留全文，不做改动。

十三、本丛书收录的近代报刊种类众多、文章层级多样不一，为了保持资料原貌，除对文章一、二级标题的字体、字号做统一要求之外，其他层级标题保持原貌，如“（1）（2）”标题下有“一、二”之类的标题等，不做改动。

十四、本丛书所收资料为晚清、民国的文人和学者所写，其内容多带有浓厚的主观色彩，常有污蔑之词，如将太平天国运动称为“发逆”“洪杨之乱”等，在编辑整理时，为保持资料原貌，不做改动。

十五、为保证资料的准确性和真实性，本丛书收录的祁门茶商的账簿、分家书等文书资料皆以影印的方式呈现。为便于读者使用，整理时根据内容加以题名，但这些茶商文书存在内容庞杂、少数文字不清等问题，因此，题名未必十分精确，读者使用时须注意。

十六、原资料多数为繁体竖排无标点，整理时统一改为简体横排加标点。

# 目　录



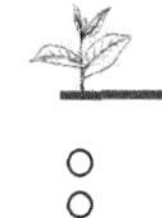

## 一九一六

## 一九一七



## 一九一八

## ◆一九一九

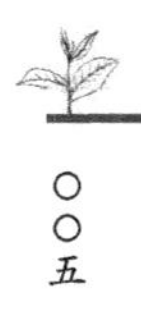

◆一九二〇

## ◆一九二一



## ◆一九二二

## 一九二三

## ◆一九二四

## ◆一九二五



## ◆一九二六



## ◆一九二七

## ◆一九二八



## ◆一九二九

## ◆一九三〇

## ◆一九三一

## ◆一九三二

# 一九一二

# 赣省财政交涉汇闻

…………

分征茶税，南昌李都督鉴，前准马都督筱电论茶事，当经分行在案。兹据屯溪茶厘局长卢光诰呈称，查前清时赣皖归两江兼辖，两省茶务亦由江督主持，浮梁、婺德茶均由屯溪总局派员经理。今既徽茶归皖办，浮梁、德兴茶归赣办，界限既清，事权自应划一。惟是两省接壤，皖省之茶，有应在赣省地方设局收税，方免偷漏之弊。此亦关于地势，不得不然者。如祁门茶应在浮梁设局，婺源茶应在德兴设局，或仍原有之局内，派员分别办事，或分局办事，由两方面妥定章程，彼此不得逾越权限。又，饶州仍应由皖省设徽茶复验局，均乞电江西都督照准等语。查赣皖地势犬牙相错，茶商往来，容有挠越。该局长所称，在浮梁、德兴设分局，在饶州设复验局，实系揆度情事，并非侵越权限，应恳查照，俯如所请，饬贵省承办茶厘委员，与该局长接洽商定，办事手续，期于两面有益无损。至纫公谊，并盼电复皖都督。孙毓筠叩。

…………

《申报》1912年4月12日

# 一九一三

# 整顿安徽茶务议案

谨案安徽产茶，素称首区，若六安，若祁门，当夫春夏之交，郁郁葱葱，连山遍麓，绿叶婆娑，弥望皆茶树也。采茶之际，妇孺趁晓而起，朝露未晞，摘艳盈筐，归则以焙以制，待价而沽，其生活之赖于是者，不知其几万家也。买茶浮梁，争利于市，由产茶之地，而致之需茶之地，经本商之手，而移于外商之手，于以持筹握算，转货鬻财，其资本之投于是者，又不知其几千万也。海禁初开，西贾云集，乃取我清品，怡彼国人，辇巨金而来，贩细叶以去者，岁不乏人，于是吾之茶商辄因之利市三倍，茶业之所由盛也。及乎印锡之茶出，而吾国之茶市一蹶，日本之茶兴而再蹶，年复一年，日复一日，微吾茶得天独厚者，吾茶商其见摒于市场之外也久矣。虽然，吾人第知外茶之排我轧我，而不反躬自责，求所以致败之由，而后观微达变，力图整顿，则茶务前途，其无冀乎？兹姑就管见所及，一论列之。

天时有变迁，地利无故常，若徒任天行以为则，人功不施于其间，则良者且转而为窳，即不然，亦无进无退已耳。夫吾茶得天独厚固矣，然播种之法不修，产出因而有限；培植之道不讲，发育随以无几；剪割（剪其树头割其树身皆植茶要法）乏术，则枝条滋生弗茂；采摘欠适，则出品之味香自淡。凡此皆村甿少学，莫之改良有以使之然耳，此农艺失修所以失败者一也。太史公曰“农以出之，工以成之”。语曰“工欲善其事，必先利其器”，是百物之成，重有赖乎工，而工艺之兴，尤重有赖乎器也。吾国制茶，向以手工为主，即偶用器械，亦仅仅木架烘床，少分劳力而已。相彼印锡之茶厂，碾压有机，烘焙有机，筛青有机，筛干有机，扬切有机，装箱有机，机分六段，而一轴以贯之，引擎转动，则全厂皆工作矣，其原动力所出，则近水用水，否则用汽或电，均无不可，恒本（购机器等之资经济学谓此为恒本）虽重，而行本（如工资及日用之材料）则轻，出货既多，而价格自廉。品质一定，则销售斯易。以视吾国工人胼手胝足，朝夕皇皇，犹且失时而后事滥恶而受斥者，其成败得失顾可同日而语哉？此工艺不进，所以失败者又一也。排挤之风炽，则输出无利市，团结之力衰，则对外无权能，彼外商之来，挟其雄厚之财力，故为镇静之态，窥吾商之急于求售也，则任意操纵，使立于无可如何，不得不售之地，于是贸易之利，十九入其掌中。而我之航业未修，遑言海运，其势已同坐卖，益以资本微弱，金融短促，消场一滞，破产堪虞，高价难求。脱货为得，不惜相竞以

廉，互攻同业，致授人以隙，积至太阿倒持，听人作价。是全国茶业之输出品，已不啻尽入拍卖场矣。嗟夫以此言商云胡不伤？苟不及时整顿，吾见其一败涂地耳。此商业无术，所以失败者又一也。此外如道路闭塞，则运输缓而时间费矣；捐税繁重，则成本增而商利减矣；奖励缺乏，则企业衰而发达难矣。聚众因结一果，如是以观，茶务又焉得不年年减色也哉？夫茶务堕落，固国人之不幸，而皖省之被创尤巨，是不得不有以挽救之。挽救之道无他，审其受病之由，分治本治标二层，以施济之，其庶有豸。治本之法奈何？曰讲求培植，改良焙制；治标之法奈何？曰创立机关，加意辅助，请分别说明之。

## 一、讲求培植

为便宜计，为经济计，入手办法，先于产茶最盛之区（如六安祁门等处）各设种茶讲习所一处，聘老于茶事而富有学术经验者，广搜标本，置备农具，聚茶山居民，取最新最适用之培植法采摘法，以最浅近之文字或语言教授之，不拘拘于日程，不专重于学理，唯以简切易行为主。如播种，如剪割，如加肥，如辨时，如辨土，如采摘，勿惮反复言之，必使明白晓悟，而尤以实地练习为要义，相山之阴阳，土之润燥，何地可播种，则教之种，何地宜壅肥，则教之壅。其素从事于此者，则何处宜改良，何处宜加工，均须随时指陈，俾心领而神会。其有为农力不及之处，则或集资或由公家酌补助之。如此期以三年，收成可倍，青叶既采，售诸工厂，此就现时形况，所拟采之最简便之法也。若必使规模划一，则必由焙制工厂（详后）收买茶山，雇工种植采摘，是则易教育方法，为驱策之术，其整齐猛进之效，自有可观，唯此事宜俟经济稍充时为之，且迹近垄断，恐操之过急转易惹山民之反抗也。

## 二、改良焙制

法宜厚集资本，就各出茶之区，购办机器，建设焙制茶叶工厂，暂由山民处。购买生叶（或买或定包买均可），招久于制茶之人，教以机器动作之大略，使为工人，工资不妨稍厚。更择精明干练之人，以监其事，防患未然，免滋流弊。留意分别出品，粗者为粗，细者为细，可先寄见本（犹标本通称样子）于出售之处（详后），俾便预约交易。革搀伪之习，以著其诚；守应时之诫，以昭其信。为饼、为砖、为叶，总求合市场之需，重色、重香、重味，务宜投饮者之好。如是则需求自多，而销路无虑其狭矣。至云售股之法，可按股份公司办法，先尽商民投资，不足则酌拨公款附股，因此为整顿茶务之枢纽，期在必成也。若资本之总额，则视该地产茶额之多寡而定，大者三数百万元，小者百数十万元可矣。此种事业，开创之始，可由公家酌量情形，规定区域，与以数年之专利以资鼓励。庶投资者，或能踊跃争先也。



## 三、创立机关

窃意对外商业，固非资本充足，无以为功，尤非有一定机关，不能制胜。吾国茶叶之输出，宜由各要埠（如上海汉口天津等处）之茶叶输出商协定同一方针，各于其地建设茶叶输出所，由公家定章准许，由法律赋以对外营业独占之权利，其规模仿交易所，其作用似托辣斯，其性质则为茶商之经售处。每一所内设总董以管理一切，设检查员以验货物之真伪，分量之符合，设评价员以察市场之涨落，定货价之高下，设招待员以周旋外商承揽交易，设会计员以综核出入计算赢亏。由运茶之商投至，或受工厂托付，为之经理出售，物价自我订之，不受外商操纵。且但凭见本，即可成交，无俟货屯而后议价。全国市场之消息既通，声气联络，此中贸易情形，更易确有把握，至其因以为利者，则经纪酬劳之费也，是以无垄断之实，（因虽云独占而所获之利益属之托付人且无论何人均可托其经售故不得谓为垄断）而收统一之效，有转鬻之奇，不夺商运之利。此欧美行之而有大效，其道不必尽同，其实无大异也。此云对外贸易之机关。至若运茶之商，则宜取结合主义，集中资本，各于一地，或合全省组织贩卖组合，于各重要市场，建设堆栈，由制茶工厂，买入商品，运至各地。一方托输出所为之经理输出，一方批发小商，以供内国之需，或更于外国各大市埠，设立支店，或托其交易所为代理，以推广其贸易之范围。其在内国不必居垄断之名，各自企业，不相干涉，已如振衣而揭其领，若更济以金融之后盾，则自无摇落之虞，坐操胜券可待也。

## 四、加意辅助

辅助之道不一，而首以兴办实业银行为前提，此凡百实业之所同赖者也，而茶业成败与之尤为关切，盖茶商往往有因一时金融紧迫之故，而赢亏之机纽系焉者，比比然也，且即令资金雄厚，然终不能不恃乎金融业以为挹注之资，此明乎商业状况者皆能言之。至于整一币制，改良兑换制度，其隐有利于茶商者，亦良非鲜浅。其次则奖励航业，与筑铁道，以便其运输，保护茶务，加以奖励，以利其企图，皆公家之急务也。其尤切肤者，则捐税之减轻是已，查裁之厘说，已有提及之者，究

竟能否实行，尚难逆料。总之，关税之率不厌其重，特不纷立名目，一再征收，使商贾多所负担，裹足莫前，是为至要。夫多一分捐税，即加一分成本；贵一分物价，即少一分输出。故征取虽重，收入不为之增；征收虽轻，收入不为之减。此中消长之理，极微极著，吾人亦何必沾沾于目前，不为十年百年计耶？窃以为趁此肇新之际，顺乎自然之情，举一切厘局关卡分别滥要，大加裁撤，庶乎工商知劝，而实业有奋兴之望也。茶之一业，其亦将缘此而愈有起色，盖可必焉。

前二条言治本，后二条言治标，本不治则失其根据，标不治则其失消场，二者并重，不可偏废也。顾说者有谓吾国茶叶，宜仿照印度鸦片公司办法，合农工商而一炉冶之，创数万万金之大公司，尽购产茶之地，而种植、而采摘、而加工、而运输、而出售，胥由公司中分职以司之，则出品当可以整齐，利权当可以无缺。然而善则善矣，究安保公司中人不意外居奇乎？资本劳动不时生冲突乎？此其为害，亦殊非轻，覆辙不远，可为殷鉴。况夫竞争不生，企业之思虑其衰；垄断太严，自由之真义何在。蒙固不愿以少数人之利益为多数人之障碍，尤不赞成为一公司之利益，遂令余子无容足地也。是以斟酌利害，谨拟办法如前。意之所寄，在民则竭其改进之谋，在官则尽其提携之责；对外则有一定之机关，对内不失竞争之自由云耳。

《安徽实业杂志》1913年第4期

# 一九一四

# 九江之茶

九江商务，茶为大宗。然九江地方并不产茶，皆即商人向产茶各地收买运销，有诗为证（商人重利轻离别，前月浮梁买茶去），浔阳茶市自昔然矣。

茶商分两种。其一，专向产茶各地收买草茶，自行焙制，名曰草茶栈，亦名毛茶栈。其二，收买产茶各地已经制成之茶，兼收买毛茶栈所制之茶，分别转运汉口、上海，销与洋商，名曰丝茶茶栈。此等茶商资本较厚，从前兼营丝茶两宗生意，今则丝茶分离，而仍沿用旧称，曰丝茶栈者，则口头习惯之不易改也。惟资本较厚，故兼贷款于毛茶栈，取其息而即定买其茶，盖以茶商而兼放银取利为业者。

草茶栈所收之茶，其产地为瑞昌、龙港、迁山、义宁、武宁、前口等处，皆在九江之西南，其茶红绿皆有。此外，就地制成而为丝茶栈所收买者有三种，曰祁门茶，产于安徽之祁门、建德、江西之浮梁等处；曰宁州茶，产于江西之义宁州及武宁等处，以上两种皆红茶。曰婺源茶，产于安徽之婺源、江西之德兴等处，为绿茶。以上三种，仅在九江过载而已。

红茶运往汉口，绿茶运往上海，皆听洋商支配，开盘定价，华商无权也。九江在二十年前，外人于此设茶行，嗣因茶市日渐消索，洋行悉迁汉口，故虽出口红茶，亦须先运汉口，然后由洋商运沪出洋焉。

九江市茶栈两种合计，不过二三十家。去年市上红绿两种，全年不过三十万箱，值价约在银六百万两左右，较前年仅得百分之八五。此外，俄商两家在此设厂，收买各地次等之茶，制成茶砖运俄销售，则直并我焙制之工业，贩运之商业，而尽夺之矣。

吾国茶业逐年衰败，无可讳言，茶商某君为记者言，欲挽回茶业，非徒改良种茶、制茶各种方法不可。去年有人在汉口发起茶业改良研究会，拟集各省产茶区域老于茶务者，与有新思想者，就集研究，以谋进步。而茶商大都缺乏远大之眼光与公益之思想，故事卒无成，言此为之太息。

某君又言，印度、锡兰之茶之运美国也，无进口税，而我国之茶，大约每担须税银五十两，运他国称是。夫以每担三四十两之成本，而被课五十两之税，国家固无保护之权力，商家复不知求出品之改良，又安得而不失败也乎？

《申报》1914年3月30日

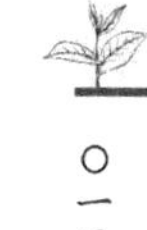

# 皖南之茶

皖南一茶世界，余坐肩与镇，日行茶山中，高高下下，满望皆茶，私念此吾国名产也，爰就足迹所至，博访而记之。

祁门产红茶，以汉口为行销中心点。婺源、休宁、歙等处产绿茶，以上海为行销中心点。而屯溪实为绿茶转运机关，常年出口红茶约七十万箱，内祁门产约占九万箱；绿茶出口约四十万箱，内自屯溪转运者十七万箱。

红茶制法，采下后晒之使软，次揉之使捲，次窨之使变色，次筛之使净匀，以上为茶户之事。次烘之使燥，次拣之使净，次装箱运售，则茶号事也。绿茶制法，采下后炒之使软，次揉之使捲，次烘之使干，以上为茶户之事。次筛之、拣之、簸之、扇之使匀净，每次须焙之使燥，次装箱运售，则茶号事也。茶细者，每箱五十斤；粗者，每箱三四十斤。茶丛生长以种于山麓为宜，土质黑而泾润者最佳。每丛相距约五尺，丛之大者，每丛年可收干叶二十斤。茶户所制成曰毛茶，每鲜叶两斤半成一斤，茶号每毛茶五斤成一斤。若细茶最上品之针眉，于普通茶百斤内，仅能拣得五斤多或七斤。

茶由贩客向各地茶户收买，售与茶行。茶行售与茶号，茶号售与上海茶栈，茶栈售与洋行。而贩户之资本，大抵由行贷给，即定购其所收之货焉。屯溪现有茶号七十二家，茶行七家。现价毛茶每百斤，自十七八元至四十二三元不等。成茶头批最佳者，银百两或九十两，末批四五十两，尾庄子茶二三十元不等。若前年冬最贱时，每百斤仅银十六两。

茶之为业，实包农、工、商三种。种植农之事也，制造工之事也，装饰输运商之事也。谋改良者，宜分别从事。而揉碾不洁净，实为诋毁华茶者一大口实，此行考察颇特别注意此点，且乘机为之劝告。大抵皖南茶户平时起居，未必十分清洁，而其视茶事非常郑重，故尚不至于秽恶浊。譬如，揉茶大都用手不用足。尝行歙县北乡某村落人蒋姓家，观其制茶器具，非常精洁，彼且自陈，此于行销外国，大有关系云云。余深为感动，窃意茶业公共机关，一方宜用语言或文字，广劝制茶务从清洁，一方宜将业已改良之现况，传播咸知，或于茶业前途，不无关系乎？

若论茶业现况之盛衰，则一般茶商类多疲苶可怜之色，虽表面上勉强支撑，而实则十九亏折。其故缘茶市以洋商为主体，开盘定价，皆须听命于洋商，往往大批

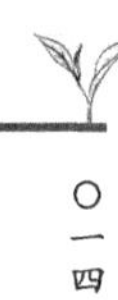

运往上海或汉口。当其去时，莫不欢欣鼓舞，冀得善价而归。及其入市定价，欲争论则无发言之权，欲不售遂绝后来之路，惟有乘首长吁以返耳。故最苦者为茶商，而种茶之户利尚不薄。盖茶商日多向茶户竞买草茶，于是草茶价涨，而成本愈重，亏折愈大。虽然此茶户之利，宁可久持者，一旦茶商仆，而茶户之命与之久俱绝耳。

茶商即亏折，何以行号尚纷纷开设，则以业此者众，个中人舍此无可营生。而在皖南一带，富户鉴于大局之靖时势之日，艰悉收其存放外间各大埠之现金，归营茶业，盖亦无聊赖者之所为，非真有取利而出此也。呜呼！中国之茶业！

《申报》1914年6月3日

# 拟改良徽州茶业意见书

俞　燮

甚矣！以今日而言，改良茶业夫亦易，穷则变之义也。中国产茶非一省，制洋庄茶亦非一省。如宁州及徽州之祁门红茶，江西、浙江、徽州之绿茶，皆是也。然红茶、绿茶两种，要皆以徽州为佳。清道光以前，徽州止制绿茶，与洋商交易，全在粤东省城。时洋商进口止于澳门，惟购茶许至粤东省城内。林文忠督粤，东国权正盛，予限交易，不容逗遛，兼之山价极廉，沽盘极贵，徽州茶业是为最获厚利之时代。道光中叶，上海开辟通商口岸，茶业交易，去彼就此。是为徽州茶业变迁时代，然犹自有主权利，虽不及粤东交易时之厚，亏折二字，尚未有闻。光绪以来，则业此者苦乐不均，盈亏各判，不逮上海初通商时远甚，不逮粤东交易时尤觉远甚，是为徽州茶业中落时代。降至今日，年见亏折，获利者百难得一，直为徽州茶业失败时代矣。究其原因，殊觉复杂，窃愿以平昔闻诸父老见之事实，参以己见约略言之。

昔者吾徽出产之茶，不逮今日之半，且外国爪哇、日本、印度、锡兰，均未有所出产。今则较中国出口之茶，加多数倍，此失败之一原因也。昔者茶户采制，既不草率，各茶号购就后，仍复加工拣焙，分类别色，考究异常，圆形之珠茶，为一类长形之两，前为一类，不成长圆形之，熙春又为一类。每类之中，又分数色，是谓大帮，每一大帮，不下数百千余箱类。洋人购买，必连类而及，未能挑剔抑

压也。

自清光绪季岁，俄人莅沪，开设洋行，争购熙春。于是，茶商心思杂乱，而制法为之一变。购者虽百箱、数十箱、十余箱而奇零提取，售者亦百箱、数十箱、十余箱而奇零批发，人以其箱额不嫌数少。于是，制百箱者设一号，制数十箱、十余箱者亦设一号，则所谓乌龙号是也。成本不多，制运又速，于是业茶者纷起，而茶号加多矣。茶号加多，进山买茶，莫不争先放价，于是山价日昂一日，而茶户以为不患难售，其采制之草率，亦日甚一日。彼爪哇、日本、印度、锡兰诸国之培植制造，则又日精一日，相形见绌。此又失败之一原因也。

昔者吾徽制茶之号，不惟制造精良，其于装潢上，如装茶之箱桶也，锡罐也，以及糊罐、糙箱之纸料也，必求精美坚厚。熟茶装入，既不透风，亦难沁湿润。箱茶运至粤东，有积至二三年始售，其颜色香味，仍不稍变者。后以清政苛税，除皮太轻之故，大都改用轻量之桶罐矣。凡糊糙之纸料，又多浇薄，且以制百余箱、数十箱、十余箱，为数不多，各思捷足。至于拣工、焙工，多不及昔时之精，研运至沪上，稍久囤积，虑其受伤。故一到沪，又莫不争先求售，洋商以其求售之亟，始则略放其价值，予最少数箱茶以微利。俟各号箱茶麕集，逆亿吾茶商心理咸欲速售也，则又故意骤贬其价值，茶商安得而不亏折乎？此又失败之一原因也。

其余如茶商之漫无团体，了无远见，安常蹈故，贪小计微，种种失败原因，更无论已。然而近数年，茶业中尤有一极可危之事，不可不亟告知同业者。即爪哇、日本、印度、锡兰诸国之茶，将有倒灌中国之势是也。如清宣统三年，汉口茶砖厂有十余万担无税之锡兰茶末输入。民国元年春季，又有外国茶叶一百零八担进口。民国二年春季，又进口有一万六千四百余担。三数年间，其进口之茶骤增至十余倍焉。此见诸民国二年六月十二日《时事新报》披露者也，讵不大可危乎？中国向以茶为第二大宗出口之货，今反以外国之茶运输入口，中国茶业真一落千丈，不可收拾矣！所幸中国茶叶，有天然美质，尚非爪哇、日本、印度、锡兰出品所可几及者，苟徒恃此天然美质遂不复，预为改良之计划，恐将来利权外溢，靡有底涯，有心人用是兢兢矣。

燮徽人也，习闻习见者徽州，徽州有红茶、绿茶两种。燮现厕身绿茶商场，习闻习见者绿茶。兹特就茶营业所应亟宜改良之处，谨以管见笔之于书。愿同业同志诸君有所匡正，且急起而图之，则补牢未晚，未始非徽州茶业之大幸也（未完）。

《申报》1914年6月21日

# 丁知事条陈茶务

皖南祁门知事丁霖生，以该县素为产茶之区，所以不能发达者，其弊有二：一因茶商受洋行之愚弄，茶栈之盘剥；二因烘制不良，习惯不改。昨特条陈巡按，便拟请公家派令熟悉茶务专员，先期分驻产茶各区，调查销数，及改良烘制办法，籍挽利权闻倪使已将所陈情形，转咨农商部。以备采择矣。

《申报》1914年11月20日

一九一五

# 祁浮茶市之状况

安徽之祁门、江西之浮梁，两县接壤，为红茶产出之区。每年春间运往汉口，售于俄人者十之七，售于美、法、德、奥等国十之三，价值总额常达二百万以上。故该处富户大贾，多茶业起家者。年来茶业不振，价值益落，获利者甚少。如早年每石售价，有达九十两以上。今则能至六十两者，即为上价。去年茶市，虽亦有获利者，而全体计算，盈实不敌所亏。今年则以天时、人事之影响，而茶市更不堪问矣。茶性喜暖而怯寒，产茶之地，悉多温和之区。如斯地气候，虽至严寒，而温度降至摄氏三十二度以下之时亦绝少。不谓去冬寒气特甚，摄氏表降至三十度以下者，累十余日，为数十年所仅有者。茶树陡遭此变，多有冻死者，即未死者，亦不免有伤元气。故现时已届清明采拮之时，而芽之萌动，尚不甚畅茂，约计收数，仅五六成而止耳。

山家，即栽茶之户，至时采拮鲜茶，售于号上制成之，以为生活。盖该处如浮梁除业茶外，尚有磁土、窑柴诸土产。祁门则除茶业而外，他产绝少，茶市不佳，则全邑困乏。今年茶叶发生已不茂盛，经营茶市者又极少，甚至以前山价，每石均在三四十两者，今乃低至二三十两。预计今年山家所获，尚未能超过去年之半数，故栽茶为业之户，无不大为恐慌也。

收山家之鲜茶，焙制之以运汉者，谓之上号。其组织法，皆于临时邀股合成，并藉浔汉茶栈所放之汇票，以为资助。故每年茶号之成立，多半赖于客本。今年欧战未息，银根犹紧，放汇票者，仅有往年十之六七。而商家目击今日之时局，鉴于连年之失利，大率裹足不前。如去年茶号计有九十余家，今则仅五十余家，盖往年祁浮商人之执别业于他乡者，每届春初，往往挟资归来，以趁茶市。今则咸以茶业为畏途，苟有他业可营者，皆不愿出于此途矣。

余记本篇至此，有不能已于言者，深愿诸君不必怵于累此之失败。今后之茶业，实有无穷之希望在也。盖茶业之不振，由于茶商默守积习，不肯稍变成法。遇有失利，则付之天命以自解，从未有加以研究，以求其故者。此我国工商界之通病也。今日我工商界风气渐开，知识日高，如茶商巨擘某君提倡改良之法，略谓揉搓茶叶，应盛以木桶，勿使原质外泄，则汁自浓厚，不致因味淡而遭外人吐弃。提净货色，不可搀入水分，混合脚末，以取分外之巧，则货真而信用自固。建筑堆栈，

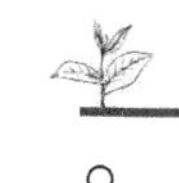

以堆积货物，遇有盘价不合囤置久，暂可以自由，不致受制于栈房矣。如是，以我国土壤之美，茶质之良，而于以上诸端，一德一心，勉力而实践之，则振兴茶业，扩张利权，前途幸福未可量也，茶业诸君亟留意焉。

《申报》1915年4月12日

# 安　庆

派兵保护茶商，皖属祁门县知事，据茶业商董胡元龙等禀称，每届新茶上市，均派有兵队驻防，以资保卫。近年匪徒不靖，较昔尤甚，现闻皖南镇守使署副官蒋奎英，率队驻防屯溪，拟恳详请，就近拨派兵队，到祁保护等情。当即转详巡按使，现奉韩使核准，函致鲍镇守使，转饬蒋副官，就近派队，往祁保护，俾安商业。

…………

《申报》1915年5月11日

# 改良茶叶之动机

政府以茶叶为我国出口大宗，因制法不良，日就茶敝。现届制茶之时，特聘请英国茶业技师前来产茶各地，切实视察，以求其弊，实所在为斟酌改良之地。今该技师二人偕同翻译，由祁浮事竣来镇备悉。我国制法之劣，首在用足蹴踏，盖以所摘茶叶，系取其芽，茶质既嫩，细胞尤弱，足力过猛，最易败坏原质。况足力尤为重轻不均，改良之法，宜用机器。惟骤用机器，不徒成本浩大，不易购置，小民生活尤有妨害。就祁浮一部而论，每年需用茶工数万人。此数万之中，男女老幼均可从事工作，于此短少期间之中取得工资，以供一年衣食之用。若一旦改用机器，则工人必减少四分之三，小民生机陡绝，何以为生。故入手办法，须以足蹴踏，改用手之搓揉，则动作既可均匀，而力亦不致过猛。该技师并在祁租赁某山，亲制茶叶数十箱，为其用手制茶实验之成绩，其结果实胜于用足所制者远矣。

《申报》1915年5月26日



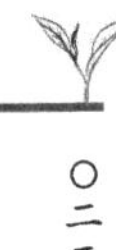

# 中国丝茶之荣誉

此次巴拿马太平洋万国博览会，我国出口预会者，颇占优胜。茶叶得有超等大奖牌，丝绸亦然。会中规例，每类出品只许给大奖牌一枚，今丝茶两类之大奖牌，均为中国所得，诚足为中国丝茶前途货也。上海商务印书馆亦得有特等奖金牌银牌等奖为数不少。我国驻旧金山副领事钱士青君会经赛会总事处摩尔君，延聘为万国审查员。此次中国茶叶丝绸之得有超等奖，钱君亦与有力云。

《申报》1915年7月10日

# 今年之茶市

今年茶叶，本非旺年，因去冬剧冷冻损树本。今春收成大减，加以欧战未停，恐销行难有起色。故头批往汉红茶仅数百箱，不料以货少之故，供不给求，价遂因之增高。祁浮茶得此佳音，乃纷纷赶制赴市，产出之额较去年约少三成，售出之数几与去年相等。且以头批所贩者少，故山价甚低，而汉浔售价，平均则七十余两，箱数则八万有余。但茶商今年虽犹获益不少，而山家反不如去年之有利也。

…………

《申报》1915年7月28日

# 振兴茶业之公函

上海总商会昨接县署公函开案，奉道尹公署饬开案，奉江苏巡按使公署第四八二九号饬开案，准税务处函开。前据汉口茶商陈兆焘电陈，汉茶畅销，宜推广新种一事。经本处会同农商部咨行各省巡按使饬属，劝谕各山户及时扩充茶种，并函各关监督，各县知事及商会劝导商人改良制造，设法招徕，期广出洋销路等各在案。兹据汉口茶业公所函送该商所，拟改良种植制造办法条陈，前来核阅。所陈颇有见

地，各条亦简易可行，相应照录，条陈一份，函送查照，设法劝导。俾与茶业是幸等因，并附条陈一份，前来合行，连同条陈饬发该道尹，行县刊印多份，转发商会，劝导商人改良制造，以振茶务。此饬等因，计发条陈二十份。奉此份行外，合亟检同原发条陈一份，饬仰该知事即遵即刊印多份，转发商会，广为劝导等因，并发条陈一份到县奉此遵，即刊印分送，即希贵会查照，转发商人，广为劝导，至纫公谊。

《申报》1915年8月31日

## 安徽筹设茶业试验场

皖南各属，素为产茶之区，农商部前曾特派专员，在祁门、建德两县，择地筹设茶业试验场。所有产茶省份，分别征集，分区试种，以期改良茶种。兹由李巡按使查明；歙、休等县亦系产茶之区，特饬各该县知事，将所有茶种，选取三斤，送交该场，以备试种。

《申报》1915年11月3日

## 农商部改良茶厂

农商部因本国茶业不振，今年春间采茶之时，曾派茶务专员陆溁，偕同英国技师二人，前赴皖南及江西义宁、浮梁各地，切实考察其原因。由于制茶用脚蹴揉，用力不均，且欠净洁，应改手搓，或用机器云云。曾志本报，现在部中复遣陆部员南下，着手开办模范茶厂，以示提倡。每年由部拨常费六千元，先于祁门平里地方设总厂一所，制法一面改用手搓，以示改良，一面兼用机器，为将来之预备。对于民家茶厂，并施以补助，及保护方法。盖以茶业不振，制法固为主因，而开设茶厂，不必皆殷实之户，往往借资经营，利息高，而担负重，以致不能产出良好货物。故用补助方法，每年由皖省拨省款六千元，以最低之利率，贷与民厂，或作为分厂。既可助民厂之经营，亦即以传播新式之制法，庶可考改良之实效也。

保护云者，则以产茶之乡，每届制茶之时，诸商云集，市肆颇盛，实一短期之市场。而人类复杂，宵小最易□，迹所恃者，仅茶商于祁、浮两县，请派警察数十名。而昌江以上，河多浅滩，平时船舶甚少，茶市之时，各地商人挟资赴市者，往往中途被劫，丧失巨资。富商大贾，多有畏心，以致裹足不前。现拟设法，请地方官，加意保护，纵有意外，以大部委员之名义，以与官厅交涉，亦易发生效力。如此必能唤起投资之踊跃，而茶业可期发达矣。闻陆部员向服务于南京茶业讲习，于茶务上颇有心得，商场情形，亦颇熟悉，非如他项官员以万能本领而服务者可比。当不致有官场之习气，其对于江西，亦拟仿安徽办法，请省中拨款若干，以补助之。若祁、梁连界，皖商有补助，而浮独向隅，□觉不合，果能依法办理，则茶业振兴，当可操左券矣。

《申报》1915年12月12日

# 调查安徽汉口茶业报告

## 一、调查安徽出口茶及厘税情形

产地：

皖省洋庄茶，限于徽州池州两属，而徽池又分祁门、建德为一路，婺源、歙县、黟县、绩溪、休宁、屯溪为一路，祁门、建德产红茶，婺源、屯溪等处产绿茶。

种法：

祁门种植最为得法，每年寒冷时，山农用稻草盖茶，并知用菜饼各种肥料，故每年售价亦最高。婺源等处种法，亦颇适宜，惟零星散种，则系通病。

制法：

山户于立夏节前后采茶揉熟，用日晒，做成半干茶，售与茶庄，茶庄用炭火烘焙筛拣，是为红茶。至绿茶则采下揉熟，即盛锅内炒干。但祁门茶只采头春，无二春、三春，故茶质之佳，为各地冠，而售价亦极大。因祁门茶著名，故建德产，亦以祁门名之，实则祁门茶十万箱内，有建德茶居半数也。

制茶种类：

祁门红茶，虽高低不等，而名目则一，婺源屯溪等处绿茶，则有熙春、副熙、

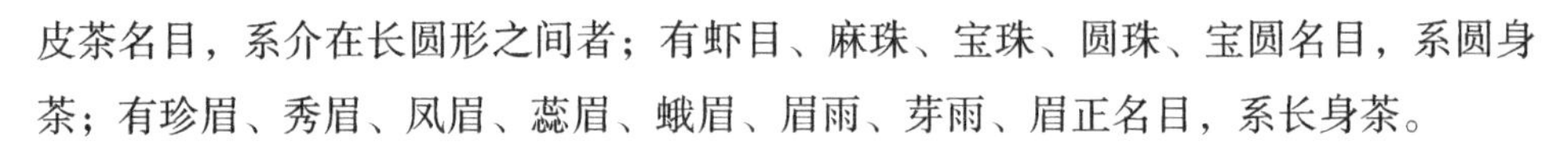

皮茶名目，系介在长圆形之间者；有虾目、麻珠、宝珠、圆珠、宝圆名目，系圆身茶；有珍眉、秀眉、凤眉、蕊眉、蛾眉、眉雨、芽雨、眉正名目，系长身茶。

制茶成本：

茶庄收买山户毛茶，每担市价无定，大概高山茶三十元至六十元一担，低山茶三十元左右。

装潢法：

木箱铅罐，颇讲坚固，红绿花纸，多由九江汉口采办而来。

运输法：

祁门、建德茶，于地势上，以至江西为最便，故多经九江以集于汉口。婺源等处茶，则多由屯溪下钱塘江，经杭州以达于上海。

销数：

向来祁门茶（有建德浮梁在内）销数有十万箱，婺源屯溪茶（徽属各县在内）有三十万箱，去年（民国二年）祁门茶销数九万三千箱，婺源屯溪茶销数有二十六万箱。

销售国别：

祁门茶销俄最多，英美次之；婺源屯溪茶，如熙春、皮茶皆销俄，如虾目、麻珠，及珍眉、秀眉，皆销英美。

销售法：

红茶箱运至汉口，绿茶箱运至上海，皆归茶栈发小样于买茶各洋行，由通事与洋商订盘，并先由茶师看样，然后发大样，再发大帮过磅，另有补磅除皮章程，与福州章程相仿。

销售价目：

祁门茶最高价每担银八十两，最低价每担银二十余两，惟去年最高价只七十余两。婺源屯溪茶，如介在长圆间之熙春等茶，十五两至八十五两，如圆身之虾目、麻珠等茶，四十两至一百两，长身之珍眉、秀眉等茶，三四十两至一百两。

茶栈家数及资本：

汉口售徽茶之茶栈（兼售宁州茶）九家，上海售徽茶之茶栈十一家，兹列表如下：

| 汉口栈号 | 经理人 | 帮口组织 |
|---|---|---|
| 新隆泰 | 金介堂 | 徽帮 |
| 谦泰昌 | 江清浦 | 徽帮 |
| 公慎祥 | 唐简泉 | 徽帮 |
| 洪源永 | 洪味三 | 徽帮 |
| 万和隆 | 胡哲明 | 徽帮 |
| 新盛昌 | 俞楚槎 | 徽帮广帮 |
| 洪昌隆 | 洪瑞侯 | 徽帮 |
| 源新隆 | 邓步洲 | 徽帮广帮 |
| 忠信昌 | 陈翊周 | 广帮 |

| 上海栈号 | 经理人 | 帮口组织 |
|---|---|---|
| 新隆泰 | 金介堂 | 徽帮 |
| 万和隆 | 胡哲明<br>李荣堂 | 徽帮 |
| 谦顺安 | 卓镜澄 | 广帮 |
| 洪源永 | 洪味三 | 徽帮 |
| 源盛隆 | 邓步洲<br>程彦辅 | 徽帮广帮 |
| 永慎昌 | 唐廷鳌 | 徽帮广帮 |
| 洪昌隆 | 洪仲煌<br>洪瑞侯<br>洪敬齐 | 徽帮 |
| 公慎祥 | 唐简泉 | 徽帮 |
| 和兴昌(今年停) | 陈菊坡 | 广帮 |
| 谦泰昌 | 江清浦 | 徽帮 |
| 森盛恒 | 许协铭<br>俞楚槎 | 徽帮广帮 |

以上二十家，资本约每家二三万两不等。

茶庄家数及资本：

徽茶内地茶庄（据民国二年调查），祁门（建德、浮梁在内）有二百三十家，

（浮梁沿河一带皆茶庄也）婺源屯溪等处有二百四十五家，其资本一二千至一二万不等，各茶庄用茶栈银折息一分至一分五厘。

茶厘数目：

皖南茶厘局（又名茶税局），设立屯溪，前清向归两江总督管辖，每年征库平银三十三万余两，光复后改为每引征收银二元，而浮梁景镇均划归江西主管，故去年民国二年，只征足二十余万元。

茶厘局卡地点：

总局在屯溪，分局五处，一祁门，二建德，三婺源，四大通，五泾县。

茶税数目：

红茶系并合宁州茶，由九江出口，绿茶系并合杭州茶，由杭州出口，无从分析，兹将民国二年出口数分出，举例于下：

祁门茶（内有建德浮梁）共出口46500担，税收银58125两。

婺源屯溪茶（内含徽属）共出口130000担，税收银162500两。

## 二、调查湖北出口茶及厘税情形

产地：

鄂省所产之茶，以羊楼峒（在蒲圻县境离县治六十里）为最佳，茶市山场，亦以羊楼峒为最盛，其他产茶地方，则蒲圻县之羊楼司，崇阳县之大沙坪、小沙坪、白霓桥、通城县，以及通山县之杨芳林，咸宁县之柏墩，嘉鱼县之岛口，兴国之龙港，荆州之宜都，宜昌之鹤峰、长阳，以及其他各属之驳岸、栗树、虎爪口、城内、西乡桃树凹等处皆是。

种法：

鄂省各县茶山，零星已甚，有一山纵横数里或十数里，而种茶之处，截长补短，尚不及三五亩者。有一乡之内，种茶山户，仅得三四家，所采之茶，仅得三五百斤者。至栽培之法，从前种茶山户，一家衣食，惟茶是赖，故尚知耘草添种，自近年茶价日低，不能获利，遂有多数拔去茶树，改种别项粮食者，就羊楼峒一带观之，茶株逐年减少，较闽浙为尤甚也。

制法：

红茶当谷雨后，山户采取茶芽，用锅炒软，再用手搓揉，使稍去其汁，放太阳下晒，以色味俱变为度，然后送茶庄售卖，茶庄收聚一处，再用火炕焙，雇人拣选。其青茶则在谷雨前采嫩尖，先用锅炒软，再用手揉去汁，放阴处吹干，以不见太阳为度，然后再用火焙。至黑茶，则于立秋后采老茶，其搓揉晒干之法，与红茶同，茶庄收买后，用机器捶碎压砖也。

制茶种类：

鄂省茶之种类，一红茶，一青茶，一黑茶。类以地名名之，如羊楼峒茶、崇阳茶、通山茶皆是，此外有米茶、花香茶、毛红茶，以及红茶砖（即米砖又名花香砖），绿茶砖（即青茶砖又名老茶砖），小京砖茶（即极细之茶末所制最上品之茶砖也）。茶砖另文报告。

制茶成本：

茶庄收买山户毛茶，价值无定，近年因茶价日低，茶庄遂压抑山户价值，以期成本减轻，甚至崇阳大沙坪等处收茶之秤用四十八两，山户忍气吞声，无如何也。总之各县毛茶之价，自七八元至十余元不等。

装潢法：

红茶箱以薄板为之，内夹薄铅片，外饰红绿花纸，制法极劣，形式殊不雅观，且木板过薄，容易损坏，极应设法改良也。二十五箱约重司马秤六十三斤，除箱板铅罐十三斤外，净茶约重五十斤（此系头茶重量，子茶、夏茶、秋茶则不过四十二三斤），此外尚有大面箱十五箱，口装大箱，为数无多。

运输法：

羊楼峒附近三十里地方，有新店，峒内茶箱，皆用手车由陆路推运至新店河边，上船渡黄盖湖岛口出长江，下行抵汉。崇阳茶箱，系由崇阳河用小船装运而下，经蒲圻至路谿口，换装大船出江，下行抵汉。山茶箱多由兴国之富池口，运至汉口。柏墩茶箱，皆由小河运经咸宁城，出金口，下行抵汉。

销数：

向来鄂省茶连湘省茶合计有五十万箱左右，兹据民国二年销数，两湖头春有四十万三千箱，二春有七万七千箱，三春有六千箱，其实但限湖北一省之产额，不过十万箱也。

销售国别：

鄂茶销俄最多，英美等国次之。

销售法：

茶箱运至汉口，归茶栈发小样于买茶各洋行，其手续与浙闽相仿，但汉口无堆栈，新茶盛于民船，以待脱售，日久则种种受亏。前年广帮提议组织公栈，至今尚因无款，未克举办也。



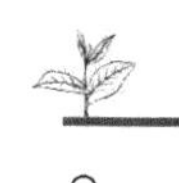

销售价目：

鄂茶售价，以宜昌茶为最高，大约最高价至六十余两，惜每年产额不过万箱，此外崇阳、通山、羊楼峒、羊楼司等处，最高价不过二十七两，去年（民国二年），通扯售价，不过十四两至三十五两。

茶栈家数及资本：

汉口售鄂茶兼售箱茶（所谓两湖茶）之茶栈有六家，列表如下：

| 栈号 | 经理人 | 帮口组织 |
| --- | --- | --- |
| 谦顺安 | 唐吉轩 | 广帮 |
| 熙泰昌 | 韦颖三 | 广帮 |
| 协泰兴 | 陈月秋 | 广帮 |
| 厚德祥 | 唐朗山 | 广帮 |
| 永昌隆 | 韦颖三 | 广帮 |
| 同顺隆 | 项念晖 | 广帮 |

茶庄家数及资本：

查两湖茶商，向分六帮，曰山西帮、曰广帮、曰江西帮、曰安徽帮、曰湖南帮、曰湖北帮。光绪初年，只羊楼峒一处，茶庄有一百余家，出产数百万，自茶业凋败，历年递减，现仅得从前十分之一，崇阳、通山等处凋敝情形，亦复相同。据两湖茶商报告，民国二年，两湖各产茶地，茶庄二百五十家，而湖北仅数十家，已不及三分之一。至于资本多系零股凑成，绝少有力之人，往往希图贪多，资本只万金，办茶必至二三万金，名曰上架子（即息借庄款之谓）故茶商办茶，利在速售，稍不畅销，则跌价求售，洋商又故意压抑，此年年亏本之实在原因也。

茶厘数目：

湖北茶税专局设羊楼峒，管辖崇阳、通山、岛口、柏墩、杨芳林五分局，每年约共征收厘税银十二万两左右，兹将各局厘税收数分别调查报告如左：

| 羊楼峒总局 | 银钱并计约60000余两 |
| --- | --- |
| 崇阳分局 | 约20000余两 |
| 通山分局 | 银钱并计约1000余两 |
| 杨芳林分局属通山县 | 约8000余两 |
| 柏墩分局属咸宁县 | 银钱并计约七八千两 |
| 岛口分局属嘉鱼县系专收湖南茶过境税 | 约钱1000余串 |

茶税数目：

据江汉关报告，出口红绿茶担数，及税收数目，两湖红茶每年在三十万担左右（细数在汉口报告内另报），税收三十六七万两，绿茶出口甚少，兹据前清宣统元年调查湖北茶出口担数，及税收数目，以见鄂茶关税之一斑。

崇阳茶由汉出口11375担，税收银14218两7钱5分；

通山茶由汉出口8565担，税收银10706两2钱5分；

羊楼峒茶由汉出口11050担，税收银13812两5钱；

羊楼司茶由汉出口1736担，税收银2169两8钱；

宜昌茶由汉出口6165担，税收银7706两2钱5分。

## 三、调查汉口茶砖情形

俄商在汉口设立机制砖茶厂，已有三十余年，曰顺丰、曰阜昌、曰新泰，计共三家，资本均二三百万，此外有兴商公司，资本二十五万，系华商组织，而称法商者，兹调查各厂情形如左：

厂名：顺风、阜昌、新泰皆俄商，兴商系华商。

资本：大约均二三百万，惟兴商系二十五万。

厂址：均在江边，惟兴商在桥口。

原料：

所用茶末，以湖北鹤峰之花香为第一，安徽祁门江宁宁州次之，湖北羊楼峒各地又次之，各路来货，多用布袋装运，价目鹤峰每担约十八九两，祁门宁州约八九两至十二三两，羊楼峒各地约二三两至六七两。近年砖制厂考验得中国花香，味淡色枯，不如印锡茶末之浓厚而元黑（此实能用肥料培壅之故吾国种茶家亟宜讲求者也），以之作砖之底面最佳，故每年采办印锡茶末十余万担来汉，且进口免税，大概采买印锡茶末到汉价目，每担连运费须银三十余两。

制砖种类：

一红茶砖（即米砖），一青茶砖（即老茶砖）。

制法：

红茶砖用茶末秤就斤两，分装三布袋，一锡兰茶末做砖面，一花香细末做砖底，一粗末做砖心，同时盛蒸锅蒸透（蒸锅盛水八成上盖竹罩）即先后放入砖模，压以木板，再用汽机压力压之，凡压成之砖，其体尚热，须层叠架空，（架在楼上用一百零八度之热气通管使满楼皆热）使自干透，阅三星期，方磨擦装篓（免吸空

气生霉），凡装篓，每块包纸两层，用崇阳产之笋壳夹之，使勿泄气，外用麻布包扎，再加绳捆，以备陆运。

青茶砖系用秋后老茶制成，其原料多用羊楼峒一带之茶，其制法先揉后晒，再用机器捶成极碎，秤就斤两，装入布袋，上蒸锅蒸后压之，其蒸压烘装各法，与红茶砖同，惟红茶砖模，近多改用铁筐，青茶砖模，则仍用坚木，又火力压机，只三十吨压力，水力压机，则有四十余吨压力，故近来俄厂，已多改用水力压机矣。

装法：

红茶砖72庄，每篓72块，约重139斤；80庄，每篓80块，约重147斤。

青茶砖36庄，每篓36块，约重89斤；27庄，每篓27块，约重87斤。

运输法：

一由海运至天津，转至丰台，再运张家口、恰克图者，谓之东口（此项海运，系招商船承运，存时在江汉关报税，径由狼山口出海，不经江海关）；一由襄河到樊城，转陆路经山西、甘肃，出嘉峪关至伊犁、安集延者，谓之西口；一由俄国义勇舰队船到汉口装运，直航海参崴，或通过苏彝士，分配俄属各地，此系近十年之新输运。现在东口茶砖，尚有多数，由招商局减价承运，西口则为数已极少，惟俄国海参崴之直航，则年盛一年云。

出数：

兹调查民国二年出数列表如下：

| 厂号 | 红茶砖 | 绿茶砖 | 小京砖 |
| --- | --- | --- | --- |
| 顺丰 | 80000余篓 | 70000篓 | 5000余篓 |
| 新泰 | 100000篓 | 30000余篓 | 2000千篓 |
| 阜昌 | 70000篓 | 50000余篓 | 7000余篓 |
| 兴商 | 40000余篓 | 30000余篓 | |

销数：

同上。

经理人：

俄厂未详，兴商系唐云山，粤人。

销售国别：

专销俄国。

**红茶砖出口担数及税收数目(据江汉关调查)**

| | | |
|---|---|---|
| 前清光绪三十四年 | 出口276314担 | 税收165788两4钱 |
| 前清宣统元年 | 出口279010担 | 税收167406两 |
| 前清宣统二年 | 出口323235担 | 税收193941两 |
| 前清宣统三年 | 出口206411担 | 税收123846两6钱 |
| 民国元年 | 出口294928担 | 税收236956两8钱 |

**绿茶砖出口担数及税收数目**

| | | |
|---|---|---|
| 前清光绪三十四年 | 出口261864担 | 税收157118两4钱 |
| 前清宣统元年 | 出口279599担 | 税收167759两4钱 |
| 前清宣统二年 | 出口289840担 | 税收173904两 |
| 前清宣统三年 | 出口137771担 | 税收82662两6钱 |
| 民国元年 | 出口146768担 | 税收88060两8钱 |

《农商公报》1915年第1卷第12期

# 咨安徽巡按使第二三一三号

九月十四日

皖省种茶试验分区经费由省开支希查照见复由。

为咨行事，案本部拟在安徽祁门设立茶叶试验场并设种茶试验分区，业经拟具办法并分担经费方法呈请大总统核示奉批善等。因查此案既奉批令照准，自应妥速筹备以利进行。皖省土质宜茶，祁门一处尤为产茶最盛之地，改良种植，自非就地设场并多设分区实行补助不足以资观感。原拟计划，计本场开办费4000元，常年费6000元，拟均由本部匀拨分区，常年费5808元拟由皖省开支此项，分区经费为数无多，于皖省茶业前途关系至巨。现在亟待开办，相应抄录原拟办法咨行。贵巡按使查照核办并希从速见复，实纫公谊。此咨。

《农商公报》1915年第2卷第3期

一九一六

# 农商部劝谕茶业书



茶业公所诸君公鉴，我国茶业之发达，本先于各国，今日之衰颓，几达于极点。红茶为印锡所夺，绿茶为日本所侵，人方猛进不已，我犹故步自封，大利尽丧，讵不可惜。君等业茶有年矣，其于茶业之兴衰，茶务之利弊，当深悉底蕴，无俟本部之喋喋。顾洞观大势，犹不能已于言者，则以今日茶务已达岌岌可危之地位，非同心协力，亟图改良，无以挽已丧之利权，谋将来之发达，改良之道，厥有多端。就种植言，则曰老树不培，肥新株不补种，杂草不芟除，枯枝不剪修，甚至夹种杂谷以夺肥，滥折枝桠以伤本。就制造言，则捲菁不用机器，焙制徒恃手工，香味参差，手足污秽，或搀和杂质，或混合潮茶，分两徒增，质量糅杂。就贩卖言，不曰品类不一，即曰选择不精，不曰包装不良，即曰外观不美。且茶箱无存储之栈，不能待价而沽，资金少周转之方，甘受压镑之损。其他不能直接质易，不知利用广告，事事仰人鼻息，年年竭蹶经营，循是以往茶务日衰，可断言也。

上海茶业公所，为华茶贸易之总机关，对于山户茶商，自应联络一气，呼吸相通。举凡种植、制造、贩卖，应行改良各端，应率先指导，互相劝勉，不宜安常蹈故，罔知远利。去年茶市虽胜于往岁，茶商获利较多，然亦不过因欧战风潮，军需迫切，华茶运僱，销行较易。此特一时之机会，非可恃为永久者也。若不自省，其根柢之薄弱，团体之涣散，不为惩前毖后之计，困守市场，徒思悻获机会，坐享厚利，以弥补从前之亏折，而欲求茶利之有增无减，有盈无亏，不亦难乎？

今日茶利之微，世人辄归于成本之重，不知以品质之粗恶，实为一大原因。盖日本、印锡之茶，其劳费大于我，其获利乃多于我。故华茶之不能畅销，而获厚利者，非由价之昂于彼，实质之劣于彼也，可知矣！即彼之茶与我之茶，分两相同，价格相等，而人仍不乐购用华茶者，其故更可知之矣。比年以来，产额锐减，种制先宜，已无可讳。本部业于去年，迭次洛行各省，转饬产茶区域，及时修剪，深耕施肥，添种新株，改良制造，为汰旧布新之计。又在祁门等处，设场试验，以备山户、商贩之考察。又特派唐君虞年，以带征茶叶改良费之款，首先组织茶业董事会，以为办事之枢纽，并筹设茶业公栈，传习所及购给肥料，茶机器各事，前往上海、汉口等处茶业公所，商议办法。

凡此借口哓音，不惮再三告诫者，所以冀业茶者之群起奋兴，而谓经营亏业之

人计，小利而不谋，远功务保守，而不图进取，庸有得乎？如本部所议办法，或有未尽周善之处，诸君经验素富，不妨切实条陈，藉供参考。即各省各地产额销售之多寡，不同行号庄户之组织各异，仍可斟酌当地情形，设法办理。诸君皆闻见周远之士，坐食天然之利，休戚相关，慎勿自利自私，划分畛域，致贻坐观成败之羞。方今政府图治方殷，百端待举，苟于茶商有益之事，自无不力为倡导，亟予维持，在茶商于今日，应行改良诸端，亦必视为分内当为之事，急起直追，共谋乐利，此则本部所旦夕跂望者焉。

《申报》1916年2月7日

## 茶业试验场组织就绪

前次农商部特派专员陆某至皖，组织茶业试验场。现经该员勘定祁门县南乡平里地方为试验场所，该地面积一百二十七亩，土质与种茶相宜，已租地划区，征集各省茶种，分别试种，并修整旧有茶树，收制各种肥料，规尽颇有条理。

《申报》1916年2月22日

## 本年茶市悲观

茶叶为出口土货之大宗，向与蚕丝相提并论。其货计分红、绿两种，红茶市面向在汉口，绿茶则以上海为聚集之处。每年行销欧美各国者，所值不下六七百万。调查上海茶栈，向分徽、绍两帮。徽帮茶栈十一家，专做皖省等处所产之茶；绍帮七八家，专做平水等货。每年春间产抽摘茶之际，向有接客承领栈家资本，前往产地，向茶客收买。现在皖、浙两省茶叶，均已上市，各茶栈因时局不靖，金融奇紧，发给接客之款，比较往年，莫不减少（往年发十万者，今止发六万）。以此观之，今年茶市当不及上年之发达矣。

《申报》1916年4月23日



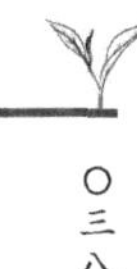

## 饬属精选茶种

徽州祁门县素为产茶之区，曾由农商部择定该县地点，设立模范种茶场，以资提倡，而与乐利，并于上年九月，咨行产茶各省，征集茶种，发交该场试种，以为模范。惟以装置多未合法，以致可种者甚少。日昨又有部咨到皖，谓现又届采收茶种时期，请饬属照办，以利进行□，已由倪省长饬令皖南北产茶各属，精选茶种，径□祁门模范茶场试种。

《申报》1916年9月29日

## 农商部奏恭报安徽模范种茶场开办情形拟请准予饬发经费以济需要乞训示由

政事堂奉。

批令：悉所需经费交财政部查照筹拨，此令。

洪宪元年二月九日

国务卿陆徵祥

《政府公报》1916年第35期

## 农商部奏安徽茶商胡元龙改制红茶成绩卓著请给予本部奖章由

政事堂奉。

批令：准如所拟给奖，此令。

洪宪元年二月二十三日

《政府公报》1916年第49期

# 农商部奏安徽茶商胡元龙改制红茶成绩卓著请给予本部奖章折

奏为安徽茶商胡元龙，改制红茶，成绩卓著，拟请给予臣部奖章，以资鼓励，恭折仰祈圣鉴事。窃准安徽巡按使咨陈，据祁门县知事详称祁门绅耆方振均等造送茶商胡元龙成绩清册，内开安徽改制红茶，权舆于祁建，而祁建有红茶实肇始于胡元龙。胡元龙为祁门南乡之贵溪人，于前清咸丰年间，即在贵溪开辟荒山五千余亩，兴植茶树。光绪元二年间，因绿茶销场不旺，特考察制造红茶之法，首先筹集资本六万元，建设日顺茶厂，改制红茶，亲往各乡教导园户，至今四十余年，孜孜不倦等语。知事查核无异，详请鉴核俯准，转咨农商部证明核奖等情，据此查该商事实，与奖章规则第三条第一款相符，似应准予给奖，以昭激励。请查核等因准此，查臣部奖章规则，前于上年七月间，呈奉批准通行，历经遵办在案。该茶商胡元龙，既据该巡按使咨陈，与奖章规则第三条第一款相符，臣部覆核无异，拟请给予臣部一等奖章，以资鼓励。如蒙俞允，即由臣部遵照办理，并请饬交政事堂铨叙局备案，所有请给安徽茶商胡元龙奖章缘由，理合恭折具陈，伏乞皇帝陛下圣鉴训示。谨奏。

政事堂奉

批令：准如所拟给奖。此令。

洪宪元年二月二十三日

《政府公报》1916年第54期

# 农商部饬第九六号

为饬知事，本部前派该员赴祁门等处筹办茶业试验场，现已规模粗具，应改为农商部安徽模范种茶场，即派陆溁充该场场长，除关防另行刊发外，此饬。

农商总长周自齐

右饬安徽模范种茶场场长陆溁准此

洪宪元年一月七日

《政府公报》1916年第81期



## 饬安徽模范种茶场第一二二号

二月十日

抄发化验祁门等处土壤成绩表并饬选取茶叶送农事试验场化验由。

为饬知事，据农事试验场详送化验祁门及历口、绕丝坞茶山土壤分析各表，并请转饬选送出口著名茶叶以备化验等情，据此合将化验各表抄发，仰即酌选著名茶叶数种，径送该场化验以资考核。此饬。

《农商公报》1916年第2卷第8期

## 批农事试验场第三五二号

二月十日

所送化验各表业经分别饬发并转饬安徽模范种茶场选取茶叶送场化验由。

据农事试验场详送化验青监等项成绩表四分，并请转饬茶叶试验场选取茶叶送场化验等情已悉。除将化验各表分别抄发外，已饬知安徽模范种茶场拣选茶叶径送该场化验矣，仰即知照。此批。

《农商公报》1916年第2卷第8期

## 饬安徽模范种茶场第二九五号

四月一日

据赴美赛会监督详送美国茶叶优劣标准饬发悉心参考由。

为饬知事，据赴美赛会监督陈琪详送美国旧金山进口茶叶检查局规定进口茶叶优劣标准三十五罐共七种，恳请分发各茶业机关以资参考等情到部。查我国茶商历

年运茶赴美，每因品质太劣或著色搀假，不合彼国海关规定茶样，以致原货退回，大遭损失，此次茶样为进口茶叶最劣者之标准，较此更佳或与此相将者方准进口，较此更劣者一律退回，于华茶贸易之盛衰，及商人之资本均所关甚巨。兹据该监督详送茶叶优劣标准，合亟开列清单，并发去茶叶样本，仰即妥为陈列，悉心参考，并传知各茶商一体知照。此饬。

《农商公报》1916年第2卷第10期

## 咨财政部税务处第一〇一九号

四月十一日

安徽模范种茶场制赠品茶解部请转饬各关验明免税放行由。

为咨行事据本部安徽模范种茶场详称奉，饬精制赠品茶二十余担分赠西人及各使署，原为提倡祁茶起见，查祁门茶商洋庄箱茶定章完纳内地税一次，经过姑塘完纳常关税一次，至九江再完纳海关税一次，其赠品小箱不成引者向不完纳税厘。到汉后由火车运京，沿途厘金及天津崇文门两关尤无一定征收成例。现本场赠品茶拟制五磅小箱五百个，两磅小箱三百个，计除皮重量不及三十担，拟请发给解部赠品茶护照一张，并请分咨财政部税务处行知。九江、姑塘、江汉、津海等关，安徽、江西、湖北并崇文门征收机关前项解部赠品茶二十余担过境，准予免验放行等情据此。查本部前饬该场精制赠品茶叶分赠西人及各国驻京使署，原为推广茶叶销路起见，箱数无多，解部时沿途应完各项税厘，应请一律免收以资提倡，除批示并缮发护照外，相应咨行。贵部处查照转饬各关验明免税放行，实纫公谊。此咨。

《农商公报》1916年第2卷第10期

## 批安徽模范种茶场第一六〇一号

七月二十六日

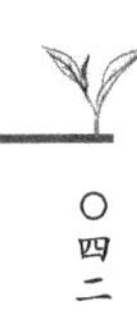

该场本年种制情形已悉由。

据安徽模范种茶场详报茶场种制大概情形已悉，该场开办未久，种制两项均著成效足征办理认真，良深嘉许，仰即切实进行，以竟全功。

此批。

《农商公报》1916年第3卷第1期

## 咨税务处第一七四〇号

八月九日

据安徽模范种茶场呈赠品茶改由上海海道运京请饬知江海关放行由。

为咨行事案，查安徽模范种茶场精制赠品茶解部一案，前经咨请贵处转饬九江、江汉、津海等关免税放行，并准咨复照办在案。兹据该场呈称铁路运费较昂，拟改由上海海道转运，惟江海一关未经呈请行知悉，转咨税务处补行知照，以便运输等情到部。查此项赠品茶既据称改由海道运京，应请转饬江海关验明免税放行，以资提倡，除指令外相应咨行贵处查照办理可也。此咨。

《农商公报》1916年第3卷第2期

## 令安徽模范种茶场第八十七号

十月三日

商民李家振赴祁选购茶种仰妥为接洽由。

准江西省长咨称，据豫章道尹转，据新建县知事呈称，据商民李家振呈称，在新建西山王家垅地方置有荒山数处，垦辟种茶颇著成效，拟推广种植，以资提倡。闻安徽祁门一带，茶种良好，部设模范种茶场于茶种优劣尤为研究，拟前往该处选购良种，试行种植。请转呈咨行接洽等情，由县呈道转呈到署，相应咨请转行知照等因准此，合亟令知该场俟该商到场时派员妥为接洽。此令。

《农商公报》1916年第3卷第4期

# 咨江西省长第二二六四号

十月三日

商人李家振赴祁选购茶种已令知安徽模范种茶场妥为接洽由。

为咨复事准，咨开据豫章道尹转，据新建县知事呈称，据商民李家振呈称，在西山王家垅地方置有荒山数处，垦辟种茶颇著成效，拟推广种植，以资提倡。闻安徽祁门一带，茶种良好，部设模范种茶场，于茶种优劣尤为研究，拟前往该处选购良种，试行种植。请转呈咨行接洽等情，由县呈遵转呈到署，相应咨请查照转行知照等因到部，除令知该场俟该商李家振到场时派员妥为接洽外相应咨复，贵省长查照饬知可也。此咨。

《农商公报》1916年第3卷第4期

# 安徽模范种茶场开办情形拟请准予饬发经费

农商部奏二月七日

奏为公报安徽模范种茶场开办情形，拟请准予饬发经费，以济需要，恭折仰祈。圣鉴事。窃维中国茶叶日衰，欲求根本救济之方，首在改良种植之术，臣部于去年八月拟具改良种制办法，呈奉批善等因，遵即督饬司员详细讨论。佥以产茶省伤，如安徽祁门各属，夙所著名，惟山户安常习故，风气未开，办理之初，应择栽植素盛之区，教以简便易行之法，尤须分区传习，庶几观感易周。祁门县属平里一带，土质宜茶，且南河水道上趋建德，下达浮梁，皆为茶栈繁盛之处，将来遍行指导，皖赣两省之茶，得以联络一气。设场试办，自以平里为宜，当于去年九月十七日遴派部员前往筹办，一面咨行各省，征集著名茶种。办理以来，阅时四月，经营布置，粗具规模，兹据该场员详报开办情形，全场地面辽阔，试验区域，分高山、低山、平地三种，划作五十六区，分期播种，其已种茶树，复按法修剪，疏密井然，并遵照前此奏准改良种茶办法，次第施行等语。复经臣部督场员，随时与当地人民讲演种茶利益，闻风兴起，开山垦种，现达六七十处之多，推行未久，收效已宏，洵足以促改良而树模范。臣部本年度预算案内，曾列入安徽、江西、浙江模范

种茶场三处，各场预算经费，均系力求撙节，核实计算，计临时五千六百元，常年一万四千三百元，业经咨达财政部查照在案。该厂开办之初，系由臣部经费项下暂行挪拨，距今四月，基础业经成立，办理正在进行。且瞬届春始，需费尤殷，拟请饬交财政部，提前拨发，以资应用。所有恭报安徽模范种茶场开办情形，并拟请准予饬发经费各缘由，是否有当，理合缮折具陈，伏乞皇帝陛下圣鉴训示。谨奏。

《中华全国商会联合会会报》1916年第3卷第6期

## 安徽模范种茶场制赠品茶解部请转饬各关验明免税放行农商部咨财政部税务处

四月十一日

为咨行事：据本部安徽模范种茶场，详称奉饬精制赠品茶二十余担，分赠西人及各使署，原为提倡祁茶起见。查祁门茶商洋庄箱茶，定章完纳内地税一次，经过姑塘完纳常关税一次，至九江再完纳海关税一次，其赠品小箱不成引者，向不完纳税厘。到汉后由火车运京，沿途厘金及天津崇文门两关，尤无一定征收成例。现本场赠品茶，拟制五磅小箱五百个，二磅小箱三百个，计除皮重量不及三十担，拟请发给解部赠品茶护照一张，并请分咨财政部税务处，行知九江、姑塘、江汉、津海等关，安徽、江西、湖北并崇文门征收机关，前项解部赠品茶二十余担，过境准予免验放行等情。据此查本部前饬该场精制赠品茶叶，分赠西人及各国驻京使署，原为推广茶叶销路起见，箱数无多，解部时沿途应完各项税厘，应请一律免收，以资提倡。除批示并缮发护照外，相应咨行贵部处查照，转饬各关验明免税放行，实纫公谊。此咨。

《中华全国商会联合会会报》1916年第3卷第8期



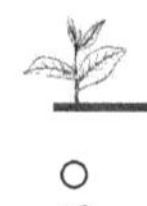

## 饬安徽模范种茶场准税务处复称该场解京茶叶已饬知津海等关免税放行饬知遵照由

四月二十二日

为饬知事，前据该场详称奉饬精制赠品茶叶解京，请分咨财政部税务处，行知各关卡免验放行等情，当分别咨行，并批示在案。兹准税务处咨称前项茶叶，由安徽模范种茶场解京，既准贵部咨明，系分赠西人及各国使馆之品，应由津海、江汉、九江等关，于其报运时，验明数与照符，即予免税放行。除分行分饬外，咨复查照等因，合亟饬知遵照。此饬。

《中华全国商会联合会会报》1916年第3卷第8期

## 饬准赴美赛会监督处咨转饬产茶各处遵照咨内事理速集股商剀切议定一并详报由

安徽巡按使公署饬第　号。

为饬行事准。

赴美赛会监督处咨开案，查此次赴赛茶叶经万国审查会评定后，凡印度、锡兰著名推销之茶叶仅得金牌，我国茶叶出品计得最优大奖者有七省之多，贵省亦与其列，尤宜乘此时机，恢复固有声价，挽救输出利权，且此邦商人亦深慕我国茶叶迭膺宏奖雅意，愿为推销，顷有金山。茶商来处商询，凡中国中等不著色红茶，照大宗批发，市价在沪汇收时每磅十二两，价值能在英洋四角至四角六分，其稍佳者，每磅价值能在英洋五角至五角六分。拟设一公司，照值收集、检查、装箱，外加运费、装潢、陈肆、广告、保险、报关等费。运至美国，每磅趸批交美国商店发售，约定价美金四角，折合英洋一元左右，定可畅销。如中国能照上例价值收货，彼等当有大宗生意与中国贸易，将来中国茶叶出口，必可驾锡、印、日本而上之等语。因查近年以来美国入口茶叶数目，日本约每年四十三兆磅，印锡等茶约每年四十兆磅，我国不逮其三分之一，以莫大之利权委弃让人，殊属可惜，兹幸赛会得奖，骤能回复外人信用，允为设法推销，不可谓非挽救之一大良机。惟念各省茶叶虽均以优美获大奖，其种类容有歧异，非联络一气，在上海设一收货运货总机关，由各省经自运销，仍未免有窒碍之处。并查此项收货运货公司非完全商办，由官倡助不可，如在沪创办约需集合股本国币五十万元，彼此通力合办，不惟辅助中国茶叶销路。且通盘精算，自开办五年后，全数资本概可收回，此后利益有加无已，各省一面添种一面出口，增进税源，何可限量？至茶叶运美，须以原箱装储，抵埠后分磅，用机器所制之罐匣，设法装潢华丽，妥定商标，以归一律，而饰美观。以上各项办法，经本处另函上海茶叶会馆及兴华贸易社妥为筹商，一致进行，尚未据复到贵省。为振兴国产起见，谅必深表同情，应请就近函询或派专员前往该茶叶会馆该社，共同商议集股五万至十万元，并转饬各口岸商会，分别转知各地茶商协力举办。俾得早观厥成，仍为广辟荒山，多植茶树，以期普及，实与本省实业前途裨益匪浅。但此事造端宏大，信用攸关，一切招股办事章程，悉按普通有限公司办法，容明春回国详妥报告，此时能否照值收货，能否认招股本，望速集殷商，剀切议定，请速复以赴事机。除分咨外，相应备文，咨请查照迅复等。因准此除分行外，合亟饬仰该道尹、商会转饬知所属产茶各县，遵照咨内事理出示晓谕周知，一面由县行知商会速集茶商妥议招股，赴沪商会广劝茶商招股，派代表赴沪，就近与茶叶会馆及兴华贸易社接洽筹商进行，此时能否照值收货，并应速集殷商，剀切议定，一并详报以凭咨复，切切此饬。

巡按使李兆珍

右饬　三道尹　四总商会　准此

中华民国四年十二月 日

《安徽公报》1916年第112期

## 饬准农商部咨转饬所属产茶各县一体遵照咨内办理迅速具报以凭咨复由

安徽巡按使公署饬第　号。

为饬行事案准。

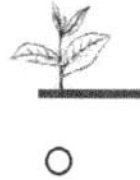

农商部咨开案，查本部前据汉口茶商禀称，汉市红茶畅销，获利尤以粗茶为

最，但求过于供，急宜添种等情，当经本部会同税务处咨请饬属及时扩充茶种在案。本年业茶各商获利颇厚，惟茶苗长育，匪一朝夕之功，现值东令农闲，尤宜就旧有茶园勤施耕作，茶树根旁土壤首宜次第锄松施用淡质肥料，其顶干老枝用剪修除，则明春茁芽可期茂盛，且产量既丰，质味又厚，此为山户现时亟宜注意之事，至茶商收买茶叶，往往争先抛价，以致山户贪图重利，不问时期，先后湿叶潮茶竞事收采，此种潮茶，最足损坏品质，一经搀水，叶价骤形低落，山户所得仍微，故采摘茶芽以谷雨节前后晴天为善，所有潮茶一律禁止，预杜损耗。以上诸端应责成各县知事、各农会遵照，上开各项，迅速通告山户茶商，互相劝导，即时培壅，留心采摘，以与茶利相应。咨行查照饬遵，另各具报见复等。因准此除分行外，合亟饬行该道仰即转饬所属产茶各县一体遵照办理，并将办理情形迅速具报以凭咨复，切切此饬。

巡按使李兆珍

淮泗道<br>
右饬　　安庆道　　道尹准此<br>
芜湖道

中华民国四年十二月 日

《安徽公报》1916年第113期

## 准饬农商部咨准和国公使函民国八年拟办万国业茶会议并设展览会事关推广华茶亟应先行研究仰即遵照由

安徽巡按使公署第　号。

为饬知事案准。

农商部咨开，准和国公使函爪哇岛拟办万国业茶会议并附设展览会所有一切筹备事宜，前曾组织临时会正在规划进行，惟现在时势不宜，拟俟至一九一九年四五月间在巴达维亚举行，特此预行知会，务希转知茶商及种茶各界等。因查茶叶为我国出产大宗，届时自应与会，以为推广华茶外销之计，亟应预为研究，益求改良，相应抄录原函，咨行查照转饬各商会及各茶商遵照等，因并附抄件到署准此。查和国拟办万国业茶会议改于西历一九一九年，即民国八年举行，事关推广华茶，自应与会，现在来日尚宽，亟宜先行研究，庶将来运茶赴会易于行销。除分饬外，合抄附件饬，仰该道转饬所属各县总商会转知各商会茶商一体知照。此饬。

计抄发原函一件。

巡按使李兆珍

右饬三道尹四总商会准此

中华民国五年四月 日

附抄原函：

径启者爪哇岛拟办万国业茶会议并附设展览会所有一切筹备事宜，前曾组织临时会正在规划进行，本国外国各色人等，每有赞成之信。惟现在时势不宜，拟暂缓办，俟一九一九年约在四五月间在巴达维亚举行。该业茶会议及展览会之总会长已有巴达维亚农工商之属部长（DIKOniNING WHERGE）肯为担任，其业茶会长则茂物地方之茶叶试验场场长（DICOLKATd）担任，展览会会长刻农工商部工商股股长（ELEKUWFF）担任，所待设之各会分会长拟用巴达维亚爪哇银行之总理（EEIJIA-GA）及巴达维亚之和兰商业银行之总理（EMGEI）及万隆地方和属印度农业公司之副总办担任。查欧洲战事未终结之前，请入会正式公函未便遽发，此次函达各节不过预行知会，务希贵总长转知茶商及种茶各界俾共知悉，是为至盼，此颂。

勋祺

贝粒斯

三月十八日

《安徽公报》1916年第140期

# 农商部训令第十五号

令安徽模范种茶场：

前据该场呈称，解部赠品茶拟改由上海海道转运，请咨税务处转饬江海关免税放行等情。当咨行税务处查照办理并令知在案，兹准复称本处查前项赠品茶前已核准免税，并饬九江等关遵办。兹改由上海海道运京，应由江海、津海等关于其报运时，验明数与护照，符免税放行，除令知外咨复查照等因，到部合行令知，遵照此令。

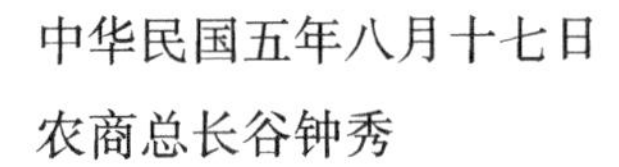
中华民国五年八月十七日

农商总长谷钟秀

《政府公报》1916年第233期

# 一九一七

# 请发红绿茶赛会奖牌

上海总商会呈农商部文云，为据情呈请颁发赛会出品奖牌事案。据上海茶业会馆函开，上年美国巴拿马赛会，由敝会馆搜集各种红绿茶，遵奉部定赛会章程，将各种出品交由驻沪筹办巴拿马赛会监督处，运美赴赛。经该会委员评判，结果敝会馆出品计得金奖牌九枚，银奖牌一枚。并承监督陈函知前来，以此项奖牌，须俟美国政府寄到后，呈由农商部，转发各出品人收领等因。兹闻该起奖牌，前一月间已经达部，而上海赛会监督事务所，早经撤销，所有敝会馆出品，应得金奖牌九枚，银奖牌一枚，亟应开具清单，函恳贵会代呈农商部鉴核，并请将敝会馆应得金奖牌九枚，银奖牌一枚，迅赐发交贵会，转颁敝会馆祗领，俾分发各出品人，不胜企切等情。

查巴拿马赛会得奖出品，盼望奖牌，为日已久。据函前情理，合抄单呈请，伏祈大部迅赐核发，不胜盼祷。谨呈计开土上海茶业会馆地球牌茶，上海茶业会馆金星牌茶，上海茶业会馆水星牌茶，上海茶业会馆红绿茶，上海裕生华茶公司绿茶，上海益芳公司娥眉、雨前茶，上海忠信昌祁门红茶，上海茶业协会红绿茶，上海茶业协会祁门红茶，以上九起，各得金牌一面，上海忠信昌绿茶，以上一起，得银牌一面。

《申报》1917年5月6日

# 皖省近事

…………

徽州六邑皆产茶，如休宁、婺源等邑之绿茶，由徽运沪销售。祁门之红茶，则运往九江，再行转运出口，其茶之美，久著于世。今年因战潮影响，茶商咸有戒心，以致茶行开办者寥寥无几，惟京庄梅峰茶商，尚力争采办，山价每担八十余元，较之往年价格，略贵十余元。刻休宁刘知事见此观望情形，乃会同各知事向茶商一再解释，请各茶行从速照旧开办，以免坐失时机，大约各行不日，亦将开办矣。

徽郡万山错杂，所产之石，能烧作石灰者，比比皆是。农家藉作肥料，每年需用甚广，故烧石灰之处，六邑皆有。若建筑所需者，则以休宁川源、晓角二处为最佳，因该处石质含有绵性，所烧之灰，洁白细腻，每年浙商来徽采办者甚多。惟二处皆无大公司，后至者往往无从采办，自应将该二处公司扩充，或招商另组，以广利源也。

《申报》1917年5月12日

## 茶业之悲观

浙皖两省所产红绿茶之出口销路，近年以来，颇为减色。缘有锡兰茶与华茶争竞，是以我国茶商颇受影响。迩者新茶将届，温州红茶，大约夏历本月杪必可到申。至汉口祁门红茶，昨据茶商来电谓，新货已于今日到汉，尚未开盘云云。并□茶客谓，今届红绿茶出货，较往岁为稀，惟英国取缔华茶进口，我政府尚在交涉，迄未确定，茶商方面，不无踌躇云。

《申报》1917年5月17日

## 美国茶叶公司华员之报告

本埠茶业公司昨接美国茶叶公司华员俞行修君来函，略谓今有二事对于我国茶业前途皆有重要关系，不得不具函报告，以资研究。其一，为本年四月美国财政总长提议，每磅茶叶征收美金十五分，合之华银洋三角左右，大约日内国会将通过实行。盖美国每逢战争，茶税必加，此次征税，亦意中事，惟税既加重，美商办货势必格外谨慎，出价必低。其二，为墨希尔（译音）君调查各国茶业，道经吾国。墨君系美国有名茶商，现任财政部验茶局局长之职，凡进口茶叶，均须经该局派员评验水色香味，方准登岸。此次墨君奉政府派往各国，调查茶业，预备返国后，有所供献，以资参考。况彼于茶叶中深有经验，彼都人士咸信之。现墨君已偕其夫人，于五月二号前往吕宋，约六月初可到汉口，转赴祁门，实地考察。准七月初间抵申，一切细情，询之沪地美商大洋行均悉。是以专诚报告，若届时墨君到埠，务希贵公所善为接待，以敦睦谊，而洽盛情云云。该公所当即报告议董金介堂、陈翊周诸君，订于星期日下午二时，开会宣告，俾众周知。

《申报》1917年5月26日



## 汉口茶市之近况

汉口为红茶贸易总汇，本年头茶现已开盘者。惟祁门茶议价，迁延一星期之久，价值已争到比去年合九折，其最佳之品，至九三折。闻本年祁门、浮梁、建德等红茶山价，因鉴于英人不收华茶之说，尚不十分高抬，宁州稍高，两湖最高。因茶号较多争先收买，致此数日内，汉埠之茶只有祁浮建六万余箱，销去二万余箱，价批五十六七两至四十五六两。宁州仅漫红茶销去一部分，两湖茶于二十一二两日，已送去小样，迄今并案开盘，茶商与洋商均似无两湖茶贸易之态度，情势极为混沌。在旁观者推测，以为今年两湖茶质，更比往年为胜，故成本较高。共两方俱形沉寂者，或仍为价值之竞争，大约本月内，总可落盘，盖茶商于月底比期，须兑交钱庄之款，断不能久持也。至各洋行，如新泰、顺丰、阜昌、协和、天祥、太平、杜德、柯化威，均不似从前之广收并蓄，交易异常冷淡。据各茶商言，本年盘价，必与去年同，始可获利。现贬至八九折，利薄无待烦言，而洋商以磅价汇费运脚，比前高昂出八成之价，已属吃亏。

总之，本年祁茶料必稍有利益，宁州、两湖茶，以现状观测亏折或至不堪设想也。

祁门为世界产茶最著名之区，前农商部为改良茶业，计在该处设立模范种茶场，用科学方法自种新茶，自制洋庄上乌龙红茶。去年经欧美各国公使评饮，称为贵重难得之品。本届新茶，复参用机器，改良揉制，色泽香味，异常优美，装潢用镜面马口铁小箱，分五磅、二磅、一磅、半磅四种。现运来汉口万和隆茶栈，中外官商争购，作为馈送礼品，每磅售至一元。据闻西商云，全球之茶，以此为最美，故现在茶市虽废，祁茶独得善价而多销。此项改良机制茶，更得极高之待价矣。

《申报》1917年5月30日

# 令安徽模范种茶场第一八五号

一月三十日

呈报调查皖赣红绿茶输出数目并祁门秋浦浮梁红茶输出箱额尚属明确准予备案由。

呈悉：查该场调查皖赣红绿茶输出数目并祁门、秋浦、浮梁红茶输出箱额尚属明确，本年应将各茶号名称、经理人姓名、资金与制茶额数设立年月列表，填明送部备核，除备案外，仰即遵照此令。

《农商公报》1917年第3卷第7期

# 祁门全境乡土地理调查报告

本科第二年级学生　祁门李家騆

山脉：吾祁全境，举目皆山，为昆仑南支干脉，所经之地，其脉自浙江衢州府之仙霞岭北迤于江西广信府之间，入婺源休宁境转向北行而入祁境，凡长江以南，江西饶州以东，新安江钱塘江以北，诸大山脉均自吾祁出之，诚山脉中之一大关键，钱塘、扬子之一大分水岭也。若以本境山脉之大势观之，则先自南而东而北而西以及西南，若圆圈焉。以梅南山为全境祖山，以大洪山为西北祖山，以王九峰为中央祖山，明乎此则诸山之脉络，及布衍可得而言矣，东南诸山，即大洪水以南，率水以北，诸山脉是也。其脉自休宁率山北迤入境而为梅南山。向东行为丛草坞尖，为毛坑岭，为牛轭岭，为胭脂岗，为王公峰。转向北行，为风屏坳，为周岭。复向东行，为一心岭，则浮祁分界处也，为半月岭，转北为榔木岭，为武亭岭，禾戍岭，为虎岭。西折，为棍子岭，以至于大洪山。其自毛坑牛轭两岭间分出者，向北行，为分水岭，折而西南，为姚村岭，为西坌岭，为卢岭，为汪氏岭，而尽于卢溪入大洪水处。其自周岭分出者，向北行，县治前之白石双巽二峰及凤凰山，皆其附属。尽于灵山口，其自风屏坳分出，向南行者，为黄畲岭，而尽于黄畲口。其自半月岭分出者，在赤桥附近渡峡而衍为白狱，其自武亭岭分出而向东行者，为黄山山脉，向西行者，衍为祁山诸山，而尽于秀墩。

大洪山在县治之北五十里，大洪之水出焉，其山分为东西两大支，向西行者，为本境西北诸山，而尽于鄱阳湖口。向东行者，出境而为石埭大平间诸山，而尽于青弋江口，其附支左折，向西南行，即境内中央诸山是也，中央诸山，即大洪水以北大北港水以南诸山脉，其山自大洪山岭左折，向西南行，而为平鼻山，为王九峰，为西坑岭，为樟岭，至白茅岭，分为两支。向东南行者至梓树坳过何家冲，至于石山。左渡峡，起为侯峰。其下为县治。余脉尽于路公溪。自白茅岭向西南行者，为石门山，为武陵岭。又分为两支。向南行者，至小路口渡峡，起为庾岭。转向东南行，为高坞岭。折而西南，为白院岭，为大坞岭，为石坑岭，而尽于溶口。自武陵岭向西行者，又分为二支。向南行者，为东松岭，而尽于东松水入溶溪处。其向西南者，为小西风山，为分水岭，为余岭，为柘岭，为扛桐岭。南折而为奇岭，而尽于大北港入大洪水处。至西北诸山为大洪山西支干脉所经之地即王九峰水以北大北港水以西诸山脉是也。其山自大洪山向西行，为望江峰，为主公岭，为百培岭，为秋风岭，为赤岭，为历山，为高低二岭，为榉根岭。折而西南，为西峰山，为新安山，为良禾岭，而入于池州建德界。其自历山分出者，为大北港小北港两河流中间之山。向南行，首为龙钟岭，为井南山，为主簿山，为温岭，为天岭，而尽于倒湖。此祁邑全境山脉之大概也。

河流：吾祁诸水，均发源于本境诸大山中，汇于倒湖。流入江西浮梁境，注于鄱阳湖而入于江。故祁邑属长江流域，惟东乡之水，间有由新安江而入钱塘江者。境内水之最大者，莫如大洪水。水发源于大洪山。向南流，历长培、宋溪、枫林街各地，至沙湾，有秀溪自北来会，至霄溪；有柏溪自东来会，至石栏干；又有和溪自北来会、复南流，过祁山、靴石相公潭，绕县治左至于秀墩。双溪之水，自东来会，转而西流，过淹溪，下阊门县云二滩，至路公溪，西会陈河，至灵山口，南会旸源水，至瓦砚坑口。又南会唐源水，复曲屈南流。过韩溪口、郭溪口、贵溪口、武溪口。会各小水，至于溶口，溶溪自西来会，至于卢溪。卢溪自东来会，复南流。至于倒湖，又西会大北港水，遂流入江西浮梁境，此祁邑全境河流之大概也。

交通：祁门居池饶之间，境界互错，陆行多山岭，水道尽沙滩，交通殊为不便，将来宁湘线告成，血脉流通，于交通上必多便利。

人民职业与生计：西南两乡，务农者约占十分之七，士工商仅占十分之三，多藉茶为生活。营商远地者，除茶商而外，寥寥无几，东北城三区，则农居十分之四，商居十分之四，士工仅占十分之二。五乡比较，生计西南较胜。



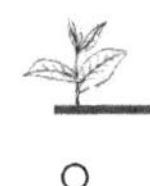

实业：祁邑山多田少，贫苦之家，朝夕筹虑，故近来西南两乡垦山辟地兴种苞芦以防不接，几至不遗寸土所垦之地，俟种苞芦三年后则栽种茶科，斗斜之培，则播种茶子桐子，将来祁门茶市，日渐增加，粮食一层，亦不致有有钱无市之虑矣。

《安徽省立第二师范杂志》1917年第4期

## 安徽祁门县商会来件

请看祁门烟酒公卖常驻员丁光恩栽诬烟商之铁案。

祁门县行政公署不信丁光恩栽诬之公函。

径启者，本年四月六日，接烟酒公卖第五支栈经理常驻员函开前奉屯溪烟酒公卖局长令开为令委事，案查公卖章程，各支栈均由主管分局，派常驻员监视征收，并可协助各栈经理，切实进行。

兹特委令倒湖常驻员丁光恩，就近经任第五支栈常驻员事宜。

为此令委，令到仰该员即便遵照，会同姚经理确实调查该县烟酒商店，销数若干，慎勿隐匿敷衍，致负委任切切此令等因。

奉此敝员随即到差，兹查城区烟店月捐办法不齐，理宜由本年二月汪局长接事后，即照屯溪分栈，从宽暂行规定章程，已实行一载有余，征收数目为标准。现今城区烟店五家，虽经敝栈再三劝导，顽固者依然不顾大体，专以朦匿侵延为主意。其内虽有一二明白公理之人，又备恃势仗翼不肖者暗中唆骇，其图藉众把持，其胡树荣尤复巧辞设计骗使，苛虐乡愚，列阵遣兵，指挥如意，运筹决胜，动作随心，如此能人，岂仅妨碍公卖进行，恐亦非地方之福也。录粘省局颁发章程，及敝栈调查实情，并屯溪现收价目，共计三纸，送请核夺，特此会具公函。

敢祈保重部款，速传后开各烟店到署，饬令烟丝月捐，仿屯价目认缴，如添夜工，捐费加半，以昭公允，并每月缴工费银元时，期限迟至不得过阳历二十五号，具结存案，俾获月清月款，免仍拖延难解，祁屯划一殊无厚薄，敢包照准施行，实为公便，右致等因，并开列怡源万顺谦泰永泰公济隆五家牌号抄件三纸到署，准此查烟酒公卖定有专章，该烟酒商户，不得故违，兹准前由，相应函达贵会查照办理转知各烟店可也，此致祁门县商会。

祁门商会为商请命之呼呼：

敬启者，顷据城区烟商怡源万顺谦泰永泰公济隆，略称商号五家，向在城厢内外开设烟店，遵照安徽公卖暂行细则如法认捐。

叠经姚经理详细调查，分别多寡按月收清。两载以来，相安无事，不图新委常驻员丁光思，于三月间来祁，饬令商等另外加捐，既不将章程宣示，又不移请商会代为宣布，复不请县置晓谕，迫令商等自往询问，一味苛罚危词，诚不知该员是何用心，正在请商会维持间，适奉转知县署公函，寻译再三，深为骇异，其中荒谬绝伦之语，尤为所指胡树荣各节为离奇，树荣本一安分经商之人，如有列阵遣兵情事，则是行同叛逆，为祸地方，官厅相距匪遥，岂无觉察，商会近在咫尺，竟无见闻，当亦为官所商会所不能受也。商等被诬情重，缄默难甘，应由商等另向法庭提起诉讼，以免陷害无辜，贵会长有保护商人之责，即有代商人申诉之权，为此略呈鉴核补救同舟，一面函请行政公署行知丁光恩明白答复，指明胡树荣列阵遣兵确据，一面函达屯溪公卖支栈，有无抗捐情形，烟商幸甚，大局幸甚，等情到会。敝会窃查征收税则，无论何项，或增或减，必有现行章程，以资遵守，该商等应认烟捐，如照姚经理旧章所定，则按月认缴，并无违抗，如照丁光恩所云，另外如捐，则必有新定章程，断无不能给阅之理，乃丁光恩到祁后，祗知饬令该商等按月加捐，并以议罚勒闭为借口，而询以章定弗答也曾据该商等来会面告，敝会长会于某日亲往询问，丁光恩仍含糊其词，无法维持，不得已耳，忽于某日接奉贵署公函，内称据丁光恩函称烟商胡树荣，巧词设计等语，此等空洞危词，至为可诧，以捐事言，该商等之未认定，由于丁光恩之不宣布章程，以事理言，该商等安分营生，岂能由丁光恩之信口栽诬，商情惶惑，无怪其然，丁光恩之鲁莽从事，不洽商情，已可概见。

贵知事有保卫地方之责，敝会有维持商务之任，今丁光恩无故诬胡树荣以大辟之罪，在贵知事不能不彻底根究，而在敝会亦视丁光恩，不能胜任之人矣，除由胡树荣等依法起诉外，为此备具公函，伏乞贵知事鉴核办理，并请函达支栈汪委员，改派委员来祁接办，将章程明白宣布，敝会自当力为劝导，该商等亦不至稍有抗违也，此致行政公署。

祁城烟商控告丁光恩之禀词。

被诬情重，依法起诉，叩请开庭讯究事，窃商等向在治下开设烟店，小本营生，已历有年。所认公卖局月捐，经姚经理按月调查，以交易之大小，分月捐之重轻，均经领有收照，从无违抗情事。本年三月间，新委常驻员丁光恩到祁，饬令各烟店另外加捐，既不将章程宣示，又不移请商会代为宣布，复不请钧署晓谕，迫令

商等自往询问，一味苛罚危词，诚不知该委是何用心？正在请商会设法维持间，不图商会传知钧署公函，内有丁光恩所指胡树荣种种不法等语，捧读之下，惶惑莫名。查丁光恩函中所指，设计骗使，必有受骗之人，苛虐乡愚，当有被虐之据，所称列阵，阵列何方？所称遣兵，兵在何处？而尤谓不仅妨碍公卖之进行，恐亦非地方之福……官所密迩而不及觉，商会咫尺，而不之见，将置我厅长商长于何地？尤幸贵厅长不为浮言所动，置而不论，商等若不投案申诉，不特未能厕身商界，且不能托足治下。非请彻底根究，万不甘心。不然，以国家办公人员，而颠倒是非，信口污蔑，若曾参之行遽信杀人，将置树荣于死地而无难。为此叩请厅长先生扶法作主，讯即传知丁光恩到案庭讯，指出胡树荣种种不法之确据。使其言实，则科以罪名，愿甘折服，使其言不实，则国家自有法律，谅不至因人而废弃之也。迫切陈词，立待庭讯。上禀。

《中华全国商会联合会会报》1917年第4卷第4期

## 汉口（五月二十六日通信）

本星期茶已开盘，以祁门为最占优胜，价定五十二两至五十六两，余如羊楼峒、通山、咸宁等处，开盘之期，当亦不远，银根稍紧，洋厘亦随之而涨，申票则与前仿佛云。

《银行周报》1917年第1卷第3期

## 汉口（六月二十五日通信）

茶市向为出口货之大宗，今年宁州、祁门及两湖各处产茶颇好，惟办客不甚踊跃，故到汉只有七成，价亦逊于曩年。如祁门茶上年售价六七十两，今年开盘只五十两左右，近且跌至四十余两，两湖茶如安化往年价约四十两，今年初开三十五两，近则念七八两，羊楼峒往年念五六两，今年十六七两，论茶身并不低劣，实因洋商价目较低，以致难期起色也。

《银行周报》1917年第1卷第6期

## 九江（八月二十五日通信）

本星期皖属祁门赣属武宁等处，陆续运来子茶（第三次茶）花箱（茶叶末）绿茶，过载运往汉口求售者，为数颇巨。但今年子茶成本，每担约二十九两左右，而销路甚滞，有行无市，业此者均不免有亏耗之虞，故茶商大多观望行情，待价而沽也。杂粮除豆麦外，无甚交易，行情亦属平稳。本星期银根仍紧，申元步跌，钱业公所竟发生明暗两盘，盖各钱庄多以十天例期规元，向台湾银行购换即期每千两，补水四两五钱，以每日计算，须拆息四钱五分，而台行在市，常川放款只四十万左右，若超过此额，该行以实力关系，亦多拒做。故近日各庄例期规元，多有在市减价，求售公所，规元行情，虽报九二八五，而暗盘竟跌为九二七五，铜元现亦跌至四九八，因销路不多，棉花尚未登场，除黄豆小麦外，别无他项用途故也。

《银行周报》1917年第1卷第16期

## 茶（九月二十九日止）

二春祁门红茶，到沪已久，今日方有成交，价自二十两至二十二两五钱不等。汉口各路红茶，尚存六七万箱，花香约七万袋，交易仍极寥寥。绿茶惟贡熙交易，尤为清淡，珍眉价格，尚能立定，副牌熙春，市价颇涨，惟存货甚缺，大有美中不足之感。查本星期内售出总数，计大盘平水九千一百五十五件，又婺源屯溪六百二十八件，虾目二百三十五件，珍眉二千四百三十五件，熙春及副熙春一千〇六十件，凤眉五百七十八件，秀眉八十四件，娥眉一百七十件，红茶（祁门）一百六十五件。昨日行市大略如下。

| 牌号 | 茶名 | 价目 | 产地 |
|---|---|---|---|
| 绿香 | 虾目 | 四十三两 | 婺源 |
| 裕和 | 又 | 五十两 | 又 |
| 泰兴 | 珍眉 | 五十两 | 屯溪 |
| 和记 | 又 | 四十四两 | 又 |

续 表

| 牌号 | 茶名 | 价目 | 产地 |
|---|---|---|---|
| 协昌 | 又 | 四十六两五钱 | 又 |
| 洪盛 | 又 | 五十七两 | 又 |
| 益昌 | 又 | 三十七两 | 湖州 |
| 云丰 | 又 | 三十两 | 又 |
| 永春 | 又 | 三十三两五钱 | 又 |
| 奇丰 | 又 | 四十四两五钱 | 屯溪 |
| 瑞春 | 凤眉 | 二十七两 | 婺源 |
| 祥记 | 又 | 二十五两五钱 | 又 |
| 永昌 | 又 | 二十九两 | 又 |
| 永春 | 又 | 三十三两五钱 | 又 |
| 兰香 | 娥眉 | 二十二两 | 又 |
| 和盛 | 又 | 二十一两 | 又 |
| 肃春隆 | 又 | 二十一两 | 又 |
| 仙芽 | 又 | 二十一两 | 又 |

《银行周报》1917年第1卷第19期

# 令安徽模范种茶场补录

民国五年八月十七日

赠品茶由海道运京准税务处复称已饬江海等关放行令知遵照由。

前据该场呈称，解部赠品茶拟改由上海海道转运，请咨税务处转饬江海关免税放行等情。当咨行税务处查照办理，并令知在案。兹准复称本处查前项赠品茶前已核准免税，并饬九江等关遵办。兹改由上海海道运京，应由江海津海等关，于其报运时验明数与护照相符，免税放行。除令知外，兹复查照等因到部，合行令知遵照此令。

《安徽实业杂志》1917年续刊第1期

# 农商部安徽模范种茶场制茶报告

制造红茶试验：

制造红茶有六项必不可少之手续，一采摘、二晾青、三搓揉、四发酵、五焙烘、六筛分，无一不与色泽香味有关，普通前四项种茶乡户为之，后二项制茶厂号为之。乡户粗制而售于茶号，茶号趸收而再制之，复经茶栈通事而运售于洋商，间接太多，改良不易，本场以自种自制为着手改良之预备。自采摘以至筛分，皆由场直接为之。目前甫种新茶，其原有老茶，不敷采制，兼收买青叶制之。器具既不完全，工人又不谙熟，临时教练，缺点滋多，虽售价独高，亦祇试验之初步云尔。兹将本年改良红茶制法列举如左。

## 一、采摘

祁门采茶习惯，向系连茎带梗，一次采下，其枝叶间生生不已之茶蘖，绝不注意存留，因之出叶稀少，枝干光秃。收获既年少一年，遇冬季寒冷时，树多死伤，此尚种户一方面之受害，若影响于制茶则尤甚大。第一，粗梗在内，搓揉时成条不匀；第二，茎强芽弱，筛分时嫩尖尽落，故采摘春茶，极应保存芽蘖，专摘叶片。说者谓普通乡农，采摘叶片，手术太生。譬如连梗采之，每日能采二三十斤，采摘叶片，止十余斤，此工价较昂也。又茶叶质水适宜采制之时，不过两星期，过时则老，此植物已受人工限制，性质无从改移，原有之老茶，决不能延长采摘之时期也。不知改良采摘，非先教练多数之采摘工人不可，欲延长采摘时期，非改种新茶，从幼稚时即留其芽蘖，延长其采摘不可。本场甫经开办，知改良采摘不易着手，开制之初，诸务猬集，又无暇分身，教练工人，因于茶叶细嫩时采摘叶片，兼收青叶，至采摘叶片二次以后，仍照习惯采之，所有青叶，则雇女工拣出青茎，有时委托乡人采制，亦先拣去梗茎，故揉条匀紧，分筛数次，芽尖不断，于制茶一方面，颇收良好之效果。

## 二、晾青

乡民普通用宽幅之篾席，摊于地上，就日下散置青叶于席上晒之，不知晾茶用席铺在地上，潮湿之地，未免吸收土气，且下层不通空气，未必底面皆匀，倘遇雨天，不能晾晒时，即束手无策。茶叶在树易老，障碍茶叶前途甚大。本场今年特制长六尺宽三尺之篾笮，采下之茶，摊成薄层，如天晴日光美满，则将茶叶笮平置于场外木架之上，就日光晒之，阅二三小时而适度，如天雨则茶笮移于场屋内空气流通之处，阅二十四小时而一检之如已适度，则随时搓揉，如未适度，切不可以手翻动，恐叶内细胞缩在一处，容易变为阴叶，且天晴则晒，天雨则晾，温度钟点，随时留心，不容稍忽者也。

按印锡制茶，无庸日晒，祁门茶季，雨多晴少，极宜参用印锡新法，以便晴雨皆可制茶。本场今年用笮晾青，提倡雨天制茶之法，色香味均佳，而得价又独高，祁门乡户厂号，啧啧称道，附近商民已能仿效，故子茶期内，连日阴雨，仍相率采茶，如法晾制云。

## 三、搓揉

青叶晾至合度，则行搓揉，搓揉者，搓卷成紧细之条，使茶叶内之细胞揉破，液汁外流，而复使收入叶条之内，俾泡茶时质味浓厚，此极应注意之事也。乡户对于此事，未尝不知加工搓揉，则条线紧，祗以茶号收茶，限日赶收，乡户多草率揉之，售于茶号，茶号收买成堆，然后烘制，其搓揉合法之茶，多与草率之茶混为一堆，即使评茶时给价稍高，在乡户既不合算，在茶号收制，亦无分轩轾，故搓揉一事，日趋窳陋，至用足搓揉，已成积习，暂时惟有劝令乡户改用手揉，一面推行价廉工省之机器，本场今年制茶选雇上等工人搓揉，责令净手在新洁之揉台上揉之，并限定钟点，注意第一次搓揉，须轻重合度，至第二次搓揉，则注意整齐条索，监视綦严，不容偷减丝毫焉。

## 四、发酵

发酵之作用，在使已成条之茶，发出热力，茶味变厚，茶色变红之谓也。普通置揉成之茶叶于木桶内，用布盖之，置日光下蒸发之，或用竹器盛茶，上用布盖之，晒于日中，下复置炭炉炕之。本场今年制茶，于发酵一事，极为注意，开制白毫乌龙之际，正值连绵阴雨之天，因创最新之法，用炉火之热力，使茶叶发酵，其法先将成条之茶，在炉火上蒸发其水分，然后移于竹器，用布盖之，复以微火温之，阅二小时而气味浓厚，叶色鲜红。如天晴时则参用日光，较之纯在于日光下发酵者，尚胜一筹，缘日光系天然之热力，如阳光美满时能善用之，自较别种热力为佳。倘或阴或阳之时，则热度钟点，漫无标准，不如改用火力之为愈也。

按印锡制茶，不藉热力发酵，其法将茶厚摊在土台上，上盖番布，时以水洒之，使自行蒸发，时间稍久，亦能鲜红，但不见日光，又不假热力，平常泡饮，无暖胃之功用，比华茶于卫生上尚多缺点。本场主用热力发酵，其变化与日光无二，此则非印度锡兰茶所可比拟其效用者也。

## 五、焙烘

已经发酵之茶，用火烘干，使所含茶汁收入叶条之内，谓之焙烘，此次焙烘，俗称毛火。毛火云者，不过烘至八成之干，可以保其色泽香味，以待随时筛制为目的。临筛制时，应再焙烘一次，俗称足火。足火者，则以烘至适宜筛制为度，缘不及则筛分难求匀净，太过则气味流于枯焦，最宜审慎者也。足火焙后，立时筛分，惟筛分完毕之后，装箱运出之前，应再焙烘一次，俗名补火。补火之作用，在使运至欧美地点，开箱时香气芬郁为主，故文火焙烘，务须香气收入茶内，以烘至茶呈灰白色，如晓日未出天空发白之色，最为适宜。本场今年焙茶于数月之前，即购无烟白炭，烘茶时尤为注意，故装箱之茶，虽受大水潮气，复历数月之久，而香气尚不易走散。

## 六、筛分

普通园户之初制毛茶，系青叶二斤半至二斤十余两所制，茶号收买，经毛火一次，至多七折（即减水分三成），俗名七烘，至临筛分时，足火一次，即行上筛。筛法，宁州工人，先抖筛，比较河口婺源工人为佳。本场今年于四月二十二日至二十七日，试验青茶一百四十三斤八两，制毛火茶三十六斤零八两，又于三十日将毛火茶一百三十七斤九两。足火分筛，复检查之，减至一百十四斤十一两，可知青叶制成毛火茶，系四斤制一斤。足火分筛后，又减至八三折，则青叶五斤，制净干茶一斤有零，若收园户之湿毛茶，系二斤半制一斤者，再制之，则五折也。若二斤十二两制一斤者，则五五折也。如果七烘，则系二斤十二两五钱制一斤也。盖普通毛茶一担，水分约占三十二斤，灰末梗子约占二十斤，净茶止四十八斤之谱，如欲灰末少而净茶多，则胥视筛分之合法与否为断。本场既自制青叶，在未分筛以前，剔去梗茎，至筛分时，叶尖自容易保存，再能检定筛眼，先用抖筛，顺序分筛，整切少用手力，复加善用制尾子之工夫，则茶叶匀净而蚀耗少矣。

## 兹录本场试用之筛号筛眼表

| 筛号 | 筛眼分厘(公尺) | 每方公寸筛眼数 |
|---|---|---|
| 一号 | 四分 | 四个 |
| 二号 | 三分 | 七个半 |
| 三号 | 二分五厘 | 九个 |
| 四号 | 二分 | 十六个 |
| 五号 | 一分五厘 | 二十五个 |
| 五号半 | 一分一厘 | 二十五个 |
| 六号 | 一分二厘 | 三十六个 |
| 六号半 | 八厘 | 六十四个 |
| 七号 | 一分 | 四十九个 |
| 七号半 | 七厘 | 四十九个 |
| 八号 | 八厘半 | 八十一个 |
| 八号半 | 六厘半 | 六十四个 |
| 九号 | 五厘 | 一百十个 |
| 十号 | 二厘 | 六十四个 |

## 附本场春茶采摘月日及数量表

| 采茶区域 | 春茶初摘 | | 春茶二摘 | |
|---|---|---|---|---|
| | 月日 | 数量(斤·两) | 月日 | 数量(斤·两) |
| 本场大山后老茶 | 四月二十七日至五月七日 | 三〇六·一〇 | 五月八日至二十四日 | 一五二一·〇二 |
| 庙后租茶 | 四月二十二日至五月七日 | 三六·〇八 | 同上 | 一二二·〇〇 |
| 石山湾租茶 | 同上 | 六五·〇〇 | 五月九日至二十四日 | 四六·〇〇 |
| 塘坞租茶 | 四月二十三日至五月七日 | 四一·〇四 | 五月十六日至二十四日 | 一二五·〇〇 |
| 对河租茶一 | 同上 | 七〇·〇四 | 五月十九日 | 二六·〇〇 |
| 对河租茶二 | 五月七日 | 一五·〇〇 | 五月二十日 | 一〇七·〇〇 |
| 山湾租茶一 | 五月一日至七日 | 二四·〇八 | 五月二十三日 | 三六·〇八 |
| 山湾租茶二 | 同上 | 五·〇〇 | 五月二十四日 | 四三·〇〇 |

| 采茶区域 | 春茶初摘 | | 春茶二摘 | |
|---|---|---|---|---|
| | 月日 | 数量(斤·两) | 月日 | 数量(斤·两) |
| 本场低山老茶一 | 五月五日至七日 | 八·〇八 | 五月八日至十九日 | 一九·〇八 |
| 本场低山老茶二 | 同上 | 二·〇六 | 五月十二日<br>至二十四日 | 一〇·〇四 |

**附本场子茶采摘月日及数量表**

| 采摘区域 | 子茶初摘 | | 子茶二摘 | |
|---|---|---|---|---|
| | 月日 | 数量(斤·两) | 月日 | 数量(斤·两) |
| 本场大山后老茶 | 六月七日至十日 | 六三·〇〇 | 六月十二日至二十七日 | 八五·〇〇 |
| 庙后租茶 | 六月十日 | 二九·一三 | 六月二十三日 | 一·〇〇 |
| 石山湾租茶 | 同上 | 九·一二 | | |
| 塘坞租茶 | | | 六月十七日 | 六·〇〇 |
| 对河租茶一 | 六月十一日 | 一二·〇四 | 六月十八日 | 九·〇〇 |
| 对河租茶二 | | | 同上 | 九·〇〇 |
| 山湾租茶一 | 六月七日至十日 | 六·〇八 | 同上 | 八·〇四 |
| 山湾租茶二 | 六月十一日 | 一二·一二 | 同上 | 三·〇〇 |
| 本场低山老茶一 | | | 同上 | 一一·〇四 |
| 本场低山老茶二 | | | 同上 | 六·〇二 |

按本场自种之茶，系参仿印锡大茶区之计划，但春初点种一万余丛，苗圃三万余丛，尚拟逐年添种，为将来新法采制之预备。本年奉准试制新茶，系采界内原有茶树及租附近园户之茶，采制之，地段零星，距离场所，有远至五六里或十余里者，于采制极不便利，如果逐年添种，成一十万或二十万丛之茶区，则可仿造锡兰之铁桿运茶，节缩时间减省劳力获益甚巨也。

**附本场晴天制茶时间及重量表**

| 初制茶顺序 | 初制茶时间(时·分) | 制茶对于生叶之减量(以百分计分) |
|---|---|---|
| 一、摊茶 | 三·〇〇 | 三三 |
| 二、第一次搓揉解块 | 一·〇〇 | 三八 |
| 三、初次发酵 | 二·〇〇 | |
| 四、第二次搓揉解块 | 四五 | 四九 |

| 初制茶顺序 | 初制茶时间(时·分) | 制茶对于生叶之减量(以百分计分) |
| --- | --- | --- |
| 五、二次发酵 | 三〇 | |
| 六、摊烘 | 二〇 | |
| 七、焙干 | 四〇 | 七五 |
| | 计时间八·一五 | 计成初制干茶(即已经毛火之茶)二五 |

**附本场雨天制茶时间及重量表**

| 初制茶顺序 | 初制茶时间(时·分) | 制茶对于生叶之减量(以百分计分) |
| --- | --- | --- |
| 一摊茶 | 二四·〇〇 | 三四 |
| 二第一次搓揉解块 | 一·〇〇 | 三九 |
| 三初次发酵 | 二·〇〇 | |
| 四第二次搓揉解块 | 四五 | 五〇 |
| 五二次发酵 | 三〇 | |
| 六摊烘 | 二〇 | |
| 七焙干 | 四〇 | 七五 |
| | 计时间二九·一五 | 计成初制干茶(即已经毛火之茶)二五 |

按本场提倡雨天，制茶新法，附近乡人，已能放效，但此事关系茶业前途甚大，所有晴天雨天制法之异同，摊晾搓揉发酵诸钟点，以及生叶减量，极应教导各园户使之明了，以期普及而园户之晾茶房屋，亦应逐渐改良，使空气流通，庶几人力可补天工云尔。

再红茶于六项手续之外，尚有扬拣两项。扬者扬去轻片破叶之谓，拣者剔去梗茎之谓。普通扬茶用风车扇之，再用竹盘簸之，拣茶则雇女工分班拣之，本场今年用青叶自制之茶，自摊晾搓揉以至烘筛无不力求精洁，加以先行剔去梗茎，故茶叶匀净，绝无梗茎，而轻片破叶亦极少，节省扬簸，又省拣工，良有以也，但不制有梗之茶，则利弊不见。本场于二次采制后，会将有梗之毛茶筛制，并于筛制后，雇女工拣茶，以试验拣工耗茶之数，兹将拣后耗数，列表如下。

| 有梗茶 | 筛后数 | 拣后数 | 耗数 |
| --- | --- | --- | --- |
| 一号茶 | 二十三斤十两 | 二十二斤十两 | 一斤 |
| 二号茶 | 十三斤六两 | 十一斤二两 | 二斤四两 |
| 三号茶 | 十六斤四两 | 十二斤二两 | 四斤二两 |

续 表

| 有梗茶 | 筛后数 | 拣后数 | 耗数 |
| --- | --- | --- | --- |
| 总计 | 五十三斤四两 | 四十五斤十四两 | 七斤六两 |

《安徽实业杂志》1917年续刊第1期

# 安徽模范种茶场种茶报告

民国五年

陆 溁

### 各地茶种形状表

| 安徽祁门西乡茶种 | 圆形有一面平形者粒较大壳较厚 |
| --- | --- |
| 安徽祁门南乡茶种 | 圆形及三角形粒较小壳较薄 |
| 安徽祁门北乡茶种 | 多圆形间有三角形粒较小壳较薄 |
| 安徽祁门城乡茶种 | 同上 |
| 安徽黟县周家园茶种 | 圆形与弧三角形参半 |
| 安徽广德县茶种 | 三面圆一面平壳薄 |
| 安徽霍山县茶种 | 壳薄粒小杂角形 |
| 安徽祁门东乡茶种 | 粒大圆形半杂角未发芽 |
| 江西修水县茶种 | 粒圆有大有小一面平 |
| 江西浮梁县磻溪茶种 | 不甚圆有发芽甚早者 |
| 江西浮梁县桃墅茶种 | 同上 |
| 江西德兴县茶种 | 杂角形多无一圆者 |
| 江西铅山县茶种 | 粒较小 |
| 福建崇安县茶种 | 粒较大不甚圆 |
| 福建浦城县茶种 | 粒小而圆杂者较少 |
| 福建光泽县茶种 | 粒大三角形多 |
| 福建南安雪峰寺茶种 | 外皮甚结半合者多粒大小均有 |
| 福建南安觉海寺茶种 | 杂角形粒大亦有小者 |

续 表

| 福建闽侯县茶种 | 有大有小三角形居多 |
| --- | --- |
| 福建寿宁县茶种 | 粒大多圆扁平者少 |
| 福建武平县茶种 | 小而圆 |
| 湖南长沙县茶种 | 粒较大不甚圆壳薄 |
| 湖南平江县茶种 | 粒有大有小不甚圆 |
| 湖南安化县茶种 | 粒较大不甚圆有三角形 |
| 湖北鹤峰县茶种 | 有圆形有三角形粒较大 |
| 湖北通山县茶种 | 粒大而重多杂角形 |
| 湖北阳新县茶种 | 大粒小粒各半多杂角形壳薄 |
| 浙江余姚县茶种 | 杂角形无一圆者壳较薄 |
| 浙江建德县茶种 | 均弧三角形粒大 |
| 浙江遂安县茶种 | 均四不等形芽早发 |
| 浙江平阳县茶种 | 大小不等均杂角形 |
| 浙江淳安县茶种 | |

种类试验：

印度锡兰种茶家分种茶为两大类：曰阿萨墨茶种、曰变种茶种。中国茶种未经植物学专家考验，发明种类，然较印度种形状小叶肉厚，若详加研究，种类亦复不少。就祁门一县论之，西南乡茶叶薄，制红茶相宜，东乡及十三都内山茶叶厚，制绿永为宜。本场分祁门各乡种类试验，复分安徽各县种类试验，复征集江西、福建、湖南、湖北、浙江等省茶种来祁试验。一年以来，比较优劣，则以祁门西乡种为最优，南乡次之，城乡又次之，其各省则以湖北阳新、鹤峰，福建光泽、浦城为优，但生长力不如祁门，且有数处不能发芽，盖一则土壤之关系；一则邮寄来祁，包装欠妥，核仁多半干枯之故也。兹列种类试验表如下。

**祁门各乡种类试验**

| 区划 | 各乡茶种 | 选种前五日检查茶种发育状态 | 霜降后七日检查茶苗之生长力 |
| --- | --- | --- | --- |
| 平地区 | 城乡种 | 叶出土 | 五寸一分 |
| | 南乡种 | 叶开展 | 五寸八分 |
| | 西乡种 | 同上 | 六寸 |
| | 东乡种 | 苗出土 | 三寸五分 |
| 低山区 | 城乡种 | 叶开展 | 五寸七分 |

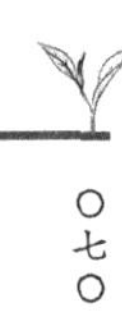

续　表

| 区划 | 各乡茶种 | 选种前五日检查茶种发育状态 | 霜降后七日检查茶苗之生长力 |
| --- | --- | --- | --- |
| | 南乡种 | 同上 | 五寸九分 |
| | 西乡种 | 同上 | 六寸 |
| 高山区 | 城乡种 | 叶出土 | 四寸七分 |
| | 南乡种 | 同上 | 五寸二分 |
| | 西乡种 | 叶开展 | 五寸八分 |

**安徽各县种类试验**

| 平地区 | 各县茶种 | 选种前五日检查茶种发育状态 | 霜降后七日检查茶苗之生长力 |
| --- | --- | --- | --- |
| 第三区 | 霍山县种 | 未出 | |
| | 广德县种 | 苗出土 | 三寸 |
| | 黟县种 | 未出 | |

**各省种类试验**

| 平地区 | 各省茶种 | 选种前五日检查茶种之状态 | 霜降后七日检查茶苗之生长力 |
| --- | --- | --- | --- |
| 第三区 | 江西铅山县种 | 苗出土 | 三寸六分 |
| | 江西浮梁县桃墅种 | 始萌芽 | 二寸 |
| | 江西浮梁县磻溪种 | 苗出土 | 三寸五分 |
| | 江西修水县种 | 始萌根 | 二寸 |
| | 江西德兴县种 | 未出 | |
| | 福建南安县雪峰寺种 | 始萌芽 | 二寸四分 |
| | 福建南安县觉海寺种 | 始萌根 | 二寸 |
| | 福建闽侯县种 | 始萌叶 | 一寸八分 |
| | 福建武平县种 | 同上 | 一寸九分 |
| | 福建浦城县种 | 苗出土 | 三寸六分 |
| | 福建光泽县种 | 叶出土 | 三寸九分 |
| | 福建寿宁县种 | 始发芽 | 二寸六分 |
| | 福建崇安县种 | 未出 | |
| | 福建龙岩县种一 | 未出 | |
| | 福建龙岩县种二 | 始发芽 | 三寸二分 |

续 表

| 平地区 | 各省茶种 | 选种前五日检查茶种之状态 | 霜降后七日检查茶苗之生长力 |
| --- | --- | --- | --- |
| | 福建龙岩县种三 | 未出 | |
| | 湖南长沙县种 | 始发芽 | 三寸四分 |
| | 湖南平江县种 | 始发芽 | 三寸 |
| | 湖南安化县种 | 始发芽 | 二寸九分 |
| | 湖北通山县种 | 苗出土 | 二寸五分 |
| | 湖北鹤峰县种 | 叶出土 | 四寸 |
| | 湖北阳新县种 | 同上 | 四寸二分 |
| | 浙江余姚县种 | 苗出土 | 三寸七分 |
| | 浙江遂安县种 | 未出 | |
| | 浙江淳安县种 | 始发芽 | 三寸 |
| | 浙江建德县种 | 同上 | 二寸九分 |
| | 浙江平阳县种 | 始发芽 | 二寸八分 |

播种粒数试验：

园户种茶，向无一定粒数，又不知选择优种，故茶株不能整齐，本场选种点播，分三十粒、二十粒、十粒、五粒试验。计一年之生长力，以三十粒、二十粒发育最旺，能抵抗外界之寒冷及干旱，其十粒、五粒者次之，录表如下。

**播种粒数试验一**

| 平地区 | 粒数 | 选种前五日检查茶种发育状态 | 霜降后七日检查茶苗之生长力 |
| --- | --- | --- | --- |
| 第八区 | 三十粒 | 叶出土 | 五寸四分 |
| 第九区 | 二十粒 | 同上 | 五寸 |
| | 十粒 | 同上 | 五寸一分 |
| | 五粒 | 同上 | 四寸九分 |

**播种粒数试验二**

| 低山区 | 粒数 | 芒种前五日检查茶种发育状态 | 霜降后七日检查茶苗之生长力 |
| --- | --- | --- | --- |
| 第三十八区 | 三十粒 | 叶开展 | 六寸三分 |
| 第三十九区 | 二十粒 | 叶出土 | 五寸一分 |
| 第四十区 | 十粒 | 叶出土 | 四寸八分 |

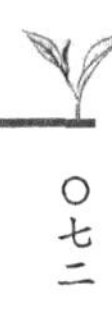

续 表

| 低山区 | 粒数 | 芒种前五日检查茶种发育状态 | 霜降后七日检查茶苗之生长力 |
|---|---|---|---|
| 第四十一区 | 五粒 | 同上 | 四寸七分 |

**播种粒数试验三**

| 高山区 | 粒数 | 芒种前5日检查茶种发育状态 | 霜降后7日检查茶苗之生长力 |
|---|---|---|---|
| 第十八区 | 五粒 | 叶出土 | 四寸五分 |
| 第十九区 | 十粒 | 同上 | 四寸七分 |
| 第二十区 | 二十粒 | 同上 | 四寸八分 |
| 第二十一区 | 三十粒 | 同上 | 四寸九分 |

播种深浅试验：

锡兰印度布种茶子，均以二寸深为度，中国乡户种茶，并无一定，往往因鸟兽为害，播种五六寸深。本场分三寸、二寸五分、二寸、一寸五分四种试验。其入土较深者，茶芽出土较迟，缘茶树系先生根须，后生枝干故也。参酌浅深，立春前种者，自以二寸五分深为适宜，春分前种者，自以二寸深为适宜，兹将四种试验列表于下。

**播种深浅试验一**

| 平地区 | 入土深 | 芒种前五日检查茶种发育状态 | 霜降后七日检查茶苗之生长力 |
|---|---|---|---|
| 第十区 | 三寸 | 叶出土 | 五寸二分 |
| 第十一区 | 二寸五分 | 叶开展 | 五寸八分 |
| 第十二区 | 二寸 | 同上 | 五寸五分 |
| 第十三区 | 一寸五分 | 同上 | 五寸七分 |

**播种深浅试验二**

| 低山区 | 入土深 | 芒种前五日检查茶种发育状态 | 霜降后七日检查茶苗之生长力 |
|---|---|---|---|
| 第四十二区 | 三寸 | 叶出土 | 五寸一分 |
| 第四十三区 | 二寸五分 | 同上 | 四寸九分 |
| 第四十四区 | 二寸 | 同上 | 四寸九分 |
| 第四十五区 | 一寸五分 | 叶开展 | 六寸四分 |

**播种粒数试验三**

| 高山区 | 入土深 | 芒种前五日检查茶种发育状态 | 霜降后七日检查茶苗之生长力 |
|---|---|---|---|
| 第一区 | 一寸五分 | 叶出土 | 四寸四分 |
| 第二区 | 二寸 | 叶开展 | 六寸六分 |
| 第三区 | 二寸五分 | 叶出土 | 四寸九分 |
| 第四区 | 三寸 | 同上 | 四寸六分 |
| 第五区 | 三寸 | 同上 | 四寸二分 |

播种时期试验：

查锡兰印度四时和暖，种茶无一定时期，北印度边界之大吉岭，气候与祁门相同，其种茶期在十一月间，垦地至尺许深，铺肥土六寸，再加极细土四寸，然后种子入土。中国习惯，隔年种者少，大都冬令将茶子埋在土内，立春后随意布种。本场分隔年布种、立春前种、雨水前种、春分前种、春分后种五时期试验。一年来检查均平生长状况，隔年种者，三寸五分，立春及雨水前种者，三寸二分及三寸，春分前种者，六寸七分占多数，春分后种者，五寸以上。可知春分前二天至十天以内，如无临时发生之风雪，特别之低温，即为祁门茶适当之时期也。兹录试验表如下。

**播种时期试验一**

| 平地区 | 时间 | 芒种前五日检查茶种发育状态 | 霜降后七日检查茶苗之生长力 |
|---|---|---|---|
| 第一区 | 隔年布种 | 苗出土 | 三寸五分 |
| 第二区 | 立春前种 | 同上 | 三寸二分 |
| 第三区 | 雨水前种 | 同上 | 三寸一分 |

**播种时期试验二**

| 低山区 | 时间 | 芒种前五日检查茶种发育状态 | 霜降后七日检查茶苗之生长力 |
|---|---|---|---|
| 第十三区 | 春分前十二日种 | 两叶一尖 | 七寸一分 |
| 第十四区 | 同上 | 叶开展 | 五寸八分 |
| 第十五区 | 同上 | 同上 | 五寸九分 |
| 第十六区 | 同上 | 同上 | 五寸七分 |
| 第十七区 | 同上 | 叶出土 | 五寸五分 |

| 低山区 | 时间 | 芒种前五日检查茶种发育状态 | 霜降后七日检查茶苗之生长力 |
|---|---|---|---|
| 第十八区 | 春分前十一日种 | 苗出土 | 三寸九分 |
| 第十九区 | 同上 | 叶开展 | 五寸五分 |
| 第二十区 | 同上 | 同上 | 五寸四分 |
| 第二十一区 | 同上 | 同上 | 五寸八分 |
| 第二十二区 | 春分前十日种 | 同上 | 五寸四分 |
| 第二十三区 | 同上 | 叶出土 | 四寸九分 |
| 第二十四区 | 同上 | 叶开展 | 五寸四分 |
| 第二十五区 | 同上 | 叶出土 | 五寸一分 |
| 第二十六区 | 同上 | 叶开展 | 五寸五分 |
| 第二十七区 | 同上 | 叶出土 | 五寸一分 |
| 第四十六区 | 春分前七日种 | 叶开展 | 五寸六分 |
| 第四十七区 | 同上 | 叶出土 | 五寸一分 |
| 第四十八区 | 同上 | 叶开展 | 五寸九分 |
| 第四十九区 | 同上 | 同上 | 六寸 |
| 第五十区 | 同上 | 同上 | 六寸一分 |
| 第五十一区 | 同上 | 同上 | 五寸八分 |
| 第五十二区 | 同上 | 叶出土 | 五寸一分 |
| 第五十三区 | 春分前三日种 | 两叶一尖 | 六寸七分 |
| 第五十四区 | 同上 | 叶开展 | 五寸五分 |
| 第五十五区 | 同上 | 叶出土 | 五寸二分 |
| 第五十六区 | 同上 | 叶开展 | 五寸六分 |
| 第五十七区 | 同上 | 叶出土 | 四寸九分 |
| 第五十八区 | 同上 | 叶开展 | 五寸七分 |
| 第五十九区 | 同上 | 同上 | 五寸四分 |
| 第六十区 | 同上 | 同上 | 六寸 |
| 第六十一区 | 春分前二日种 | 同上 | 六寸三分 |
| 第六十二区 | 同上 | 同上 | 六寸一分 |
| 第六十三区 | 同上 | 同上 | 六寸四分 |

续 表

| 低山区 | 时间 | 芒种前五日检查茶种发育状态 | 霜降后七日检查茶苗之生长力 |
| --- | --- | --- | --- |
| 第六十四区 | 同上 | 同上 | 五寸九分 |
| 第六十五区 | 同上 | 同上 | 五寸八分 |
| 第六十六区 | 春分后三日种 | 同上 | 六寸四分 |
| 第六十七区 | 同上 | 同上 | 五寸八分 |
| 第六十八区 | 同上 | 同上 | 五寸九分 |
| 第六十九区 | 同上 | 同上 | 五寸五分 |

**播种时期试验三**

| 高山区 | 时间 | 芒种前五日检查茶种发育状态 | 霜降后七日检查茶苗之生长力 |
| --- | --- | --- | --- |
| 第六区 | 春分后二日种 | 叶出土 | 四寸七分 |

距离疏密试验：

中国各省茶丛，并无一定距离尺寸，随意零星散种，以致规划沟渠，核计亩数，预算采收，均甚困难，本场行间株间，分为六种试验如下表，并以倾斜地多，均用三角形点种。一年以来，除三尺与三尺五寸生长力稍弱外，其余均无甚出入，缘此项试验，目前尚未能有标准，须俟茶叶开采时，方能见实在疏密之优劣也，列表如下。

**距离疏密试验一**

| 平地区 | 距离 | 芒种前五日检查茶种发育状态 | 霜降后七日检查茶苗之生长力 |
| --- | --- | --- | --- |
| 第十四区 | 行间三尺五寸株间三尺 | 叶出土 | 三寸九分 |
| | 行间四尺株间三尺五寸 | 同上 | 四寸六分 |
| | 行间四尺五寸株间三尺五寸 | 叶开展 | 五寸四分 |
| | 行间五尺株间四尺 | 同上 | 六寸一分 |
| 第十五区 | 行间四尺株间三尺 | 同上 | 六寸 |
| | 行间五尺株间五尺 | 同上 | 五寸四分 |

**距离疏密试验二**

| 低山区 | 距离 | 芒种前五日检查<br>茶种发育状态 | 霜降后七日检查<br>茶苗之生长力 |
| --- | --- | --- | --- |
| 第二十八区 | 行间五尺株间五尺 | 叶出土 | 五寸一分 |
| 第二十九区 | 同上 | 同上 | 五寸一分 |
| 第三十区 | 行间五尺株间四尺 | 同上 | 四寸九分 |
| 第三十一区 | 行间四尺五寸株间三尺五寸 | 同上 | 五寸一分 |
| 第三十二区 | 行间四尺株间三尺 | 同上 | 四寸九分 |
| 第三十三区 | 行间三尺五寸株间三尺 | 叶开展 | 五寸四分 |
| 第三十四区 | 同上 | 叶出土 | 五寸 |
| 第三十五区 | 同上 | 同上 | 四寸七分 |
| 第三十六区 | 行间四尺株间三尺五寸 | 叶开展 | 六寸 |
| 第三十七区 | 行间四尺株间三尺 | 同上 | 六寸三分 |

**距离疏密试验三**

| 高山区 | 距离 | 芒种前五日检查<br>茶种发育状态 | 霜降后七日检查<br>茶苗之生长力 |
| --- | --- | --- | --- |
| 第九区 | 行间四尺株间三尺五寸 | 叶开展 | 六寸一分 |
| 第十区 | 同上 | 叶出土 | 五寸一分 |
| 第十一区 | 行间五尺株间四尺 | 同上 | 四寸七分 |
| 第十二区 | 行间四尺株间三尺 | 同上 | 四寸八分 |
| 第十三区 | 行间四尺株间三尺 | 同上 | 五寸三分 |
| 第十四区 | 行间五尺株间五尺 | 同上 | 四寸六分 |
| 第十五区 | 行间五尺株间四尺 | 同上 | 四寸三分 |
| 第十六区 | 行间四尺株间三尺五寸 | 同上 | 四寸八分 |
| 第十七区 | 行间三尺五寸株间三尺 | 苗出土 | 三寸九分 |

移栽试验：

锡兰印度，多独本茶树，中国茶种不同，向多丛本，本场春间购办茶秧栽种，分独本、三本、五本、十本、十五本、二十本六种试验，比较发育新芽之丛数，自以丛本为宜。其独本一畦，则全不成活，兹录试验表如下。

**移栽试验一**

| 平地区 | 本数 | 霜降后七日检查茶苗之生长力 |
|---|---|---|
| 第四区 | 独本 | |
| | 三本 | 五寸 |
| | 五本 | 五寸 |
| | 十本 | 八寸 |
| | 十五本 | 六寸 |
| | 二十本 | 七寸 |
| 第五区 | 同上 | 七寸五分 |
| 第六区 | 同上 | 一尺六寸五分 |
| 第七区 | 同上 | 一尺二寸 |
| 第十六区 | 同上 | 五寸五分 |
| 第十七区 | 同上 | 六寸 |
| 第十八区 | 同上 | 九寸 |

**移栽试验二**

| 低山区 | 本数 | 霜降后七日检查茶苗之生长力 |
|---|---|---|
| 第一区 | 十五本 | 五寸五分 |
| 第二区 | 同上 | 五寸四分 |
| 第三区 | 同上 | 五寸 |
| 第四区 | 同上 | 五寸 |
| 第五区 | 同上 | 五寸 |
| 第六区 | 同上 | 五寸五分 |
| 第七区 | 同上 | 五寸 |
| 第八区 | 同上 | 七寸 |
| 第九区 | 同上 | 六寸 |
| 第十区 | 同上 | 六寸 |
| 第十一区 | 同上 | 五寸 |
| 第十二区 | 同上 | 八寸 |

**移栽试验三**

| 高山区 | 本数 | 霜降后七日检查茶苗之生长力 |
|---|---|---|
| 第七区 | 十五本 | 五寸 |
| 第八区 | 同上 | 五寸五分 |

耕耘次数试验：

祁门秋浦一带，普通茶户，每年阴历七八月锄挖一次，其贫苦无力者，则至冬令农隙时，方锄挖一次，或则任其荒芜。本场以耕耘为松土除草补助生育吸收养分之重要作用，自二月二十一日起，即将各老叶耕耘一次，至子茶毕，八月间再耕锄一次。其新种之茶苗，则雨后随时耘草，培壅茶苗，其耕耘时日，较施肥时日略早，而其工作与效用，则赓续而相连。故耕耘区域时日，即下施肥各表之区域时日，兹不另赘。

修剪试验：

茶树修剪之效力，在能使空气容易流通，日光放射全树，多出新叶。故锡兰、印度、日本等处剪枝最为注意，祁门一带乡民，只知一任生长老枝，不知修剪之利益，本场成立后，即将界内原有老茶枯枝蔓叶，收拾一清，因在冬令，未便将全树修剪，故仅将枯枝者剪去，本年子茶后即另划低山老茶一区，先于十日前下重肥，按照原形修剪，十余日后验之，则无数小芽萌蘖，均现一种赤褐色，且甚肥壮，霜降后五日检查之，则更葱郁，可见修剪之效果甚大也，兹分录如左。

| 修剪区域 | 月日 | 修剪方式 | 修剪后之状况 |
|---|---|---|---|
| 本场大山后老茶 | 四年十二月初十至十五日 | 略加修剪 | 今春发育旺盛 |
| 本场低山路边老茶 | 五年七月二日 | 平面修剪 | 十日后新芽齐发，均现赤褐色，霜降后茂盛异常 |
| 本场低山路南老茶 | 五年七月三日 | 山形修剪 | 同上 |
| 同上 | 同上 | 南倾修剪 | 同上 |

肥料试验：

试验方法，具详前计划书，兹不另详。

施肥试验：

本场因开山种茶事务猬集，原有老茶，去冬仅收拾枯枝，略事培护。本年二月下旬，锄松土壤后，即陆续施肥，计春季一次，秋季一次，其新种之茶，系先行施肥，然后布种，夏季用青豆荚青草培壅，以供培肥，兼御干旱，冬季复下菜饼粉、

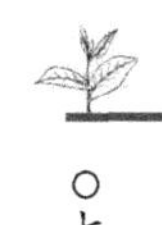

草木灰伴堆肥培壅，并用稻草保护，以御寒冷。兹将老茶及新茶施肥之效力，列表如下。

| 老茶施肥区域 | 施肥月日 | 施肥数量 | 去年不施肥之收获量(斤两) | 本年施肥后之收获量(斤两) |
| --- | --- | --- | --- | --- |
| 平地租茶一 | 二月二十八日 | 制蒸骨粉和草木灰每丛施十两 | 三九·〇〇 | 五〇·〇〇 |
| 本场永租低山老茶 | 二月二十九日 | 人粪和草木灰每丛施一斤 | 荒芜不能采摘 | 七五·〇〇 |
| 平地租茶二 | 三月初一日 | 制菜饼肥每丛施十二两 | 五〇·〇〇 | 五六·〇〇 |
| 塘坞租茶 | 三月初三日 | 制菜饼拌草木灰肥每丛施十二两 | 一五〇·〇〇 | 一七四·〇〇 |
| 对河租茶 | 三月初一日 | 制柏油枯肥每丛施十两 | 九五·〇〇 | 一〇五·〇〇 |
| 庙后租茶 | 三月初三日 | 制菜饼肥每丛施十两 | 一七五·〇〇 | 二〇七·〇〇 |
| 山湾租茶 | 三月初九日 | 制菜饼和堆肥每丛施十二两 | 六四·〇〇 | 七五·〇〇 |
| 本场永租大山后老茶 | 三月初八日至十一日 | 制菜饼肥每丛施八两 | 一八五〇·〇〇 | 一九七六·〇〇 |

| 新茶施肥区域 | 基肥数量 | 夏秋季施用肥料 | 冬季施肥数量 | 霜降后七日检查茶苗之生长力 |
| --- | --- | --- | --- | --- |
| 平地区布种茶子 | 菜饼粉发酵后拌草木灰每丛十两 | 用嫩豆荚和草埋在土内，复用青草布株间 | 每丛用菜饼三两 | 六寸 |
| 低山区布种茶子 | 同上 | 同上 | 每丛用草木灰拌菜饼二两 | 七寸 |
| 高山区布种茶子 | 同上 | 同上 | 每丛用堆肥半斤 | 六寸六分 |

续 表

| 新茶施肥区域 | 基肥数量 | 夏秋季施用肥料 | 冬季施肥数量 | 霜降后七日检查茶苗之生长力 |
|---|---|---|---|---|
| 平地区移栽茶秧 | 人粪发酵后和水二倍每丛距五寸施一勺 | 用嫩豆荚青草汁距三寸许浇之，用青草布株间 | 每丛用菜饼三两 | 一寸六分 |
| 低山区移栽茶秧 | 同上 | 同上 | 每丛用草木灰拌菜饼二两 | 八寸 |
| 高山区移栽茶秧 | 同上 | 同上 | 每丛用堆肥半斤 | 五寸五分 |
| 平地区苗圃茶子 | 菜饼粉发酵后拌草木灰施用畦间 | 用草汁浇畦间，复用青草布畦间 | | 七寸 |

《安徽实业杂志》1917年续刊第4期

# 祁门茶业最近之状况

园户之蚀耗：

客冬雨雪交加，朔风凛烈，茶树受冻者叶多枯落，今年上户不过七折，前茶业公所各茶商开会讨论捉紧山价，议三十元。关内收货比去年每担约低十元之谱。祁门山多田少，出产以茶为大宗，生命所关。各园户茶叶既蚀，于前山价又低，于后真令人徒唤奈何也。

茶商之受亏：

今年茶叶成本每担平均（指一二三四批言之）汉盘四十七八两至五十两不等，及运输到汉后，洋商开盘，头批四十余两至五十余两，二批跌至四十两，三四批不过三十余两，甚有无人过问者，茶商之受亏将来定不浅云。

采茶人之困苦：

谷雨以前，客地男妇来祁采茶者约上万人，今年因茶蚀耗，采茶者均以斤草计算，每洋一元五六十斤不等，工毕后，工资至多者不过三元，甚至七八百文者均有。自数百里外跋涉长途，各采茶人归家无不怨声载道云。

《安徽实业杂志》1917年续刊第4期

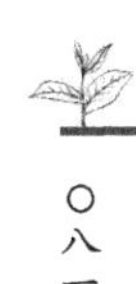

# 驻汉俄领关心祁门之茶业

吾皖产茶最富，质亦浓厚，故曩年制作出口，获利甚优，嗣因天择物竞，外人于种制两道加意研求，吾人犹固步自封，不事振作，遂至江河日下，几遭天然淘汰。前年秋，农商部办事员武进陆澄溪先生滦奉部令重游旧地，就产茶要区祁门县据城三十里之南乡平里地方设茶事试验场，旋改模范种茶场，推广分区至四五百里。使茶病立起沉疴，声播中外，旧岁复以亲自督制之五磅小箱茶运汉销售，大为俄领茶商所乐购，今岁更精益求精，出品倍过去岁之数，未久即为汉之英俄两茶商争购而去。盖其色香味三者无一而不在最上上乘也。驻汉俄领事贝勒成阔君为该国官僚中之声名卓著者，任事以来，目注吾国实业成败之原理，曾出专书以贻彼邦人士，兹因祁门模范种茶场成绩优美，特面向湖北交涉员请准函至皖省交涉员代为介绍，以免障隔，并于九月二十一号由汉乘轮赴浔，历饶州至景德转达唯一目的地之祁门南乡平里，然后由祁门赴秋浦，顺道东流至安庆趁轮回汉。芜湖交涉员接准汉口交涉员公函后，刻已令行祁门秋浦东流三知事一体妥为招待保护。查祁秋两境茶事极为可观，除官民所开之山不计外，其学校种茶园亦已经营就绪，他日贝君考察竣事后，势必有一番著述矣。

《安徽实业杂志》1917年续刊第6期

# 民国六年上半期安徽红茶与赣湘鄂茶汉口市场逐月比较统计表

安徽祁门茶，品质甲于全球，秋浦毗连祁门，西人亦名祁茶。江西之浮梁红茶，因与祁门接壤，亦曰祁茶。赣之宁州本著名产茶之区，奈以老树过多，不知培旧添新，质味淡薄，西人贬之，茶价一落千丈，故祁茶转在宁茶之上。两湖茶质，尚不及皖赣，出产较多，而价格复低。故欲知安徽红茶情形，非研究汉口输出输入之数量不可，本场编辑汉关茶叶统计，月有一册，兹届六年上半年编辑事竣，即六个月中，而皖茶与赣湘鄂茶之比较可见一斑云。

**一月份外洋进口茶**

| 输入原产地名 | 品名 | 担数 |
|---|---|---|
| 嘎勒革达 | 东印度茶末 | 3896 |
| 巴达斐亚 | 爪哇茶末 | 3233 |
| 印度 | 印度茶末 | 42 |
| 哥伦波 | 锡兰茶末 | 1916 |

**一月份本国各埠进口茶**

| 输入原产地名 | 品名 | 担数 |
|---|---|---|
| 九江 | 绿茶 | 2 |
| | 茶末 | 702 |
| 宜昌 | 绿茶 | 308 |
| | 茶叶 | 3 |
| 天津 | 绿茶 | 9 |
| 上海 | 绿茶 | 5 |
| | 香茶 | 2 |

**一月份出口运往外洋茶**

| 输出到达或国内转运地名 | 品名 | 担数 |
|---|---|---|
| 伦敦 | 汉口红茶 | 2156 |
| | 茶末 | 375 |
| | 九江红茶 | 244 |
| 莫斯科 | 汉口红茶 | 1787 |
| 珲春 | 汉口红茶 | 1917 |
| | 红茶砖 | 25834 |
| | 绿茶砖 | 10491 |
| | 锡兰红茶 | 50 |
| | 小京砖茶 | 828 |
| 纽约 | 汉口红茶 | 392 |
| 俄国 | 汉口红茶 | 192 |
| 美国 | 汉口红茶 | 61 |
| 中国香港 | 汉口红茶 | 2 |
| | 茶种 | 1 |

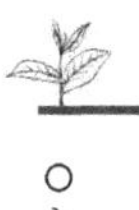

**一月份出口运往本国各埠茶**

| 输出到达地名 | 品名 | 担数 |
| --- | --- | --- |
| 上海 | 茶梗 | 5 |
| | 汉口红茶 | 930 |
| | 红茶砖 | 359 |
| | 九江红茶 | 297 |
| 九江 | 粗绿茶 | 5490 |
| | 汉口茶末 | 2939 |
| 镇江 | 汉口红茶 | 61 |
| 广州 | 茶梗 | 28 |
| 南京 | 香茶 | 3 |

按一月份汉口有复出口之锡兰红茶五十担，运往珲春，可知俄商在锡兰采办茶末，兼办红茶，因运茶末来汉时，带运一部分红茶来华，此次随大批茶砖装船赴俄者。此外复有一最可注意之事，则洋商办茶种一担往香港，想系转运外国，作试种之用也。

**二月份外洋进口茶**

| 输入原产地名 | 品名 | 担数 |
| --- | --- | --- |
| 嘎勒革达 | 印度茶末 | 11634 |
| 哥伦波 | 锡兰茶末 | 5927 |
| | 印度茶末 | 511 |
| 巴达斐亚 | 爪哇茶末 | 4718 |

**二月份本国各埠进口茶**

| 输入原产地名 | 品名 | 担数 |
| --- | --- | --- |
| 宜昌 | 茶叶 | 2 |
| 九江 | 茶末 | 14 |
| | 爪哇茶末 | 803 |
| 上海 | 绿茶 | 12 |
| 长沙 | 茶梗 | 109 |

**二月份出口运往外洋茶**

| 输出到达或国内转运地名 | 品名 | 担数 |
|---|---|---|
| 伦敦 | 汉口红茶 | 1404 |
| | 茶末 | 252 |
| 莫斯科 | 汉口红茶 | 1909 |
| 珲春 | 红茶砖 | 10999 |
| | 绿茶砖 | 13296 |
| | 小京砖茶 | 125 |
| 亚洲俄罗斯 | 汉口红茶 | 1723 |
| 美国 | 汉口红茶 | 300 |
| 纽约 | 汉口红茶 | 827 |
| 中国香港 | 茶梗 | 35 |

**二月份出口运往本国各埠茶**

| 输出到达地名 | 品名 | 担数 |
|---|---|---|
| 天津 | 汉口红茶 | 2 |
| 九江 | 汉口茶末 | 2303 |
| 广州 | 茶梗 | 75 |
| 长沙 | 汉口绿茶 | 2 |

按茶砖出口，以一二两份为最多，一月份占三万六千余担，二月份占二万四千余担。盖俄国黑龙江海口。须是月方解冻，而又汉口俄厂出货最旺之时也。又本月份有九江来之爪哇茶末八百零三担，此系俄商汉口砖厂原料不敷，由九江分厂运汉者，盖九江之顺丰阜昌两厂，即汉口顺丰阜昌之支厂也。

**三月份外洋进口茶**

| 输入原产地名 | 品名 | 担数 |
|---|---|---|
| 巴达斐亚 | 爪哇茶末 | 8325 |
| 嘎勒革达 | 印度茶末 | 3381 |
| 哥伦波 | 锡兰茶末 | 1500 |
| 日本 | 绿茶 | 6 |
| 印度 | 嘎勒革达茶末 | 759 |

### 三月份本国各埠进口茶

| 输入原产地名 | 品名 | 担数 |
| --- | --- | --- |
| 上海 | 绿茶 | 74 |
| | 茶末 | 62 |
| 南京 | 绿茶 | 4 |

### 三月份出口运往外洋茶

| 输出到达或国内转运地名 | 品名 | 担数 |
| --- | --- | --- |
| 伦敦 | 汉口茶末 | 2362 |
| 珲春 | 绿茶砖 | 9145 |
| | 红茶砖 | 55 |
| | 小京砖茶 | 478 |
| 英国 | 汉口红茶 | 172 |
| | 茶末 | 855 |
| 哈尔滨 | 红茶砖 | 12 |
| 中国香港 | 茶梗 | 311 |
| 日本 | 汉口红茶 | 1 |

### 三月份出口运往本国各埠茶

| 输出到达地名 | 品名 | 担数 |
| --- | --- | --- |
| 九江 | 汉口茶末 | 2143 |
| | 粗绿茶 | 3217 |
| 上海 | 茶梗 | 288 |
| | 汉口红茶 | 271 |
| | 未烘茶 | 59 |
| | 茶末 | 182 |
| 镇江 | 未烘茶 | 616 |
| 天津 | 茶梗 | 3 |
| 广州 | 茶梗 | 6 |

按茶末运销英国，民国二年尚未见于报册，至民国三年有一万余担，四年则有二万五千余担，乃本年运英月有数百担，三月份有二千五百余担，即此可知茶末在英伦销路，如无特别障碍发生，已有骎骎日上之势。

**四月份外洋进口茶**

| 输入原产地名 | 品名 | 担数 |
| --- | --- | --- |
| 伦敦 | 锡兰茶末 | 70 |
| 哥伦波 | 锡兰茶末 | 221 |
| | 茶末 | 1037 |
| 嘎勒革达 | 茶末 | 2009 |
| | 印度茶末 | 2825 |
| 巴达斐亚 | 茶末 | 4118 |

**四月份本国各埠进口茶**

| 输入原产地名 | 品名 | 担数 |
| --- | --- | --- |
| 九江 | 绿茶 | 34 |
| | 爪哇茶末 | 301 |
| 南京 | 绿茶 | 6 |
| 上海 | 绿茶 | 29 |
| | 茶末 | 201 |
| 宜昌 | 绿茶 | 13 |
| 天津 | 绿茶 | 9 |
| 镇江 | 未烘茶 | 5 |
| 汕头 | 茶叶 | 1 |

**四月份出口运往外洋茶**

| 输出到达或国内转运地名 | 品名 | 担数 |
| --- | --- | --- |
| 亚美利加洲各埠 | 汉口红茶 | 368 |
| | 茶末 | 373 |
| 珲春 | 红茶砖 | 1208 |
| | 绿茶砖 | 1320 |
| | 小京砖茶 | 318 |
| | 汉口红茶 | 1153 |
| 伦敦 | 汉口茶末 | 1627 |
| 美国 | 汉口红茶 | 244 |
| 中国香港 | 茶梗 | 102 |

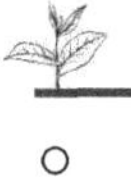

**四月份出口运往本国各埠茶**

| 输出到达地名 | 品名 | 担数 |
|---|---|---|
| 上海 | 茶梗 | 184 |
| | 汉口红茶 | 11 |
| 九江 | 汉口茶末 | 1680 |
| 天津 | 汉口红茶 | 3 |
| | 绿茶砖 | 181 |
| | 别埠绿茶 | 8 |
| 镇江 | 茶梗 | 59 |
| 广州 | 茶梗 | 292 |

按四月份起，有绿茶砖运赴天津，并非销于天津，乃山西茶商在湖北羊娄峝等处制造茶砖，由津装京奉火车运往丰台，再往张家口销口北暨蒙古各地者。华商之经营砖茶业者，仅存此一线之销路而已，可概也。

**五月份外洋进口茶**

| 输入原产地名 | 品名 | 担数 |
|---|---|---|
| 哥伦波 | 茶末 | 1345 |
| | 锡兰茶末 | 3073 |
| 嘎勒革达 | 印度茶末 | 4863 |
| | 茶末 | 3620 |
| | 茶叶 | 8 |
| 巴达斐亚 | 茶末 | 4860 |
| 英国 | 锡兰茶末 | 408 |

**五月份本国各埠进口茶**

| 输入原产地名 | 品名 | 担数 |
|---|---|---|
| 九江 | 茶末 | 1000 |
| | 红茶 | 170 |
| 上海 | 绿茶 | 27 |
| | 茶叶 | 4 |
| | 茶末 | 243 |

续 表

| 输入原产地名 | 品名 | 担数 |
| --- | --- | --- |
| 宜昌 | 绿茶 | 3 |
| | 红茶 | 11 |
| 岳州 | 绿茶 | 9 |
| 长沙 | 绿茶 | 4 |
| 芜湖 | 绿茶 | 5 |

### 五月份出口运往外洋茶

| 输出到达或国内转运地名 | 品名 | 担数 |
| --- | --- | --- |
| 俄国 | 绿茶砖 | 441 |
| 珲春 | 红茶砖 | 7579 |
| | 小京砖茶 | 890 |
| 伦敦 | 九江红茶 | 4 |
| 纽约 | 九江红茶 | 57 |
| 中国香港 | 茶梗 | 173 |
| | 汉口红茶 | 1 |
| | 九江红茶 | 5 |

### 五月份出口运往本国各埠茶

| 输出到达地名 | 品名 | 担数 |
| --- | --- | --- |
| 上海 | 茶梗 | 6 |
| | 九江红茶 | 37 |
| | 未烘茶 | 59 |
| 天津 | 绿茶砖 | 4855 |
| | 茶梗 | 27 |
| 烟台 | 茶梗 | 3 |
| 南京 | 未烘茶 | 27 |
| | 汉口茶末 | 9 |
| 长沙 | 绿茶 | 10 |
| | 香茶 | 11 |
| 九江 | 汉口茶末 | 5373 |

| 输出到达地名 | 品名 | 担数 |
| --- | --- | --- |
| 福州 | 茶叶 | 10 |
| 岳州 | 汉口绿茶 | 1 |
| 丰台 | 乌龙绿茶 | 567 |
| | 绿茶砖 | 3120 |
| 镇江 | 未烘茶 | 203 |
| | 茶梗 | 4 |
| | 九江红茶 | 3 |

按安徽祁门秋浦及江西浮桥修水之新红茶，运汉最早，五月份已有一百七十担，由九江运赴汉口，宜昌红茶，品质不亚于祁门，是月亦有十一担新茶进口，洋商办进后，随即赶运外洋，作样茶者，有六十一担，而美国占五十七担，英国仅占四担，缘是月英政府已实行禁运华茶，而美国销场，则较往年为大也。

**六月份外洋进口茶**

| 输入原产地点 | 品名 | 担数 |
| --- | --- | --- |
| 嘎勒革达 | 印度茶末 | 8884 |
| 哥伦波 | 锡兰茶末 | 3637 |
| 巴达斐亚 | 爪哇茶末 | 7922 |
| 爪哇 | 茶末 | 808 |

**六月份本国各埠进口茶**

| 输入原产地名 | 品名 | 担数 |
| --- | --- | --- |
| 九江 | 红茶 | 76629 |
| | 茶末 | 2320 |
| | 绿茶 | 78 |
| 芜湖 | 红茶 | 12 |
| | 绿茶 | 62 |
| 镇江 | 绿茶 | 10 |
| | 茶末 | 20 |
| 上海 | 绿茶 | 168 |
| | 茶末 | 18 |



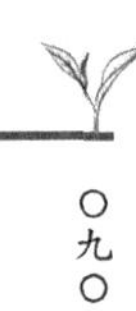

续 表

| 输入原产地名 | 品名 | 担数 |
| --- | --- | --- |
| 上海 | 红茶 | 2544 |
| 长沙 | 红茶 | 1 |
| | 绿茶 | 7 |
| 宜昌 | 未烘茶 | 10 |
| | 绿茶 | 7 |
| 岳州 | 红茶 | 1 |
| 宁波 | 茶末 | 15 |
| 福州 | 绿茶 | 6 |

**六月份出口运往外洋茶**

| 输出到达或国内转运地名 | 品名 | 担数 |
| --- | --- | --- |
| 日本 | 九江红茶 | 28 |
| | 汉口红茶 | 1 |
| 伦敦 | 九江红茶 | 21 |
| 纽约 | 九江红茶 | 3814 |
| | 汉口红茶 | 5518 |
| 尼哥拉斯克 | 九江红茶 | 8857 |
| | 红茶砖 | 5444 |
| | 绿茶砖 | 4374 |
| | 小京砖茶 | 576 |
| 莫斯科 | 九江红茶 | 606 |
| 美洲各埠 | 九江红茶 | 2054 |
| | 汉口红茶 | 163 |
| | 汉口茶末 | 190 |
| 买塞尔 | 汉口红茶 | 1 |
| 齐兰平斯克 | 九江红茶 | 232 |
| | 汉口红茶 | 102 |
| 嘎克哥 | 汉口红茶 | 285 |
| | 九江红茶 | 864 |

续 表

| 输出到达或国内转运地名 | 品名 | 担数 |
|---|---|---|
| 旧金山 | 九江红茶 | 92 |
| | 汉口红茶 | 186 |
| 凡古斐岛 | 九江红茶 | 2 |
| 波斯盾 | 九江红茶 | 441 |
| | 汉口红茶 | 123 |
| 希达尔 | 九江红茶 | 132 |
| 利凡坡尔 | 汉口红茶 | 235 |
| 中国香港 | 九江红茶 | 45 |
| | 茶梗 | 42 |
| 珲春 | 汉口红茶 | 436 |
| | 九江红茶 | 1442 |
| | 红茶砖 | 2795 |
| | 绿茶砖 | 1298 |
| 孟买 | 九江红茶 | 1 |
| 门德利奥 | 汉口红茶 | 5 |
| 英国 | 未烘茶 | 12 |
| 哈尔滨 | 红茶砖 | 14 |
| 哥笨哈根 | 九江红茶 | 19 |
| 奥大利 | 九江红茶 | 1 |
| 庇能 | 九江红茶 | 1 |
| 哥伦波 | 九江红茶 | 1 |
| 西登斯克 | 九江红茶 | 2007 |

**六月份出口运往本国各埠茶**

| 输出到达地名 | 品名 | 担数 |
|---|---|---|
| 上海 | 茶梗 | 476 |
| | 九江红茶 | 440 |
| | 未烘茶 | 801 |
| | 九江绿茶 | 10 |

续 表

| 输出到达地名 | 品名 | 担数 |
| --- | --- | --- |
| 上海 | 汉口红茶 | 14 |
| 镇江 | 未烘茶 | 380 |
| | 茶梗 | 77 |
| 秦皇岛 | 九江红茶 | 3 |
| 长沙 | 各埠绿茶 | 9 |
| 九江 | 汉口茶末 | 493 |
| | 未烘茶 | 3 |
| | 红茶 | 1 |
| 山西 | 各埠绿茶 | 5 |
| 宜昌 | 九江红茶 | 8 |
| | 汉口绿茶 | 1 |
| 福州 | 九江红茶 | 2 |
| | 各埠绿茶 | 5 |
| 天津 | 汉口红茶 | 558 |
| | 九江红茶 | 2 |
| 烟台 | 九江红茶 | 26 |
| 厦门 | 九江红茶 | 2 |
| 南京 | 九江红茶 | 1 |
| 广州 | 茶梗 | 81 |

按六月份祁宁新红茶，由九江进汉口商场者，已有七万六千六百二十九担，连同五月份数，较上年进口总数约减少三万担之谱，即使七月份尚有陆续运到，谅亦无多，盖本年茶叶，因去冬寒冷太甚，树本受伤，应较往年歉收也。

又按是月新红茶出洋，往年以英俄两国为最多，美国销数极少，本年英国因吨位减少，禁运华茶，英商如天祥等洋行停止办茶，惟美国需要增加，收买独巨，故九江红茶二万余担，除俄商运出一万余担外，美商竟运七千三百九十担，英只运六十六担，此为通商以来未有之市况。而日本商人，忽在汉市露头角，收买少数红茶，尤为前此所未有，可见世界茶市，自昔以伦敦为中心点者，从此以后，将有绝大之变迁，亦未可知也。

又按六月份九江红茶七万六千六百二十九担，祁门、秋浦茶占百分之四十二，

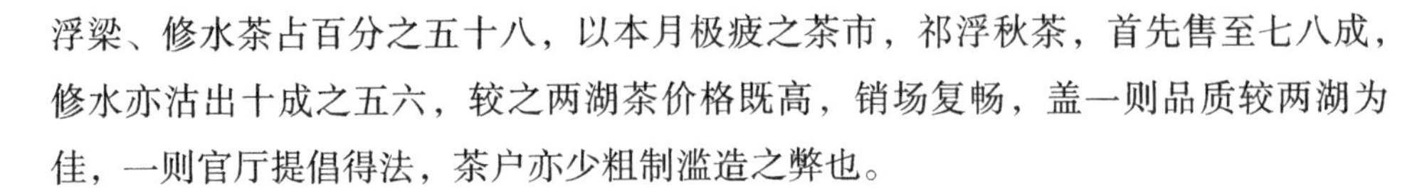

浮梁、修水茶占百分之五十八，以本月极疲之茶市，祁浮秋茶，首先售至七八成，修水亦沽出十成之五六，较之两湖茶价既高，销场复畅，盖一则品质较两湖为佳，一则官厅提倡得法，茶户亦少粗制滥造之弊也。

《安徽实业杂志》1917年续刊第7期

# 一九一八

# 代电桐城、无为、六安、祁门、青阳、石埭、凤台、涡阳、巢、五河、霍山、旌德、全椒、来安、盱眙、霍邱、定远县知事第三十二号（电催迅速造送劝学所长详细经验履历由）

十一月九日

县知事鉴案，查前因各县造送劝学所长履历未将任事年月起讫详细声叙本厅，确难报部。业经电令饬令另行换造，呈送核转在案。嗣据怀宁等四十余县先后造送前来，惟该县迄逾两月之久已日久，仍未遵照造送，合再亟电催仰该知事立即遵照前电令指饬，各赶紧另造劝学所长姓名、年岁、籍贯、详细经验、履历，暨任事日期，清册二份，再务限电到五日内呈送来厅，以凭转报，悬案以待，勿得再延，是为至要。

《安徽教育月刊》1918年第11期

# 上农林部条陈改良茶务呈

窃维华茶失败，至今日而已臻极点，前因工商部开工商大会于京师，侧闻钧部，亦将于明年二月，开农林大会，征集意见，力图整顿，宏猷硕画，钦佩莫名。惟茶务与别业不同，实兼对内、对外两问题，恒准此以为消长，频年衰耗，非一朝一夕之故。今欲出全力以图改良，似未可以轻率从事也。前阅十一月十二日之报，载称工商部现已觅定汉口、浙江、安徽之茶商数人，议办茶案之托辣斯，托（大公司）汉口茶注重销俄国，以多绿茶，宜于制砖故也。安徽茶注重销美国，至欧洲一带，则以中国茶颇难与印度茶竞争，一时暂不设法等云。敬诵之余，有不能已于言者。按所称汉口茶注重销俄国，以多（以多二字疑误）绿茶，宜于制砖（绿字疑误）。查制砖系用红茶末，非绿茶也。托辣斯创于美国，系联合多数有独立主权，及自治能力同行之业，而结一大公司。其主要在于永远联结，及独一管辖众业之权者，资本之巨，至美金十万万元。如美孚之火油公司，世称为火油公王者是。今工商部锐意振兴茶业，议设茶业托辣斯，首注重俄国销路，以递其余，兴商伟略，强

国要图，胥于是赖。惟内容组织，营业方针，既未宣布，无从揣测。兆桼业此三十余年，容有一知半解，妄参末议，藉助壤流。

查汉口茶（统两湖、宁祁而言）专靠俄国销路，俄商获利之巨，久为英人所垂涎，然从无英人贩运箱茶往俄销售者，此何故欤？窃尝详细调查（非俄政府禁止他商商人运茶进口，自无他国人业此，其中缘因复沓，有千言万语所不能尽者）。至吾华商与俄人交易，多有感情绝佳者，每遇茶市凝滞时，将茶托其运俄销售，愿出重大用金，而俄商从不首肯，坚持其垄断手段，是无托辣斯之名，而行托辣斯之实。如果工商部真能创设托辣斯，多购汉口茶，自行运俄出售，保可挽回利权，固吾等茶商所祀祷求之者。倘使营业方针，系自赴两湖、宁祁各路，开设茶号多所，采办箱茶运汉，仍销售与俄商，则是对内竞争，非对外竞争，与本年湖南财政司开设茶庄，兼放茶帐何异？前经湘商公电，沥陈苦况，有百害而无一利，此为万不可行。抑或托辣斯之主义，系在汉口尽购箱茶，趸存归总，转售洋商，不任茶商零星直接与洋人交易。果如此，在茶商一面，则受惠良多，在托辣斯一面难保无大受折挫。又或如钧部前所交议，据陈隆昌等条陈，由官设督销局办法，批定不二价目待售。此层办法，前经上海茶叶会馆申复痛驳，亦断不可行。至于红茶末向来制砖，运销俄国，诚属大利，华商兴商公司，制法颇精。前数年亏折甚巨，近一二年间，尚能保其本，是宜设法提倡徽州绿茶，注重销售美国，然不止美国一处。缘美国重原质无色，俄英巴西均喜加靛制造，宜采其所好，分别讲求。欧洲销茶最多者首推英国，吾华茶诚难与印度、锡兰竞争，然正为难与竞争，更宜广征茶商意见，力求抵御之方。

兆桼再四思维，非政府豁免茶厘，别无制胜之法，坐令天然美利，为印锡搀夺殆尽，卒至厘税无着，国与民交困，可为寒心。查印锡茶出口，概无厘税，日本茶出口，只征税一元，华茶厘税，共计约三两余至四两。茶商屡次吁求免厘，不蒙省察，殊为失计，非谓免厘便操胜算，实可先救危亡。盖不免厘已置茶商于死地，永无复活之望。裁厘之后，稍足以敌洋茶，然后官任提倡，商思奋厉，华茶或尚有振兴之一日。吾华茶之佳处在味香，其缺点在水薄，印锡茶香味，远不及华茶，惟水较浓，所以中上华茶，西人尚喜用，至下等粗茶，则确难与印锡茶竞利，以印锡茶水浓也。盖贫户用茶鲜求香味，只论水浓，浓则能泡水多次，淡则泡一次而不可复用，此理易明。兆桼恒考究粗茶如何能令水浓，曾普劝茶客（指入山办茶之茶商）火焙宜足，搓揉时宜留其原汁，乃近年火焙尚能如法，留汁一层，人多不省。然凡此皆补救之法，欲求根本上解决，则由于山户疲懒，未能厚培树身，所有犁土、耘草、下肥三者，均不注重，以致水味愈薄。

查祁门一路，于犁土、耘草、下肥三者之外，而兼取暖，且递年频添新种，出茶则每岁加多，茶味则较前浓厚，素为俄英美商人所喜，奈售价虽高，而盈亏靡定，则由于山价过昂所致。此外产茶各地，无一处认真讲求，尤以江西之义宁州为甚，茶种荒芜，皆是六七十年老树，从无新种，而于犁土、耘草、下肥、取暖四者，经年不理，任其自生自灭，以至收成锐减，价格陡低，年来亏折之巨，以此路为最。前清宣统元年，经商栈禀求农工商部，拨款数万，交由地方官督饬该地绅董、茶商，实力整理，以冀一年小效，三年大效，一处创办，处处仿行，乃部中仅以一纸空文，咨赣抚札饬州官遵办。后经商栈联仝绅董暨各栈，各大茶号，捐垫万余串，购就大批肥料，如菜枯、豆饼等类，散给山户，奈款绌固难普及，而奸猾园户，竟领取肥料，私自价卖他人培壅稻田，或私以肥料，培壅杂粮，仅贪目前小利。虽有良法美意，而成效莫睹，官绅概不得力，园户尤为丧心。今大部实力提倡，应先从此路入手，或派专员，或咨由赣督，选派妥员亲历该地，会商公正绅董、茶商，先拨官款数万金，购定肥料，妥订章程，仍以犁土、耘草、下肥、取暖四条为主脑，通培旧树，补栽新树，年年如此，勿使间断。果能遵照办理，则一年小效，三四年必有大效，一处有效，他处自然仿行。盖新树四年可摘，茶好价廉，自能畅销。若如现在，则茶劣价高，本常不保，讵能与印锡竞利耶？

至于部垫之款，越一年即可在茶价内扣回，仍尽买肥料，依旧督饬绅商，散给园户，成效之有无，在于奉行之力与不力矣。若以一纸空文，勉设一二讲习所，徒具形式，无裨实际，茶业本最精深，亦最变幻。汉口茶市，以一二月时间交易，价格几千万两，中外商人，未明即起，日晡不息，市情涨跌，一发千钧。中国茶务之盛衰，本半由天时，半由人力。本年天时欠佳，人心又乱，更大受湘省放帐设庄之累，亏折逾三百万金，创深痛巨，亡羊而亟思补牢。查印锡今年出产，增多至三十万担，市价陡跌。印锡茶价跌，而华茶更受影响，几至无人过问，存货山积，年内断难销完，瞬届明春，新茶又到，疏通无术，遑侈空谈。然除免厘及实力培壅老树，补栽新树之外，尚有万急之一事，则江汉宜急觅边宜之地，建一趸茶公栈，约可趸茶十万箱，地价及建筑费，约二十万两。因两湖箱茶，概由民船运汉，向来停泊襄河沽定后，才能起存洋栈，狂风暴雨，失事时闻。从前地价相宜，数万金使能建一公栈，彼时人心涣散，失此不图，噬脐何及。今当竭蹶之余，更无此力，如何钧部拨借巨款，与此大工，乞电咨鄂督，札饬汉口茶业六帮公所，开会讨论，广征同业意见。事果克成，有百利而无一害，以后箱茶到汉，一无险阻，茶既起存公，

便可购保火险。虽洋商压价，自可守候转便。如茶商周转不灵，以半价借给，有茶在栈，无虞亏累。公家汉江茶业章规，向来紊乱，久成习惯，人各一心，莫可整理。如强为整理，谬作解人，稍一差池，震撼全市，不可收拾，谁担重咎。然尚有急需整理之一事，欲免洋商退盘割价，宜由大便发办，此层办法，宁祁茶行之六年，从九江轮船运汉者，概无货不对半之弊。故洋商无从施其退割手段，而两湖茶则仍不免此弊。兆桼苦口婉劝茶客，务以宁祁茶为榜样，力顾名誉，免吃巨亏，实已舌敝唇焦，终无效果。此为十分有益之事，是求其在我者，权自我操，而竟不获实行，除弊竟如是之难，益见改良之不易。此外对内对外，应兴应革之事綦繁，骤难仝事毕举，姑择其最要者，略陈梗概。凡此皆间接对外，切实可行，行必有效。欲求整顿，舍此末由。向来阳历五月初，各省茶商麇集汉皋。但五六两月，头茶倥偬，刻无暇晷，最妙七月集议，八九月则各商回里。本年因箱茶滞销，现尚有多人驻汉。兆桼为力顾大局起见，用敢殚竭愚诚，上蘼聪听。倘承俯采刍议，乞饬将此稿广为刷印，赐寄汉口六帮茶公所、上海茶会馆、湘鄂苏皖赣各督，酌寄若干纸，广征各茶商意见，早日具覆钧部，核夺施行，实为公便。谨呈。

陈兆桼：《上农林部条陈改良茶务呈》，《民国经世文编实业二》，《近代中国史料丛刊》第50辑第497册，台北文海出版社1996年版，第4696—4701页

## 令黄行藻

兹派黄行藻在安徽模范种茶场办事，月支薪水银六十元，仰即克日前往，勿负委任，此令。

《安徽实业杂志》1918年续刊第9期

## 令安徽模范种茶场

请派员襄助一节已派黄行藻前往该场办事由。

呈件均悉，所请派员襄助一节，准派黄行藻前往该场办事，月支薪水银六十元，即由该场支给，仰即知照一览表存，此令。

《安徽实业杂志》1918年续刊第9期

# 祁门茶叶冷落之近因

祁门地方，山深境僻，地瘠民贫，全赖茶业为出产大宗，而以西南乡为最，共计庄号七十有余，每年至二三月间，各号开门，外县人民奔往工作者不下二万之谱。今年二月已过，各号启门者，尚属寥寥，岂因茶商历年失利耶？抑因金融阻滞耶？盖因今年正月，接到汉口各茶栈来函，云及德俄议和之消息发生，惹起英法等国责俄，违战团之交涉，则海参崴军队重防，华茶难以进口，望各号宜慎之，自间此耗，除去一般冒险巨商十余家外，余皆悉数闭歇矣。

《安徽实业杂志》1918年续刊第11期

# 安徽省立第一茶务讲习所开学训词

俞　燮

茶务讲习所，是一种实业教育也。中国向来教育自教育，实业自实业，一似风马牛之不相及，无所谓实业教育，此中国之实业所由至今不振也。前清科举时代之教育无论矣，变法以后，竞言教育，犹不外乎教育之教育。近数年来，举国教育大家，莫不深知，夫教育非趋重实业不为功。于是因地之利，提倡农工商各种实业教育，不可谓非民国近来教育上之大进步也。中国出产熟货，于国际贸易上，茶固为一大宗，尤为吾皖多数县分、多数人民之利赖，是吾皖一种最优之实业也。无如业此者，相沿旧习，寻至今日，利权丧失，几几乎有江河日下、一蹶不可复振之势者。盖于此种实业，未受教育，致不能从学理上研究改良，而谋推广之耳。兹幸倪前兼省长与现黄省长，热心实业，深望茶务之振兴，为国计民生增福利，委创兹所，诚千载一时之盛举也。诸君能仰体省长盛意，来所就学，是知趋重实业，知趋重实业之教育，而有志于茶务之振兴者，深足为诸君嘉尚。今日开学伊始，鄙人窃有所勉望于诸君者，愿稍备具词焉。一在有恒心，南人有言，人而无恒，不可以作巫医。孔子善之，无恒则巫医且不可作，遑论其他之事业。孔子又云，得见有恒者斯可矣。可见吾人无论作何事，贵乎有恒心。诸君来学茶务，则对于茶务上之学理

事实，须要有恒心研究之，勿浅尝而辄止，勿始勤而终怠，勿见异而思迁，恒常久也，久于其道，自然化成焉。此所以勉望诸君要有恒心也。一须有虚心。中国茶务之不改良振作，未始非业此者之不能有虚心所致。何以言之？吾国茶业，发明最先，种植制造，他国皆属后进，遂以为唯我独尊，更无有出其右者。咸存一自满之意，不求变通尽利，致让后进产茶国，朝夕讲求，时日研究，反令我先进产茶国之茶业，退却而衰减，岂非无虚心之过欤？所以勉望诸君须有虚心也。一尤宜肯负责任。我国茶业之不能发达，不能推广，大半由于业此者，无人肯负责任之故。以为茶务发达不发达，推广不推广，大众之事，非一人之事，彼推此卸，年复一年，相沿旧习，恬不相怪，致演成今日茶业似不可收拾之惨剧。诸君今既有志于是，一意求学，贵乎各有肯负责任之心。孟子有言："夫天未欲平治天下也，如欲平治天下，当今之世，舍我其谁？"是肯负责任也。诸君对于茶务，宜亦曰："夫天未欲振兴茶务也，如欲振兴茶务，当今之世，舍我其谁？"学孟子之肯负责任则善矣，茶务中多一份肯负责任之人，则茶务中多充足一份膨胀之力，力量充足，茶务焉有不能振兴者？此所以勉望诸君各宜肯负责任也。鄙人今勉望诸君之词，概括于此，别无妄训，愿诸君谛审而坚守之，茶务前途幸甚！

《安徽实业杂志》1918年续刊第12期

## 茶务讲习所新发制茶之品评

皖南出口物产，向以徽茶为大宗。故六年度预算，特于屯溪设茶务讲习所，教以新法，为改良推广之。计委俞燮君先往日本等地调查，然后设讲习所，益于皖省实业前途所关其巨也。原定预算，本有学生实习制茶，分赠各机关商会等处，以为陈列考验之资。兹俞君来省，分赠新发所制之茶，煮而尝之，色香味俱佳，加以精进，将来皖省茶业，必能放一异采云。

《安徽实业杂志》1918年续刊第13期

# 皖南茶业之消长

徽州通讯云：祁门茶市，洋商交易向以九江一埠为集中之区，每年约有二十万生意。本年春间，各洋商曾请移节上海，因祁门庄客拒绝作罢。各洋商亦未前往收茶，各庄客始不得已，运货去沪。统计到沪确数，比九江常年销额，虽仅占六成，值一百二十万，无如欧美邮船吨位缺乏销路，未起到沪。至今洋商之取入者，不过五六百箱而已，以致货色拥积，无可设法。现开市价三十五六两，比诸上年度计，贬落二成，欧美之影响茶市可谓甚矣。屯溪绿茶常年产额，约值三百万，今届出额较少，不过六分收成，价格亦比上年度减轻二折。现计高货开价二十四元，次则十六七元，均指毛茶。该处收茶庄客，今因出口市面疲滞，开收者大小仅六家。鉴于祁门红茶专做洋庄之失败，多改办毛茶，专售国内，销路尚称不恶云云。

《安徽实业杂志》1918年续刊第13期

# 最近祁门茶务之消息

祁门茶业试验场场长陆澄溪君，自三年前奉农商部委任，创办是事以来，本十数年之经验，中外之学理，殚精竭力，声誉最隆。故旧岁驻汉俄总领事贝勒成阔君，曾不惮道阻，至场参观，欣其美备，自愿为一部分国外贸易之赞助者。兹美国华盛顿度支部监督茶务专员密缉尔君，复函该场长曰："仆数月前，曾旅行贵国，惜无暇赴尊处茶业场观光，至以为憾。第至汉口时，恰值茶季将过，计达祁门，已不及一睹矣。闻贵场制茶，发酵较久，且温度亦较低，足见制之精良。鄙意以为，发酵宜在暗室，而室中温度，以在摄氏表二十三度最佳。欲得如是温度，务令全室之地，四周之壁，通体潮润乃可。贵国茶叶，素尚手制，以鄙意观之，能用机器碾压，其压力施诸茶叶较大，泡时出味乃益浓，为欧美人所欢迎。仆在贵国考察，知贵国对于采茶时，不加督察，严其去取，则制茶时，即多费一番，拣出茶梗，及刈叶之手续，耗去人工之费不少，茶价亦因之昂贵。又贵国对于茶树修剪，亦不甚注意，凡此皆为贵国所深惜者。总之，贵国茶之品质，为世界冠，苟种制得法，不难产货愈臻而成本愈贱。至由贵国运茶来美，水脚颇昂，然较诸印度、锡兰等处运

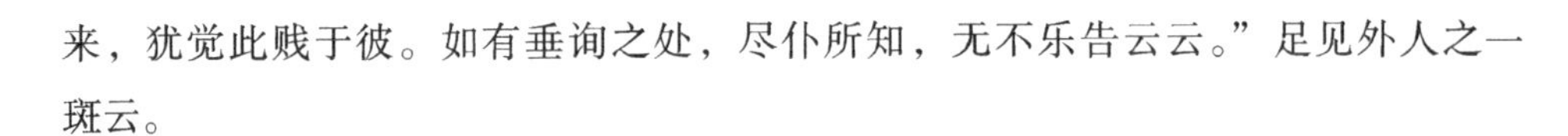
来，犹觉此贱于彼。如有垂询之处，尽仆所知，无不乐告云云。”足见外人之一斑云。

《安徽实业杂志》1918年续刊第13期

## 令安徽实业厅据茶业试验场呈请行知安徽实业厅就近兼代监督秋祁补助分区等情事属可行令仰遵照由

为令行事，据本部直辖茶业试验场呈称，职场于本场范围内试验事务綦繁，两年以后茶树开采种种筹备正在着手，加以经费支绌，用人不多，所有兼代之祁秋分区补助事宜，实难兼顾。兹幸实业厅成立，拟请俯赐行知安徽实业厅就近兼代监督所有应领省款，除去年冬季尚存县属外，自七年一月份起，拟不再具领呈请鉴核批令实行等情。据此查该场试验事繁，所有代办祁秋分区补助事宜难于兼顾，自系确情，应由该厅就近监督较为便利。除指令并咨行安徽省长查照外，合亟令仰遵照。此令。

《安徽实业杂志》1918年续刊第15期

## 安徽省立第一茶务讲习所初次改良试制一番红绿茶逐日成绩报告

俞　燮

说明：此次改良试制红、绿两茶，本欲手揉制与机器制互相试验，只以初开风气，茶户多不肯采售嫩菁，全恃价拼茶园，自行采摘，为数究属不多。又以机械虽已购定，转运不及，且燮主张制法，仍注重中国固有之法，而参用日本法，为改良之根据。故此次试制，纯本此主张施行之，请述改良之法如下。

红茶改良之制法：中国旧法，采入菁后，即晒之日光，中俟菁叶边起黄色，收入于桶，无论男女赤足自田间来，随便插足桶内，胡乱揉之，不顾足之污秽与否。本所此次改良旧法，首先注意革除足揉，及一切不洁之弊，特置茶台茶床，纯用手

揉之，此本所之改良制法者一也。中国旧法，采入之菁，以竹簟铺地，随爆之，无所谓萎凋也。日本法则有萎凋室，室置萎凋架，架五层，均布筐，采入之菁，胥铺于布筐内萎凋焉（其萎凋时间，天晴则需十五六小时，天阴或雨则需二十三四小时）然后揉捻之。本所对于采入之青，则参用此法，设萎凋室，置萎凋架，先萎凋而后晒揉之，此本所改良制法者又一也。中国旧法晒菁入桶足揉后，遂腌桶内，或盛以布袋，置日光中晒之，无俟覆揉，即行出售，通俗所谓卖胚者是也。本所则参用日本法，萎凋后，仍加晒菁时间，然后手揉之，揉后又晒之，晒后又覆揉之，又晒之，然后腌入桶内，覆以布，又晒之，使之发酵，俟其中温度，加于普通温度，然后起入烘焙室烘焙之，此本所之改良制法者又一也。本所初次试验一番红绿茶，改良中国旧法，参用日本新法之大略如此。

绿茶改良之制法：中国绿茶制法，优劣各殊，其初制法之最劣者，莫如以足揉捻，以日晒胚（制绿茶与制红茶异，红茶取其红，宜于晒日光，绿茶取其绿，不宜于晒日光）以壳物火烘胚，参用药料等弊。至于揉焙工之不考究，犹其小焉者也。制造洋庄之茶，茶户初制时，法之最优者，首推婺源。婺源之优点，在于不以足揉，茶叶清洁，一也；不以壳物火烘胚，茶无烟味，二也；不以猛火焙胚，茶色鲜绿，三也。此外则亦有不甚讲究之处。本所改良中国初制旧法，则采用婺源制法之优点，而革除其他各种劣习之弊害。更于揉捻炒焙各手续，均登记其重量、次数、时间，以为考较之根据。非同旧习惯之漫不加察者。此本所初次试制一番绿茶，改良中国旧法之大略也。红绿茶改良之制法，既略说明之，请再于逐日采制红绿茶成绩逐日表列如下。

四月三十号，天气晴。

本日为本所一番红茶开始采制之日也，茶叶甚嫩，薄采无多，亦聊作开始试验制造之纪念耳。

午前采入嫩菁生叶，量二斤半，午后试制，兹将试制成绩列表如下。

| 手续 | 揉菁重量 | 起迄时间 | 起迄时间合计 | 备考 |
| --- | --- | --- | --- | --- |
| 晒菁 | | 午十一时三十分起至十二时三十分止 | 一小时 | 本日制造时间通计五时十二分以叶量太少不敷 |
| 手揉 | 八两 | 午十二时三十一分起至三十五分止 | 五分 | 烘焙覆晒胚后盛竹筐阴干以代初遍烘焙之手续 |

续 表

| 手续 | 揉菁重量 | 起迄时间 | 起迄时间合计 | 备考 |
|---|---|---|---|---|
| 发酵 | | 午时三十七分起至一时三十七分止 | 一小时 | 本日采制人数皆固定茶工六人充任之 |
| 晒胚 | | 午后一时三十七分起至二时三十七分止 | 一小时 | |
| 覆揉 | | 午后二时三十八分起至二时四十分止 | 三分 | |
| 覆酵 | | 午后二时四十一分起至三时四十一分止 | 一小时 | |
| 覆晒 | | 午后三时四十二分起至四时四十二分止 | 一小时 | |

五月一号，天气晴，温度午前六十八，午后七十度，晌晚七十四。

本日午前采入生叶量二十七斤十四两，午后采入生叶量十八斤，共计生叶量四十五斤十四两。以采入量较多，分节制造之，前将分节制造成绩表列如下。

| 节数 时间 手续 | 第一节 | 第二节 | 第三节 | 备考 |
|---|---|---|---|---|
| 晒菁 | 三十六分 | 一小时 | 五十分 | 本日所制数量尚不敷烘仍未入烘焙室晌晚采入生叶量六斤十二两入萎凋室 |
| 手揉 | 初次六分二次三分 | 初次五分二次三分 | 初次五分二次四分 | |
| 晒胚 | 初次八分二次三十五分 | 初次六分二次二时三十分 | 初次三十二分二次以时无日光未晒 | 本日午十二时起制造至午后五时五十分止，共五小时二十分 |
| 发酵 | 二时四十分 | | 一时四十分 | |

五月二号，天气晴，午后六时有霎，特雨即霁，温度六十八度，午后七十度，晚七十二度。

本日午前采入生叶量三十八斤十二两，加昨日晌晚入萎凋室生叶量六斤十两，合共四十五斤半。

本日试验生叶及昨日晌晚入萎凋之生叶，入日光晒后，比较其减量表列于下。

| 次数 | 已萎凋生叶量 | 未萎凋生叶量 | 晒菁之时间 | 时间之总数 | 晒后叶量 | 比较减 |
|---|---|---|---|---|---|---|
| 1 | 六斤十二两 | | 六时十五分起<br>八时二十分止 | 一时三十分 | 五斤十三两五钱 | 十四两五钱 |
| 2 | | 十二斤四两 | 十时五十分起<br>十一时四十八分止 | 五十八分 | 十斤二两 | 二斤二两 |
| 3 | | 十五斤 | 十一时四十七分起<br>十二时三十九分止 | 五十二分 | 十一斤半 | 三斤半 |
| 4 | | 十一斤半 | 十二时五十四分起<br>一时五十四分止 | 一小时 | 七斤十二两 | 三斤十二两 |

本日制造亦分四节，表列如下。

| 节目／时间／手续 | 第一节 | 揉菁重量 | 第二节 | 揉菁重量 | 第三节 | 揉菁重量 | 第四节 | 揉菁重量 |
|---|---|---|---|---|---|---|---|---|
| 手揉 | 初次六分<br>二次七分 | 九两 | 初次六分<br>二次六分 | 九两二钱 | 初次六分<br>二次五分 | 十一两 | 初次五分<br>二次四分 | 十两 |
| 晒胚 | 初次二十二分<br>二次一小时 | | 初次一时九分<br>二次一时八分 | | 初次一时十九分<br>二次一时十一分 | | 初次二十分<br>二次三十四分 | |
| 发酵 | 二小时 | | 二小时 | | 一时五十六分 | | 二时四十五分 | |

本日开始烘焙，列表其成绩如下：

| 次数 | 焙笼数 | 一遍烘生胚数量 | 时间 | 二遍烘焙笼数 | 二遍烘焙重量 | 时间 | 成烘重量 |
|---|---|---|---|---|---|---|---|
| 一 | 六个 | 每三斤弱 | 二时三十分 | 五个 | 二斤十两强 | 二小时 | 十三斤 |
| 二 | 一个 | 三斤二两 | 二时十分 | 照原 | 接续 | 二时五分 | 二斤 |
| 三 | 六个 | 每三斤强 | 二时四十分 | 未 | 未 | | 未 |

本日补足二遍火，成烘者二次，共计成烘重量十五斤。其三次一遍烘者，俟明

日补烘。

本日午后采入生叶量四十一斤十四两，入萎凋室，俟明日制造之。

本日制茶人数，计茶工六人，临时采茶工二十人。

五月三号，天气阴，午前温度七十二度，午后七十八度。

本日午前八时二十分起制造之，至午后四时五分止，所制之菁。即昨日午后采入而入萎凋者，除耗去水气四斤二两，尚余三十七斤十二两，表列制造成绩如下。

| 手续 | 时间 | 备考 |
| --- | --- | --- |
| 烘菁 | 二分 | 以本日天阴无日光以烘代晒 |
| 手揉 | 初次五分<br>二次四分 | |
| 温胚 | 初次二时〇五分<br>二次一小时 | 晒胚之手续即仿印度阴温之法以代之 |
| 发酵 | 二时〇五分 | |

本日制造时间除中餐外共计七时四十分。

本日午后四时十分起，补昨日二遍火成烘一次，计重量七斤十二两。又行本日制一遍火烘焙之手续至十二时止，除晚餐外，共计烘焙时间七小时。

本日制茶烘焙人数，茶工六人，临时采茶工二十人。

本日采入生叶量二百十八斤四两，入萎凋室，明日制造之。

五月四号，天气午前阴午后晴，温度早六十二度，午晚六十四度。

本日上午十一时以前无日光，十一时以后有日光，故试制手续烘晒两用，又以生叶量较多，分七节制造，表列制造成绩如下。

| 节目<br>时间<br>手续 | 第一节 | 第二节 | 第三节 | 第四节 | 第五节 | 第六节 | 第七节 |
| --- | --- | --- | --- | --- | --- | --- | --- |
| 焙菁 | 五分 | 五分 | 六分 | 晒菁一时二十九分 | 三十分 | 一小时 | 一小时 |
| 手揉 | 初次六分<br>二次六分 | 初次八分<br>二次八分 | 初次五分<br>二次五分 | 初次七分<br>二次七分 | 初次六分<br>二次六分 | 初次八分<br>二次九分 | 初次五分<br>二次七分 |

续 表

| 手续＼时间＼节目 | 第一节 | 第二节 | 第三节 | 第四节 | 第五节 | 第六节 | 第七节 |
| --- | --- | --- | --- | --- | --- | --- | --- |
| 烘胚 | 初次二十四分<br>二次八分 | 初次二十一分<br>二次二十分 | 初次十八分<br>二次十六分 | 晒胚初次四十六分<br>二次十五分 | 初次四十五分<br>二次三十分 | 初次一时<br>二次四十分 | 初次四十分<br>二次三十分 |
| 发酵 | 二时十四分 | 二小时 | 一时十八分 | 一时十六分 | 二时十分 | 一时五十分 | 二时十分 |
| 备考 | 四时以后均用晒菁晒胚法，其时间有多寡，悉以火力日光强弱分之 | | | | | | |

本日除制造外，补昨日二遍火烘焙之手续，成烘之茶再十二斤六两。并行本日制一遍火烘焙之手续，完毕，各就寝。

本日制造烘焙时间，自午前七时起，至午后十二时止，共计十七小时，中分制造时间十一小时，烘焙时间五小时。

本日制茶人数，茶工六人，临时制茶工七人，临时采茶工四十人。

本日新采入生叶量四百三十七斤七两，均入萎凋室，俟明日制造。

五月五号，天气晴，温度早五十六分，午六十一分，晚六十八分。

本日试制昨日萎凋菁四百三十七斤七两，分五节，加临时工制之，表列成绩如下。

| 手续＼时间＼节目 | 第一节 | 第二节 | 第三节 | 第四节 | 第五节 |
| --- | --- | --- | --- | --- | --- |
| 晒菁 | 一时二十五分 | 五十分 | 一时二十分 | 四十分 | 一时二十二分 |
| 手揉 | 初次五分<br>二次五分 | 初次六分<br>二次十分 | 初次七分<br>二次九分 | 初次七分<br>二次九分 | 初次七分<br>二次八分 |
| 晒胚 | 初次五十分<br>二次一时四十分 | 初次二十五分<br>二次一时二十七分 | 初次一时二十分<br>二次五十分 | 初次十二分<br>二次三十分 | 初次五十分<br>二次四十分 |
| 发酵 | 一时二十三分 | 二时十一分 | 一时五十八分 | 一时五十四分 | 三小时 |

本日制造时间自上午八时二十五分起，至下午六时止，除会食时间外，共计需

时间九时三十五分。

本日烘焙室补行昨日二遍火之烘焙成烘之茶五十四斤，又行本日制一遍火之烘焙完竣，其时间自午前八时起，至午后十二时止，共计十六小时。

本日制茶人数，茶工六人，临时茶工十五人，临时采茶工三十七人。

本日新采入生叶量三百九十八斤十四两，悉入萎凋室，俟明日试制。

五月六号，天气晴，温度早五十六度，午六十六度，晚六十八度。

本日试制昨日萎凋菁三百九十八斤十四两，表列成绩如下。

| 节目<br>时间<br>手续 | 第一节 | 第二节 | 第三节 | 第四节 | 第五节 | 第六节 |
|---|---|---|---|---|---|---|
| 晒菁 | 十五分 | 十三分 | 十一分 | 一小时 | 一时十分 | 三十分 |
| 手揉 | 初次六分<br>二次六分 | 初次六分<br>二次六分 | 初次六分<br>二次六分 | 初次八分<br>二次五分 | 初次八分<br>二次五分 | 初次六分<br>二次七分 |
| 晒胚 | 初次二十五分<br>二次一时 | 初次二十八分<br>二次一时三分 | 初次八分<br>二次一时十分 | 初次二十九分<br>二次三十分 | 初次二十九分<br>二次三十分 | 初次三十八分<br>二次四十分 |
| 发酵 | 二小时 | 一时五十五分 | 一时四十六分 | 二小时 | 二时十分 | 二小时 |
| 备考 | 表内节次手续时间之不齐，悉视萎凋时间之多寡及日光热度之强弱而异，以下作此 | | | | | |

本日制造时间，自上午七时十分起，至下午七时五十分止，除会食外，共计十二小时。

本日烘焙室，自上午七时十分起，补行昨日二遍火之烘焙，计成焙之茶三十七斤，又行本日制一遍火之烘焙，至午后十二时完竣，共计时间十六时五十分。

本日制茶人数，茶工六人，临时茶工十二人，临时采茶工十三人。

本日新采入生叶量一百五十八斤十二两，悉入萎凋室，俟明日试制。

五月七号，天气晴，温度早六十八度，晌午七十度，午后七十六度。

本日试制红茶外，兼开始试制一番绿茶，分别表列试制成绩如下。

**红茶制造时间表**

| 手续 / 时间 / 节目 | 晒菁 | 手揉 | 晒胚 | 发酵 |
| --- | --- | --- | --- | --- |
| 第一节 | 十五分 | 初次六分<br>二次七分 | 初次五十五分<br>二次一时 | 一时五十分 |
| 第二节 | 十五分 | 初次六分<br>二次六分 | 初次四十二分<br>二次一时二十二分 | 一时十二分 |
| 第三节 | 十六分 | 初次八分<br>二次六分 | 初次四十分<br>二次一小时 | 一时二十二分 |
| 第四节 | 一时五分 | 初次六分<br>二次六分 | 初次二十五次<br>二次四十五分 | 一时五分 |
| 第五节 | 二十分 | 初次五分<br>二次六分 | 初次三十四分<br>二次一时四分 | 一时五十四分 |
| 第六节 | 四十九分 | 初次六分<br>二次六分 | 初次五十一分<br>二次一时 | 一小时 |
| 第七节 | 三十五分 | 初次六分<br>二次六分 | 初次四十五分<br>二次二十三分 | 二小时 |
| 第八节 | 三十四分 | 初次六分<br>二次七分 | 初次五十一分<br>二次二十一分 | 二小时 |
| 备考 | 本日红茶制造时间除食外共计十时二十分 | | | |

| 午前补昨日二遍火 | | | 午后行昨日制 | | |
| --- | --- | --- | --- | --- | --- |
| 轮数 | 成烘次数 | 时间 | 轮数 | 成烘次数 | 一遍火时间 |
| 一 | 一次 | 三时六分 | 一 | 一次 | 三时三十分 |
| 二 | 二次 | 一次二时十三分<br>二次二时四十五分 | 二 | 一次 | 初次四时四十五分<br>二次五时十分 |
| 成烘统计重量 | | 九十四斤半 | 三 | 一次 | 三时二十七分 |
| | | | 四 | 一次 | 二时十二分 |
| | | | 五 | 一次 | 四小时 |

备考：本日红茶烘焙自午前七时起，至午后十二时止，共计十七小时。

本日制茶人数：茶工六人，临时茶工十人，临时采茶工十人。

本日采入茶生叶量八十二斤九两，入晚绿茶制。

一番绿茶粗制本日开始表列成绩如下。

| 手续 | 菁重量 | 回转次数 | 生胚重量 | 时间 | 备考 |
|---|---|---|---|---|---|
| 炒菁 | 九两 | | | 二分二十秒 | 本日绿茶开始制造时间已迟，只能制成熟胚，不及制成熟茶 |
| 手揉 | | 三百 | | 五分 | |
| 凉菁 | | | | 七分 | |
| 焙生胚 | | | 三斤十两至五斤 | 三十分至四十分 | |

本晚绿茶制造，自午后七时起，至下半夜二时止，共计时间七小时，制成熟胚二十九斤。

五月八号，天气雨，温度早六十四度，午六十二度，晚同午。

本日采制人数，茶工六人，临时茶工六人，临时采茶工二十人。

本日仍红绿茶并制，分别记其成绩如下：

**红茶制造时间表**

| 节目 时间 手续 | 第一节 | 第二节 | 第三节 | 第四节 | 备考 |
|---|---|---|---|---|---|
| 焙菁 | 十三分 | 十五分 | 十五分 | 十四分 | 本日无日光，以火力代之，凡晒菁、晒胚均用烘焙 |
| 手揉 | 初次五分<br>二次六分 | 初次三分<br>二次五分 | 初次七分<br>二次七分 | 初次六分<br>二次六分 | |
| 烘胚 | 初次二十一分<br>二次二时二分 | 初次二十一分<br>二次二时十分 | 初次二十四分<br>二次一时 | 初次二十分<br>二次五十分 | |
| 发酵 | 一时五十六分 | 二时十分 | 二时十六分 | 一时五十二分 | |

本日红茶制造自午前八时十五分起，至午后七时二十分止，除会食外，共计时间十时二十分。

**本日红茶烘焙时间表**

| 午前补昨日二遍火 | | | 午后行本日制一遍火 | | |
|---|---|---|---|---|---|
| 轮数 | 成焙次数 | 时间 | 轮数 | 成焙次数 | 时间 |
| 一 | 二次 | 初次二时二十一分<br>二次五时十九分 | 一 | 一次 | 二时五分 |

续 表

| 午前补昨日二遍火 | | | 午后行本日制一遍火 | | |
|---|---|---|---|---|---|
| 轮数 | 成焙次数 | 时间 | 轮数 | 成焙次数 | 时间 |
| 二 | 一次 | 二 | 二 | 二次 | 初次四时三十五分<br>二次六时二十五分 |
| 成烘统计重量九十三斤半 | | | 三 | 一次 | 三时一分 |
| | | | 四 | 一次 | 一时十三分 |
| 备考：本日烘焙，自午前八时起，至午后十二时止，共计时间十六小时。其间轮数中有分两次成烘者，由火力之有强弱，故火力之强弱，以不配添炭之故，所以不配添炭者，又以红茶烘焙手续，明日可以告竣，不值再多添炭，亦经济关系耳 | | | | | |

本日采入茶生叶量二百四十八斤，均入午后绿茶试制焙成干胚，表列绿叶试制成绩如下。

| 手续 | 生菁重量 | 揉转次数 | 生胚重量 | 时间 | 备考 |
|---|---|---|---|---|---|
| 炒菁 | 九两 | | | 二分 | 本日生叶量较多，起手时间太迟，不及焙熟，故与昨日同行生胚焙焙成干胚，贮之以待补焙，绿茶本日生菁须本日制成干胚，不能留菁过夜，所以保存绿色，免发红也 |
| 手揉 | | 二百六十次至三百次 | | 五分至六分 | |
| 生胚焙 | | | 四斤至五斤 | | |

时间统计，午后七时起至四时止，共计九小时。

五月九号，天雨，午后稍霁，温度早五十八度，午六十度，晚同午。

本日采制人数，茶工六人，临时茶工八人，临时采茶工十人。

本日补红茶二遍火之烘焙，表列成绩如下。

| 轮数 | 次数 | 焙笼数 | 成烘时间 | 备考 |
|---|---|---|---|---|
| 一 | 一 | 二十 | 三时二十七分 | |
| 二 | 二 | 二十 | 二时五十二分 | |
| 成烘统计 | 时间午前七时二十分起至午后一时三十九分止，共六时十九分。重量六十三斤半 | | | |

一番红茶粗制本日告竣。

本日补前两日绿茶熟胚焙成绩如下。

| 轮数 | 锅数 | 熟胚每锅重量 | 熟茶每锅重量 | 比较减 | 时间 |
|---|---|---|---|---|---|
| 一 | 四 | 四斤 | 二斤十四两至三斤 | 一斤至二斤二两 | 二时十二分 |
| 二 | 同 | 同 | 同 | 同 | 一时四十五分 |
| 三 | 同 | 同 | 同 | 同 | 一时四十四分 |
| 四 | 同 | 同 | 同 | 同 | 一时二十分 |
| 五 | 同 | 同 | 同 | 同 | 一时十二分 |
| 备考 | 时间长短，由热度之强弱而分。初焙之锅，由冷而炽热，故第一轮焙时间稍长，至二、三、四、五轮则由热锅加热，故时间较稍减也 | | | | |

本日补焙绿茶熟胚时间，自午十二时四十五分起至午后九时十二分止，除会食时间外，共计时间六时三十分，共成熟茶重量六十三斤半。

本日采入茶生叶量一百七十一斤十两，自午后七时起，分工制造之，至晚四时五十分止，表列成绩如下。

| 手续 | 菁重量 | 揉转次数 | 生胚重量 | 时间 | 备考 |
|---|---|---|---|---|---|
| 炒菁 | 九两 | | | 二分 | 本日生叶量多，时间已迟，只能行生胚焙，不及行熟胚焙之手续矣。 |
| 手揉 | | 三百八十次至三百十次 | | 五分 | |
| 生胚焙 | | | 四斤 | 一时二十分至一时四十分 | |

本日制造绿茶时间自午后七时起至四时五十分止，共计九时五十分。

五月十号，天气晴，温度早六十度，午六十四度，晚同午。

本日采制人数，茶工六人，临时茶工五人，临时采茶工八人。

本日午前九时十五分起分工补行，昨晚熟胚焙之手续，表列成绩如下。

| 次数 | 锅数 | 熟胚重量 | 时间 | 备考 |
|---|---|---|---|---|
| 一 | 四 | 四斤 | 一时二十五分 | 本日补行熟胚焙之时间自九时十五分起至午后二时四十三分止，共计时间五时二十八分，共成熟茶重量六十五斤 |
| 二 | 同 | 同 | 一时十六分 | |
| 三 | 同 | 同 | 一时二十四分 | |
| 四 | 同 | 同 | 一时十五分 | |
| 五 | 同 | 同 | 一时十八分 | |

| 次数 | 锅数 | 熟胚重量 | 时间 | 备考 |
|---|---|---|---|---|
| 六 | 同 | 同 | 一时十一分 | |
| 七 | 同 | 同 | 一时十七分 | |

本日采入生叶量九十三斤四两，午后三时起，分工制造之，至晚二时四十分告竣，表列成绩如下。

| 手续 | 菁重量 | 揉转次数 | 生胚重量 | 时间 | 备考 |
|---|---|---|---|---|---|
| 炒菁 | 九两 | | | 二分 | |
| 手揉 | | 三百次至三百六十次 | | 六分 | |
| 生胚焙 | | | 四斤 | 一时十分 | |

本日试制时间共计十一时四十分，制成熟茶重量三十二斤半。

五月十一号，天气晴，温度早六十四度，午六十八度，晚七十度。

本日采制人数，茶工六人，临时茶工五人，临时采茶工二十人。

本日采入生叶量一百四十五斤十三两，午后五时起试制之至一时二十分止，表列成绩如下。

| 手续 | 生菁重量 | 熟菁重量 | 比较减 | 揉转次数 | 生胚重量 | 时间 |
|---|---|---|---|---|---|---|
| 炒菁 | 九两 | 六两七钱 | 二两三钱 | | | 二分 |
| 手揉 | | | | 三百二十次至三百六十次 | | 六分 |
| 生胚焙 | | | | | 六斤十二两 | 一时五分 |

本日制茶时间共计二十分，制成熟茶重量四十四斤。

五月十二号，天阴，间有点雨，温度六十六度。

本日采制人数，茶工六人，临时茶工五人，临时采茶工三人。

本日采入生叶量九十七斤，午后四时起试制之，至一时二十分止，表列成绩如下。

| 手续 | 生菁重量 | 熟菁重量 | 比较减 | 揉转次数 | 生胚重量 | 熟胚重量 | 比较减 | 熟胚重量 | 熟茶重量 | 比较减 | 时间 |
|---|---|---|---|---|---|---|---|---|---|---|---|
| 炒菁 | 十两 | 七两四钱 | 二两六钱 | | | | | | | | 二分 |

续 表

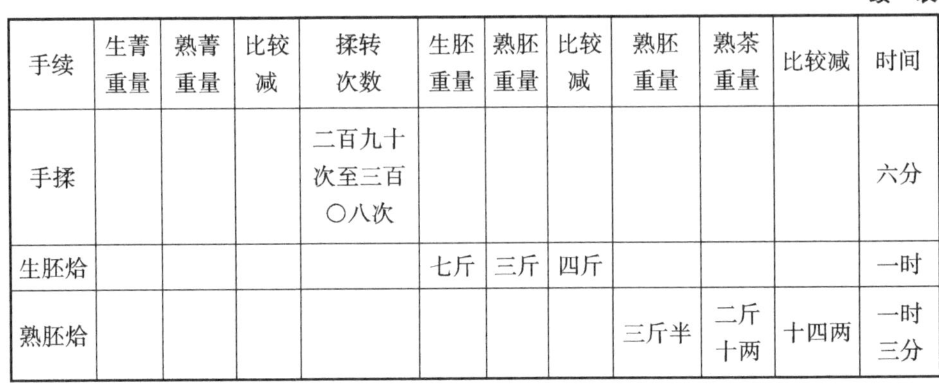

| 手续 | 生菁重量 | 熟菁重量 | 比较减 | 揉转次数 | 生胚重量 | 熟胚重量 | 比较减 | 熟胚重量 | 熟茶重量 | 比较减 | 时间 |
|---|---|---|---|---|---|---|---|---|---|---|---|
| 手揉 | | | | 二百九十次至三百〇八次 | | | | | | | 六分 |
| 生胚焙 | | | | | 七斤 | 三斤 | 四斤 | | | | 一时 |
| 熟胚焙 | | | | | | | | 三斤半 | 二斤十两 | 十四两 | 一时三分 |

本日共制成熟茶三十斤，制茶时间共计八时二十分。

五月十三号，天气晴，温度六十四度，入晚六十六度。

本日采制人数，茶工六人，临时工四人，临时采茶工三人。

本日采入茶生叶量三十七斤，午后二时三十八分起试制之，至八时止，表列成绩如下。

| 手续 | 生菁重量 | 熟菁重量 | 比较减 | 揉转次数 | 生胚重量 | 熟胚重量 | 比较减 | 熟胚重量 | 熟茶重量 | 比较减 | 时间 | 温度 |
|---|---|---|---|---|---|---|---|---|---|---|---|---|
| 炒菁 | 九两 | 七两 | 二两 | | | | | | | | 二分 | 九十度 |
| 手揉 | | | | 平均三百次 | | | | | | | 五分 | |
| 生胚焙 | | | | | 六斤二两 | 二斤半 | 三斤十两 | | | | 一时十八分 | 八十度 |
| 熟胚焙 | | | | | | | | 三斤十二两 | 三斤二两 | 十两 | 一时 | 六十九度 |
| 备考 | 生胚焙与熟胚，其减量迥异甚远，以生胚水气太重，熟胚则水气已大减轻耳。然以生胚与熟茶较，平均十两，生胚只能焙成四两熟茶，其中则含有六两水气。以生菁与熟茶较，平均十两，生菁制成熟茶三两二三钱，或二两五六钱，盖生菁含水气较多，其中更有嫩老之别也 | | | | | | | | | | | |

本日制成熟茶十一斤半，制茶时间共计四时二十二分。

五月十四号，天阴，温度六十四度。

本日采制人数，茶工六人，临时采茶工六人。

本日采入茶生叶量五十九斤半，午后三时十八分起制造之，至八时四十分止，表列成绩如下。

| 手续 | 生菁重量 | 熟菁重量 | 比较减 | 揉转次数 | 生胚重量 | 熟胚重量 | 比较减 | 熟胚重量 | 熟茶重量 | 比较减 | 时间 |
|---|---|---|---|---|---|---|---|---|---|---|---|
| 炒菁 | 九两 | 七两 | 二两 | | | | | | | | 二分 |
| 手揉 | | | | 平均三百次 | | | | | | | 五分 |
| 生胚焙 | | | | | 六斤 | 二斤半 | 三斤半 | | | | 一时三十二分 |
| 熟胚焙 | | | | | | | | 四斤 | 二斤十四两 | 一斤二两 | 四十分 |

本日共制成熟茶十七斤，共计制茶时间五时二十二分。

五月十五号，天晴，温度六十四度，午后六十八度，晚同午。

本日采制人数，茶工六人，临时工一人，临时采茶工七人。

本日采入茶生叶量八十二斤十两，六时一分起制造之，至十一时二分止，制法表列制造成绩如下。

| 手续 | 生菁重量 | 熟菁重量 | 比较减 | 揉转次数 | 生胚重量 | 熟胚重量 | 比较减 | 熟胚重量 | 熟茶重量 | 比较减 | 时间 |
|---|---|---|---|---|---|---|---|---|---|---|---|
| 炒菁 | 八两 | 六两 | 二两 | | | | | | | | 一分三十秒 |
| 手揉 | | | | 一百十九 | | | | | | | 四分 |
| 生胚焙 | | | | | 六斤 | 二斤十一两 | 三斤五两 | | | | 五十五分 |
| 熟胚焙 | | | | | | | | 四斤 | 三斤 | 一斤 | 一时二十分 |

本日共制成熟茶二十五斤，共计制茶时间五时一分。

《安徽实业杂志》1918年续刊第15期

# 安徽省立第一茶务讲习所初次改良试制一番红绿茶逐日成绩报告（续前期）

五月十六号，天雨，温度六十八度。

本日采制人数，茶工六人，临时茶工一人，临时采茶工七人。

本日采入茶生叶量六十八斤十两，午后三时四十九分起，制造之，至十二时十分止。

表列制造成绩如下。

| 手续 | 生菁数量 | 熟菁数量 | 比较减 | 手揉次数 | 生胚重量 | 熟胚重量 | 比较减 | 熟胚重量 | 熟茶重量 | 比较减 | 时间 |
|---|---|---|---|---|---|---|---|---|---|---|---|
| 炒菁 | 八两 | 六两五钱 | 一两五钱 | | | | | | | | 二分 |
| 手揉 | | | | 二百次 | | | | | | | 三分 |
| 生胚焙 | | | | | 四斤十一两 | 二斤四两 | 二斤七两 | | | | 一时二分 |
| 熟胚焙 | | | | | | | | 四斤 | 三斤二两 | 十四两 | 五十五分 |

本日共制成熟茶二十斤，共计时间八时二十一分。

五月十七号，天晴，温度七十度，后七十二度。

本日采制茶人数，茶工六人，临时工一人，临时采茶工八人。

本日采入茶生叶量一百零一斤，午后四时五十一分起，制造之，至一时二十六分止。

表列制造成绩如下。

| 手续 | 生菁数量 | 熟菁数量 | 比较减 | 手揉次数 | 生胚重量 | 熟胚重量 | 比较减 | 熟胚重量 | 熟茶重量 | 比较减 | 时间 |
|---|---|---|---|---|---|---|---|---|---|---|---|
| 炒菁 | 九两 | 七两五 | | | | | | | | | 三分 |
| 手揉 | | | | 百二十八次至二百四十二 | | | | | | | 三分至四分 |

续 表

| 手续 | 生菁数量 | 熟菁数量 | 比较减 | 手揉次数 | 生胚重量 | 熟胚重量 | 比较减 | 熟胚重量 | 熟茶重量 | 比较减 | 时间 |
|---|---|---|---|---|---|---|---|---|---|---|---|
| 生胚焙 | | | | | 五斤四两 | 二斤十两 | 二斤十两 | | | | 一时十分 |
| 熟胚焙 | | | | | | | | 三斤十二两 | 二斤四两 | 一斤八两 | 五十四分 |
| 制成熟茶总数 | | | | 三十斤 | | | 时间总数 | | | 七时三十五分 | |

五月十八号，天晴，温度早七十度。

本日采制人数，茶工六人，临时采茶工三人。

本日采入茶生叶量三十六斤三两，午后五时起，制造之，至十时三十五分止。

表列制造成绩如下。

| 手续 | 生菁数量 | 熟菁数量 | 比较减 | 手揉次数 | 生胚重量 | 熟胚重量 | 比较减 | 熟胚重量 | 熟茶重量 | 比较减 | 时间 |
|---|---|---|---|---|---|---|---|---|---|---|---|
| 炒菁 | 八两 | 六两 | 二两 | | | | | | | | 一分 |
| 手揉 | | | | 百九十五次至百〇八 | | | | | | | 四分 |
| 生胚焙 | | | | | 四斤十四两 | 二斤四两 | 二斤十两 | | | | 一时至一时十三分 |
| 熟胚焙 | | | | | | | | 四斤 | 二斤半 | 一斤半 | 一时十五分 |

共制成熟茶十六斤半，共计时间五时三十五分。

五月十九号，天晴，温度七十二度。

本日采制人数，茶工六人，临时采茶工八人。

本日采入生叶量五十四斤七两，午后三时四十分起，制造之，至九时三十二分止。

表列制造成绩如下。

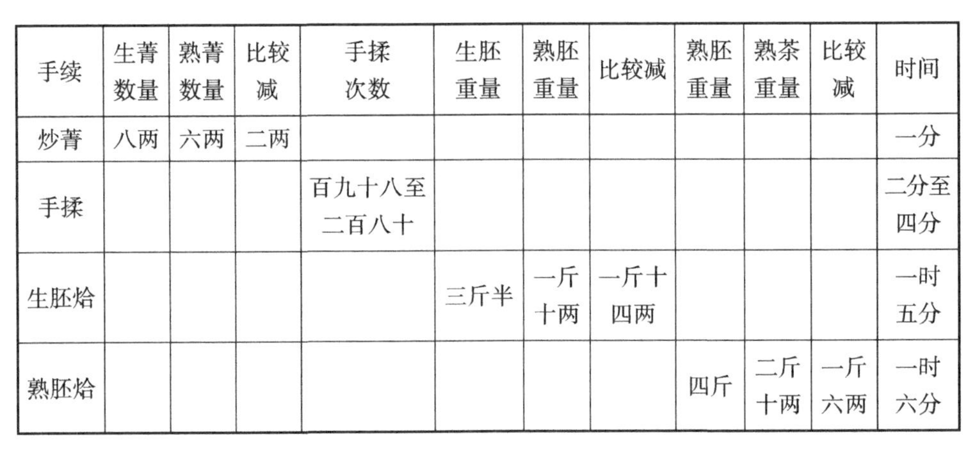

| 手续 | 生菁数量 | 熟菁数量 | 比较减 | 手揉次数 | 生胚重量 | 熟胚重量 | 比较减 | 熟胚重量 | 熟茶重量 | 比较减 | 时间 |
|---|---|---|---|---|---|---|---|---|---|---|---|
| 炒菁 | 八两 | 六两 | 二两 | | | | | | | | 一分 |
| 手揉 | | | | 百九十八至二百八十 | | | | | | | 二分至四分 |
| 生胚焙 | | | | | 三斤半 | 一斤十两 | 一斤十四两 | | | | 一时五分 |
| 熟胚焙 | | | | | | | | 四斤 | 二斤十两 | 一斤六两 | 一时六分 |

共成熟茶十七斤，共计时间五时五十二分。

一番绿茶粗制是日告竣。

一番红茶精制成绩。

说明精制之手续，大要分之为三种：一器具之精制，即用器具精制之是也；二手工之精制，即以人工拣择之是也；三火候之精制，即补第三次之烘焙是也。

五月二十二日，天气晴，温度七十一度。

本日一番红茶之精制开始，兹将其手续成绩分别记载如下。

本日行第一种器具精制之手续，表列成绩如下。

| 手续 | 筛分 | 午前 | | | 午后 | | | 备考 |
|---|---|---|---|---|---|---|---|---|
| | | 次数 | 重量 | 时间 | 次数 | 重量 | 时间 | |
| 筛分 | 五号至六号 | 一 | 六十斤 | 七时起至九时二十分止 | 四 | 五十七斤 | 十二时三十分起至三时三十分止 | 筛分以五、六号为主，五、六号之筛上仍须加一番做法也 |
| 仝 | 仝 | 二 | 五十斤 | 九时三十分起至十一时三十分止 | 五 | 四十四斤半 | 三时三十分起至六时三十分止 | |
| 统计 | 时间九时五十分，重量二百九十一斤半，内除十三斤入明日制 | | | | | | | |

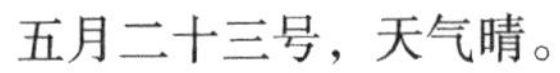

五月二十三号，天气晴。

本日精制成绩如下。

| 筛别 | 午前 | | | 午后 | | | 备考 |
|---|---|---|---|---|---|---|---|
| | 次数 | 重量 | 时间 | 次数 | 重量 | 时间 | |
| 大五号<br>大六号<br>小六号 | 一 | 四十七斤半 | 七时四十分起 | 三 | 接二次 | 十二时三十分起 | 仍昨日手续之意 |
| | 二 | 六十七斤 | 十一时五十八分止 | 四 | 五十二斤 | 六时八分止 | |
| 统计 | 时间九时五十六分，重量一百六十六斤半，内昨日入来十三斤 | | | | | | |

五月二十四号，天气晴。

本日精制成绩如下。

| 次数 | 筛别 | 时间 | 备考 |
|---|---|---|---|
| 一 | 大二号、大三号、大四号、大五号 | 七时四十分起至午后三时三分止 | 本日分筛之手续为过扇之预备，仍以大二号筛起至分至十号筛为止者，以第一步抖头尚待做细，其做细之法则以袋装之，加以打工，使其与第一步抖筛相等耳，分筛者则通分之也 |
| 二 | 大六号、大七号、大八号、大九号、大十号 | 午后三时二十分起至五时四十分止 | |
| 统计 | 时间九时四十三分 | | |

本日分工精制成绩如下。

| 手续 | 上扇、号头 | 时间 | 时间总计 |
|---|---|---|---|
| 风扇 | 大二号筛分出 | 三时四十八分起至五时三十分止 | 四十二分 |
| 备考 | 是日大五、六号 | 筛前加以袋打、制净，余出茶梗五两、茶子一斤三两 | |

五月二十五号，天晴。

本日精制成绩如下。

| 手续 | 秩序 | 覆抖、筛别 | 械重量 | 械后重量 | 比较减 | 时间 |
|---|---|---|---|---|---|---|
| 风扇 | 大三、四、五号筛分出 | | | | | 三时九分<br>三时二分<br>二时四十分 |
| 覆抖 | 大二、三、四号扇过正口 | 大六号<br>小六号<br>大、小七号 | | | | 四时二十八分<br>三时二十分 |

续 表

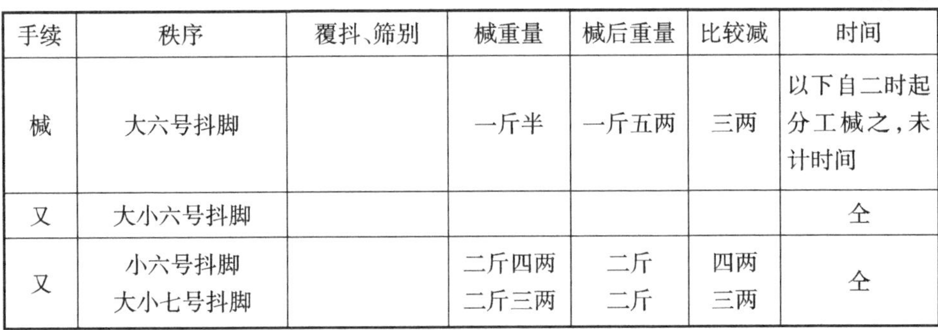

| 手续 | 秩序 | 覆抖、筛别 | 械重量 | 械后重量 | 比较减 | 时间 |
|---|---|---|---|---|---|---|
| 械 | 大六号抖脚 | | 一斤半 | 一斤五两 | 三两 | 以下自二时起分工械之，未计时间 |
| 又 | 大小六号抖脚 | | | | | 仝 |
| 又 | 小六号抖脚<br>大小七号抖脚 | | 二斤四两<br>二斤三两 | 二斤<br>二斤 | 四两<br>三两 | 仝 |

本日精制成绩如下。

| 手续 | 茶别 | 筛别 | 候拣 | 候火 | 候均 | 备考 |
|---|---|---|---|---|---|---|
| 扇抖械 | 大六、大七、大八、大九、大十、等号筛分出<br>大二、三、四、五号扇出子口和抖头袋过<br>大二、三、四、五号抖头打过后<br>大二、三、四、五号抖头再打后<br>二、三、四号前共打后<br>细六号筛抖头重打后<br>大四号扇出以大小七号筛抖过之抖脚械前及抖头<br>大四号扇出子口<br>大二号扇出次子口<br>大二、三号抖头械前 | 皆细六号 | 大四号扇出抖脚及子口正过，二、三、四、五、六号正子口做过后 | 二、三、四、五、六号抖打械拣手续经过后 | 二、三、四、五、六、七、八、九、十号正拣补火后 | |
| 切筛 | 大四号抖脚械前<br>大四号切筛出筛脚<br>大六号切筛出筛脚 | 大四号<br>大六号<br>大十号 | | | | |
| 袋打 | 大二、三、四、五号扇出子口和抖头<br>大二、三、四、五号抖头打后用细六号筛抖过抖头 | | | | | |

**续 表**

| 手续 | 茶别 | 筛别 | 候拣 | 候火 | 候均 | 备考 |
|---|---|---|---|---|---|---|
| | 大二、三、四、五号再打后抖头。<br>二、三、四号械前。<br>二、三、四号械前以细六号抖后抖头 | | | | | |
| 分筛 | 大二、三、四、五号扇出子口和正口抖头打后，用细六号抖过筛上重大重抖，重打过后，大二、三、四号械前共打过，用细六号抖筛上重大重抖重打后 | | | | | |
| 筛跌 | 大二、三、四械前，经数次打抖后分筛撩头<br>大六号扇出子口 | 细六号 | | | | |
| 撩筛 | 大五、六、七、八、九、十号扇出子口 | 大六、七<br>小七<br>大八<br>小八<br>小十 | | | | |
| 撩头 | | | | | | |

五月二十七号，天晴，温度七十八度。

本日因加整器具，茶工休息。

五月二十八号，天晴，温度七十八度。

本日开始行第二步手工之精制（即拣茶也）表列成绩如下。

| 轮数 | 茶别 | 个人拣重量 | 时间 | 轮数 | 别头 | 个人拣重量 | 时间 |
|---|---|---|---|---|---|---|---|
| 一 | 八号子口 | 二两 | 九时二分起<br>十时二十分止 | 九 | 二号抖头 | 仝 | 一时四十五分起，<br>二时三十二分止 |
| 二 | 七号子口 | 仝 | 九时十五分起<br>十时二十五分止 | 十 | 二号抖头 | 仝 | 二时二十九分起，<br>三时二十分止 |

续 表

| 轮数 | 茶别 | 个人拣重量 | 时间 | 轮数 | 别头 | 个人拣重量 | 时间 |
|---|---|---|---|---|---|---|---|
| 三 | 六号子口 | 仝 | 十时三十五分起<br>十一时三十五分止 | 十一 | 二号抖头 | 仝 | 二时三十三分起，<br>三时二十五分止 |
| 四 | 五号子口 | 仝 | 十时三十六分起<br>十一时二十七分止 | 十二 | 二号抖头 | 仝 | 三时三十分起，<br>四时二十分止 |
| 五 | 四号子口 | 仝 | 十时三十七分起<br>十一时二十分止 | 十三 | 三号抖头 | 四两 | 四时二十一分起，<br>四时四十五分止 |
| 六 | 三号子口 | 仝 | 十时五十分起<br>十一时二十六分止 | 十四 | 三号抖头 | 仝 | 四时四十五分起，<br>五时十三分止 |
| 七 | 二号子口 | 仝 | 十一时四十分起<br>十二时五分止 | 十五 | 三号抖头 | 仝 | 五时十六分起，<br>五时三十八分止 |
| 八 | 一号子口 | 仝 | 一时三十五分起<br>二时二十八分止 | 十六 | 三号抖头 | 仝 | 五时三十八分起，<br>六时三分止 |
| 备考 | 茶愈细，拣愈难。表中所列各号子口抖头，均经打过、整过、撩过，茶之原形业已改细。拣择较难，故每轮每人拣择重量宜于少不宜于多，多则未能拣净耳。 | | | | | | |

五月二十九号，天气晴　温度七十八度。

本日接行第二种手工之精制，并分工加行第一种器具之精制，分别表列成绩如下。

**手工之精制成绩**

| 轮数 | 茶别 | 个人拣重量 | 时间 | 备考 |
|---|---|---|---|---|
| 一 | 四号抖头 | 四两 | 八时起<br>八时四十五分止 | 本日个人拣茶重量于抖脚有较增加者，以抖脚之茶净目易拣之故。 |
| 二 | 同 | 同 | 八时二十分起<br>九时四分止 | |
| 三 | 同 | 同 | 八时四十分起<br>九时二十五分止 | |
| 四 | 五号抖头 | 同 | 九时十分起<br>十时八分止 | |

续 表

| 轮数 | 茶别 | 个人拣重量 | 时间 | 备考 |
| --- | --- | --- | --- | --- |
| 五 | 同 | 同 | 九时二十分起<br>十时十五分止 | |
| 六 | 二号抖头 | 九两 | 九时三十四分起，十时二十九分止 | |
| 七 | 同 | 同 | 十时三十分起，十一时二十二分止 | |
| 八 | 同 | 同 | 十二时三十五分起，一时十五分止 | |
| 九 | 同 | 同 | 一时三十二分起，二时二十二分止 | |
| 十 | 同 | 同 | 二时二十九分起，三时十三分止 | |
| 十一 | 三号抖头 | 同 | 三时五十分起，四时二十四分止 | |
| 十二 | 同 | 同 | 四时三十二分起，五时三分止 | |
| 十三 | 同 | 同 | 五时十六分起，五时五十八分止 | |

**器具之精制成绩**

| 手续 | 茶别 | 筛别 | 候火均 |
| --- | --- | --- | --- |
| 袋打 | 二、三、四号正口抖头拣过 | | 二、三、四、五、六、七、八号子口拣过后 |
| | 二、三、四号抖脚拣过撩头 | | 五号撩头拣过后<br>二、三、四号正口抖拣打 |
| 筛抖 | 二、三、四号正口抖拣过打后 | 细七号 | 分筛切筛后<br>二号抖脚用大六小六 |
| 撩筛 | 二、三号抖脚拣后 | 三、四号 | 抖过后抖脚 |
| 分筛 | 二、三、四号抖头拣打抖过又打后 | 大七、八、九、十号 | |
| 切筛 | 二、三、四号抖头拣打抖过重打分后 | 四号 | |

五月三十号　天气晴，晚大雨如注，温度七十度。

本日仍手工之精制，兼器具之精制，分别表列成绩如下。

**手工之精制**

| 轮数 | 茶别 | 个人拣重量 | 时间 | 备考 |
| --- | --- | --- | --- | --- |
| 一 | 三号抖头 | 九两 | 七时四十八分起，八时三十三分止 | 红茶是日拣择竣工 |
| 二 | 同 | 同 | 八时三十五分起，九时二十分止 | |
| 三 | 五号抖头 | 同 | 九时二十一分起，十时三分止 | |

续 表

| 轮数 | 茶别 | 个人拣重量 | 时间 | 备考 |
|---|---|---|---|---|
| 四 | 同 | 同 | 十时四分起，十时四十五分止 | |
| 五 | 同 | 同 | 十二时五十三分起，一时三十五分止 | |
| 六 | 同 | 同 | 一时三十六分起，二时二十分止 | |

**器具之精制**

| 手续 | 茶别 | 筛别 | 候火均 | 备考 |
|---|---|---|---|---|
| 撩筛 | 三号扇后打头 | 大四号 | 三号抖脚撩过撩头打过之撩脚 | |
| 袋打 | 三号扇后抖脚撩过撩头 | | 四号抖脚撩过后<br>七、八、九、十号扇出后 | |

六月十四号，天气雨，普通温度七十六度。

本日行三种火候之精制，即补第三次之烘焙法，表列成绩如下。

| 轮次 | 茶号头 | 焙笼数 | 上烘茶量 | 下烘茶量 | 每炉炽炭量 | 炉火之温度 | 翻棹时间 | 成烘时间 |
|---|---|---|---|---|---|---|---|---|
| 一 | 大二号 | 八 | 四斤半 | 四斤一两 | 七斤 | 八十二 | 一次十二分<br>二次二十五分<br>三次二十三分 | 二时十八分 |
| 二 | 大二、四 | 同 | 同 | 四斤 | 同 | 同 | 同 | 二时十五分 |
| 三 | 大五、六 | 同 | 同 | 同 | 同 | 同 | 同 | 一时十八分 |
| 备考 | 因镔未制成，故迟至本日始行补火 | | | | | | | |

六月十五号，天气晴，间有霎时雨，温度：七十四度。

是日续补红火烘焙，表列成绩如下。

| 轮次 | 茶号头 | 焙笼数 | 上烘茶量 | 下烘茶量 | 每炉炭量 | 炉火热度 | 翻棹时间 | 成烘时间 |
|---|---|---|---|---|---|---|---|---|
| 一 | 大七、大八 | 八 | 四斤七两 | 四斤 | 原昨日火 | 八十 | 一次二十分<br>二次二十三分<br>三次二十一分 | 一时十六分 |
| 二 | 大七、大八 | 同 | 四斤半 | 四斤一两 | 同 | 同 | 同 | 一时十八分 |

续表

| 轮次 | 茶号头 | 焙笼数 | 上烘茶量 | 下烘茶量 | 每炉炭量 | 炉火热度 | 翻棹时间 | 成烘时间 |
|---|---|---|---|---|---|---|---|---|
| 三 | 大九、大十 | 同 | 同 | 四斤 | 同 | 同 | 一次二十分<br>二次二十四分<br>三次二十二分 | 一时十五分 |
| 四 | 同 | 同 | 同 | 同 | 同 | 同 | 一次二十三分<br>二次二十三分<br>三次二十分 | 一时十三分 |

《安徽实业杂志》1918年续刊第16期

# 农商部令：令汉口、天津、上海、安徽、广州、福州总商会和总督禁止外国茶叶运入和属口岸令仰转行各茶商知照由

为令行事，准外交部咨开准和使照称，接南洋和属总督电，自本年九月十五日起，禁止外国茶叶运入和属口岸照达查照等，因当经本部电请驻和唐公使向和政府商请弛禁，并照会驻京和使，以中国损失过甚声明该项禁令碍难承认，应转商和政府转饬变通禁令，以重睦谊。去后，兹准驻和唐公使复称，和政府未允转饬弛禁，又准和贝使复称业经转达办理，并称华茶在和属地方销路不甚畅旺，中国损失似不甚巨各等因。并由驻爪哇欧阳领事径向和属总督交涉，惟该项禁令系对于外茶一律施禁，华茶运赴和属能否切商准运，殊无把握。咨请查照等因，合亟令仰转行各茶商知照。此令。

《安徽实业杂志》1918年续刊第16期

# 安徽实业厅布告第 号
# 据第一茶务讲习所呈请颁发布告由

为布告事：案据省立第一茶务讲习所所长呈称，属所奉令组织，原以研究改良茶务，为地方挽回利权为宗旨，招收生徒，教以茶务上之新知识、新方法，又实业机关内应施行之职业教育，无论学生学膳各费，概由库支，给属所购买房地，赁拼茶园，收买茶菁等事，均与人民交易无异，而况拣焙需人，本地男妇又能工作受给，是公家岁费金钱所在，地方已先获种种之利益矣。所以属所成立以来，凡公正绅商类能上体钧座，提倡之盛心交相赞许，而属所亦莫不极意联络，图茶务之发展。惟是所在之地，民多杂处，良莠不齐，风气闭塞，每来洋校之名称，迷信颇深，易受谣言之煽惑，此虽人民程度之低，而于所务上实有关系。良以实业之不能离社会，犹之乎教育之不能离实业，社会不疏通，则实业之进行不无窒碍。可否请钧座颁发布告，晓谕人民，俾泯猜疑而开风气，前途不甚幸甚。所请之处，除呈请省长外，理合备文呈请伏乞鉴核施行等情到厅据此。查皖省出产以茶叶为大宗，近年日渐衰落，民生因之日困。前经省长暨本厅创设该所，系为改良茶务，挽回利权起见，凡尔居民人等，务须仰体斯意维护，除指令外合行布告，俾众周知，以免误会，此布。

《安徽实业杂志》1918年续刊第17期

# 茶商之悲观

徽州祁门地方，向以茶业为出产大宗，各乡庄号，共计有七十余家。往年二月半，各庄号均纷纷开张，外县人民奔往工作者，共以万计。讵今二月半已过，各庄号开张者，尚属寥寥。盖因今正接到汉口各茶栈来函云及，俄国乱况，华茶难以进口等情，以故徽属各县茶业，均抱悲观云。

《申报》1918年4月2日

## 茶商诉苦

中国红绿茶，所恃行销洋庄，自欧战发生以后，外洋禁止华茶入口，以故茶务销路停滞。本年茶务，更多困难，原销路既滞，税源自竭。顷闻祁门县知事代陈茶商困难情形，请上峰设法补助，并请减税等情，闻省署已令财政厅核议矣。

《申报》1918年4月27日

## 芜湖快信

…………

安徽祁门为红茶出产之区，现届新茶登场，闻该处红茶号开工采办者，现只五家，资本亦不充裕，较之上年仅七分之一。

《申报》1918年4月29日

## 汉口商市近况

阴历端节，伊迩正各商店往来归结之大比期，汉口各银行，纷纷电请上海总行，拨解现款，来汉生放，计中国银行，现洋十六万元，现银五万两；交通银行，现洋十万元，现银七万两；浙江兴业银行，现洋六万元，现银四万两；盐业银行，现洋四万元；中孚银行，现银五万两，均已到汉存储。其陆续解到者，尚不在此内，想汉口市面，不至有金融恐慌之虞矣。又闻红茶到汉者，计祁门红茶恒记二十七件，同春五十件，谦泰昌七十件，洪源永七十八件，忠信昌九十四件，共计二百八十九件，连前共到三百五十五件矣。

《申报》1918年6月3日

# 茶业具陈万难加捐之意见

上海县商会接茶行公所公函云：径启者，前日敝公所代表沈锦伯君，诣前已承接洽，所有加税问题，得悉就近在沪讨论，财厅已派沈委员与高所长会商解说。惟我茶业一项，若照估价税率，已逾百抽二之外，万难稍有增加。如不见信，各行历年簿据可以吊查。或将货件提所察验，并无丝毫饰说。盖调查货价，不能询诸茶叶店者，以有人问价，必以零星出售之价对，决无以成趸买进之价对者，是以相去甚远耳。试观平常人家饮上等茶者，百中仅有一二，岂可悬为价值之定评乎？余详同业意见书，伏望转呈沈委员、高所长察核，为祷专此，敬请台安，附呈意见书如下。

为茶商困难，万难加捐，为将详细情形，沥呈台鉴。窃我茶行一业，自欧战影响，洋庄不销，价目步跌，有江湖日下之势。现因改厘为税，调查物价，择其现今价目，较前增高者，酌加改订，税率实行值百抽二之税。但市面物价，较前增高者，固未尝不有，而非所论于茶也。夫茶价日跌，尽人能知红茶，如安徽之祁门、江西之宁州、福建之武彝，绿茶如安徽之婺源、屯溪，浙江之湖州。此等名种，从前只销外洋，至中国内地，所销无非雨前、龙井、碧螺春之类，已为无上上品出产，不过十中之一，且我茶行售出之货，报捐者名曰毛茶。茶叶店铺，成趸采买。其价最高五十元至六十元，乃十中之一，三四十元者十中之二，二十元至十七八元者十中之四，八九元者十中之三。通盘扯算，每担不过二十元零。所有调查价格，我茶行报捐卖出之货，乃系成趸批价，不能向茶叶店讨论价格。盖茶叶店办去毛茶，剔去茶梗，筛尽茶末，拣去黄片，加以烘焙，□花、装潢、包扎，一切开销，同一茶也。其价格较毛茶，何止倍蓰，且办去之茶，论担计价，其售出之茶，论斤论两，计价出入，又复不同。假如办去之茶一担，其销罄之日，或以数年计，或以数月计。其停顿之官利，亦加诸茶上，所以不能相提而并论也。若照值百抽二之例，现捐毛茶，每担四角八分，已属有过之无不及，不求减捐，而欲加捐，何能担任？务恳贵会详加讨论，转达调查委员暨税务所长主持，仍照向章办理，弗稍加增，以恤商艰。谨呈。

《申报》1918年6月11日

# 华茶贸易之悲观

沪埠茶栈数家，曾于春间因存茶多至八万数千箱，若不设法运销，转瞬新茶上市，亏耗更巨，故特商恳素有交易各美商，代为运美试销。讵料此项茶叶抵美后，适值该国取缔颜色茶叶，故运往之货，概不合销，并令代运商行如数运回，以免徒耗，栈租所有代运各行业，已将货托由美公司船运返沪地。故近来各公司轮船进口，皆有此项着色绿茶，退回共有万余千箱之多。各茶栈闻之，大为懊丧。因运美水脚既巨，关税亦重，经此往返，亏耗不赀，况尚须觅栈堆放，颇费周折，故各茶商莫不忧闷云。

又闻沪地各茶栈，自今春以来，共到有祁门红茶九万余箱，英商及华商购为送礼之用者，仅有五百余箱。此项祁门红茶，向为俄商所采购，现因俄国军事未了，运船既少，汇水又跌，影响所及，遂致停办。惟英政府于今春嘱令上海怡和洋行购办红茶三百万磅，尚未成交，今尚守待。至上年所存之贡熙八万箱，业经各栈，改为珍珠、凤眉等名目，运销内地各省，刻已售去半数，故陈货仅存四万之谱，所有新货，亦不敢多运来申，盖以仅恃国内销路，终属有限也。

《申报》1918年7月13日

# 茶商之亏折

徽州祁门县，向以茶叶为出产大宗，自欧战发生后，各茶商大受影响，今年该县办茶者，为数无多。近闻□处各号茶箱，运往汉口，而洋商之问津者寥寥，一再开盘，价值不过三十余两，各茶商以亏本甚巨，至今仍未售出云。

《申报》1918年7月17日

## 茶（五月二十五日止）

祁门温州两路红茶，日内已陆续上市，温州茶开盘自十九两至二十两不等，虽较上年稍逊，而今春山价颇廉，成本较低，因此获利已颇不少。祁门红茶，向销俄国，无如西比利亚铁道，现尚拒绝装运，恐祁门茶开盘，当尚须时日耳，此外绿茶市面，仍极平疲，本日行市，大略如下。

| 茶名 | | 价目 |
|---|---|---|
| 香芽 | 温州红茶 | 二十两 |
| 茗芽 | 又 | 十九两 |
| 福宝 | 又 | 二十两 |
| 福葆 | 又 | 十八两七钱半 |

《银行周报》1918年第2卷第20期

## 茶（六月十五日止）

祁门红茶，市上已到有八万余箱，然售出之数，极为寥寥。查祁门红茶素为欧美人士所欢迎，今乃如此滞销，其他如两湖宁州等货，更难言喻。新绿茶惟珍眉一种，已见上市，价开四十六两，较上年约低八折，洋商方面，仍嫌价高，因吨位价又涨六十余镑，汇永已过四先令八便士，划算颇不合宜云云。珠茶珍眉，今日亦稍走动，总计销去二三千箱，倘能长此不已，旧货可望销清也。兹将本日各茶行市，开列于下。

| 牌号 | 茶名 | 价目 |
|---|---|---|
| 贡成 | 祁门 | 四十六两 |
| 广发源 | 珍眉 | 四十两 |
| 大昌成 | 又 | 四十二两 |
| 大成茂 | 又 | 三十九两 |
| 复新昌 | 珠茶 | 四十三两 |

续 表

| 牌号 | 茶名 | 价目 |
| --- | --- | --- |
| 真极品 | 又 | 四十两 |
| 芸香 | 又 | 三十九两 |
| 广昌 | 又 | 三十九两 |

《银行周报》1918年第2卷第23期

## 茶（九月二十一日止）

本星期红茶祁门销去约有五千余箱，闻其中以运销丹麦国为最占多数，惟价格极廉，计头字茶自二十八两至三十三两五钱，二字二十七八两，三字二十四五两。以素受洋商欢迎之祁门茶，尚不能获善价，其他更不必论。绿茶以今日汇水影响，市上交易，寂然无闻。价格日落，所有本星期内各茶市价，大致如下。

| 牌号 | 茶名 | 价目 |
| --- | --- | --- |
| 品仙 | 祁门红茶 | 二十八两 |
| 贡芽 | 又 | 二十八两 |
| 贡尖 | 又 | 三十两 |
| 优奖 | 又 | 三十二两 |
| 奖品 | 又 | 三十二两 |
| 祁珍 | 又 | 二十六两 |
| 胜利 | 又 | 二十六两 |
| 利大 | 又 | 二十六两 |
| 益生 | 又 | 二十四两 |
| 同魁 | 又 | 二十六两 |
| 芝兰 | 又 | 二十七两 |
| 仙香 | 又 | 二十八两 |
| 贡兰 | 又 | 二十七两 |
| 仙馨 | 又 | 三十一两 |
| 贡品 | 又 | 二十九两 |

续 表

| 牌号 | 茶名 | 价目 |
| --- | --- | --- |
| 丰大 | 又 | 三十两 |
| 美元 | 又 | 三十二两 |
| 仙品 | 又 | 二十六两 |
| 贡珍 | 又 | 二十八两 |
| 德玉 | 又 | 二十八两 |
| 同馨 | 又 | 三十两 |
| 天馨 | 又 | 二十八两 |
| 龙团 | 又 | 三十一两 |
| 贡昌 | 又 | 三十两 |
| 云旗 | 又 | 二十八两 |
| 露芽 | 又 | 二十八两 |
| 尺鹏 | 又 | 三十两 |
| 紫雕 | 又 | 三十两 |
| 贞吉 | 又 | 二十八两 |
| 致祥 | 又 | 三十二两 |
| 魁香 | 又 | 二十九两 |
| 云龙 | 又 | 二十八两 |
| 花宝 | 又 | 二十五两五钱 |
| 珍珠 | 又 | 二十八两 |
| 云仙 | 又 | 二十七两五钱 |
| 贡王 | 又 | 三十三两五钱 |
| 善隆 | 又 | 三十二两 |
| 花品 | 又 | 二十九两五钱 |
| 花王 | 又 | 二十九两五钱 |
| 天馨 | 又 | 二十九两五钱 |
| 吉华 | 又 | 二十六两 |
| 吉和 | 又 | 二十八两 |
| 美记 | 又 | 二十五两五钱 |
| 永记 | 又 | 二十五两五钱 |

续　表

| 牌号 | 茶名 | 价目 |
| --- | --- | --- |
| 天盛 | 绿茶珍眉 | 五十两五钱 |
| 和馨 | 珍眉 | 四十六两 |
| 成隆春 | 贡熙 | 二十四两 |
| 详馨 | 绿茶大盘 | 二十七两二钱五 |
| 公平 | 又 | 二十七两二钱五 |
| 慎德永 | 又 | 二十八两 |

《银行周报》1918年第2卷第37期

一九一九

# 部立安徽祁门茶叶试验场
# 调查七年份汉口输出入及九江等处输出采制茶叶数目表

外洋进口茶

| 月份＼种类 | 茶叶 | 茶末 | 绿茶 | 总数 |
|---|---|---|---|---|
| 1月份 | 8 | 5258 | | 5266 |
| 2月份 | | 3045 | 5 | 3050 |
| 3月份 | 14 | 305 | 1 | 320 |
| 4月份 | | | 5 | 5 |
| 5月份 | | 4 | 5 | 9 |
| 6月份 | | | | |
| 7月份 | | | | |
| 8月份 | | | 39 | 39 |
| 9月份 | | | 1 | 1 |
| 10月份 | | 7882 | | 7882 |
| 11月份 | | | | |
| 12月份 | 2000 | 99 | | 2099 |
| 总计 | 2022 | 16593 | 56 | 18671 |

外洋（或香港）进口茶

| 国名或地区＼种类 | 茶叶 | 茶末 | 绿茶 | 总数 |
|---|---|---|---|---|
| 印度 | 14 | 3240 | | 3254 |
| 爪哇 | | 13000 | | 13000 |
| 锡兰 | | 353 | 3 | 356 |
| 日本 | 2008 | | 43 | 2051 |
| 中国香港 | | | 10 | 10 |
| 总计 | 2022 | 16593 | 56 | 18671 |

**本国各埠进口茶**

| 月份 \ 种类 | 茶叶 | 绿茶 | 红茶 | 茶末 | 未焙茶 | 花香 | 茶梗 | 红茶砖 | 绿茶砖 | 总数 |
|---|---|---|---|---|---|---|---|---|---|---|
| 1月份 | | 3 | | 256 | | | | | | 259 |
| 2月份 | | 50 | | 1265 | | | | 108 | | 1423 |
| 3月份 | | 29 | | 718 | | | | | 240 | 987 |
| 4月份 | | 1 | | | | | | | | 1 |
| 5月份 | | 178 | | 39 | | | | | | 217 |
| 6月份 | 170 | 220 | 6141 | 468 | | | | | | 6999 |
| 7月份 | 311 | 771 | 725 | 4805 | | | 87 | | | 6699 |
| 8月份 | 60 | 1175 | 121 | 1593 | 125 | 113 | | | | 3187 |
| 9月份 | 9 | 381 | 11 | 1916 | | 18 | | | | 2335 |
| 10月份 | | 172 | 27 | 3994 | | 51 | | | | 4244 |
| 11月份 | | 165 | 101 | 6945 | | | | | | 7211 |
| 12月份 | | 216 | 111 | 3684 | | | | | | 4011 |
| 总计 | 550 | 3361 | 7237 | 25683 | 125 | 182 | 87 | 108 | 240 | 37573 |

**本国各埠进口茶**

| 埠名 \ 种类 | 茶叶 | 绿茶 | 红茶 | 茶末 | 未焙茶 | 花香 | 茶梗 | 红茶砖 | 绿茶砖 | 总数 |
|---|---|---|---|---|---|---|---|---|---|---|
| 九江 | 242 | 1091 | 6790 | 24634 | | | | | 240 | 32997 |
| 上海 | 46 | 1372 | 444 | 1001 | | 182 | | 108 | | 3153 |
| 天津 | | 4 | | | | | | | | 4 |
| 镇江 | 125 | 64 | | 41 | | | | | | 230 |
| 芜湖 | 13 | 281 | | | | | | | | 294 |
| 岳州 | | | | 7 | 125 | | | | | 132 |
| 福州 | 115 | 453 | | | | | | | | 568 |
| 重庆 | | 18 | | | | | | | | 18 |
| 长沙 | | 78 | 3 | | | | 87 | | | 168 |
| 南京 | 9 | | | | | | | | | 9 |
| 总计 | 550 | 3361 | 7237 | 25683 | 125 | 182 | 87 | 108 | 240 | 37573 |

## 出口往外洋茶

| 月份\种类 | 汉口红茶 | 九江红茶 | 红茶砖 | 绿茶砖 | 小京砖 | 茶末 | 茶梗 | 未焙茶 | 绿茶 | 总数 |
|---|---|---|---|---|---|---|---|---|---|---|
| 1月份 | 449 | | 685 | | | | | | | 1134 |
| 2月份 | 5 | | | | | | | | 20 | 25 |
| 3月份 | | 2 | | | | 1230 | | 27 | | 1259 |
| 4月份 | | | | | | | 130 | | | 130 |
| 5月份 | 738 | 155 | 149 | 756 | 5 | | | | | 1803 |
| 6月份 | 678 | 25 | 3836 | | | | | 164 | 22 | 4725 |
| 7月份 | 51 | 50 | 203 | | | | 12 | | | 316 |
| 8月份 | 3681 | 684 | 513 | | | | | | 35 | 4913 |
| 9月份 | 2174 | 466 | 632 | | | | | | | 3272 |
| 10月份 | 7699 | 1526 | 9443 | 419 | | | | | | 19087 |
| 11月份 | 2323 | 1434 | 10516 | | | | | | | 14273 |
| 12月份 | 1344 | 502 | 11920 | 2445 | 14 | | | | | 16225 |
| 总计 | 19142 | 4844 | 37897 | 3620 | 19 | 1230 | 142 | 191 | 77 | 67162 |

## 出口往外洋茶

| 国名\种类 | 汉口红茶 | 九江红茶 | 红茶砖 | 绿茶砖 | 小京砖 | 茶末 | 茶梗 | 未焙茶 | 绿茶 | 总数 |
|---|---|---|---|---|---|---|---|---|---|---|
| 俄国 | 5412 | 489 | 35629 | 3620 | 19 | | | | 20 | 45189 |
| 美国 | 12520 | 3342 | | | | | | | | 15862 |
| 英国 | 86 | 1009 | | | | | 142 | 64 | 67 | 1368 |
| 日本 | 25 | 2 | 115 | | | 1230 | | 127 | | 1499 |
| 丹麦 | 99 | | | | | | | | | 99 |
| 印度 | | 1 | | | | | | | | 1 |
| 澳洲美勒笨 | | 1 | | | | | | | | 1 |
| 欧洲各埠 | | | 2153 | | | | | | | 2153 |
| 总计 | 18142 | 4844 | 37897 | 3620 | 19 | 1230 | 142 | 191 | 87 | 66172 |

**七年份九江关茶叶输出表**

| 茶名 | 共计担数 | 内有限在汉沪出洋担数 |
| --- | --- | --- |
| 红茶 | 51694 | 48662 |
| 绿茶 | 32111 | 26563 |
| 毛茶 | 34972 | |

**七年份湘鄂皖赣制茶减额表**

| 产地 | 六年份采制/担 | 七年份采制/担 | 减额/担 |
| --- | --- | --- | --- |
| 两湖 | 156440 | 105800 | 50600 |
| 祁门（连秋浦、浮梁） | 55200 | 40480 | 14720 |
| 宁州（即修水） | 23920 | 9200 | 14720 |
| 武宁 | 4278 | 874 | 3404 |
| 九江 | 4508 | 2392 | 2116 |
| 总计 | 244306 | 158746 | 85560 |

**七年份湘鄂皖赣销茶数目表**

| 产地 | 采制数/担 | 已售数/担 | 未售数/担 |
| --- | --- | --- | --- |
| 两湖 | 105800 | 62100 | 43700 |
| 祁门 | 40480 | 24840 | 15640 |
| 宁州 | 9200 | 8832 | 368 |
| 武宁 | 874 | 736 | 138 |
| 九江 | 2392 | 2392 | |
| 总计 | 158746 | 98900 | 59846 |

按全球饮料以红茶需要为最巨，自印锡爪哇茶日盛，伦敦市场早有排斥华茶取而代之之趋势，幸华茶有俄国销场，故近二十年每岁输出湘鄂皖赣闽广红茶约六千万担，而俄国实占四千余万担之销数。自欧战以后，销场递减，去年俄国内乱，茶业影响之巨，遂为通商以来所未有。试将汉关报告一年中输出之汉口、九江红茶观之，俄国仅占五千八百余担；就九江关报告祁宁等处红茶在汉沪出洋观之，止有四万八千六百余担；又就湘鄂皖赣采制销售二表观之，则知七年份采制数已自二十四万四千余担减至十五万担，而销售数将不及十万担矣。计此一年中，商民收入及国家税收之损失，当在二千万元以上。至西商贸易，德奥土诸国五万担之销额早于民

国四年，因国际关系而断绝，而俄及英美诸国一年间之贸易情形尤大堪注意也。

红茶自有俄商采办以来，汉口遂为茶贸易之第一埠。自去岁俄乱，汉口俄商停止营业，顺丰、新泰、阜昌各砖茶厂亦相率停工，缘俄国各大商家拥有资本者均已纷纷必乱，不敢经商，银行金融不能活动，伦敦市场已不通汇兑，罗卜跌至一钱有零，后更跌至七八分，商家已无贸易之可言。加以各地纷乱，哈尔滨、海参崴及西伯利亚等埠，军队林立，交通阻塞，自秋后时局稍靖，各埠货物虽略可通行，阜昌、顺丰等茶商因国内需求甚急，曾制砖茶数万担，收叶茶数千担运俄，至今因内地之乱未平，只能运至海参崴、哈尔滨、西伯利亚各埠，尚未能入欧俄本部，此俄国销路之情形也。

英国因其政府禁止中国红茶，商家停止办货，旋英政府购办四万余箱，亦仅由怡和一家承办，在上海收买低价之货运去，其余英商仍无大宗交易。现值和局大定，红茶之禁虽弛，然伦敦市场早为印锡爪哇茶占销，华茶已无竞争之余地，矧吾国系用银之国，现值银价昂贵，汇率在先，令左右英商实无余利可图，故对于茶业异常冷淡，此英国销路之情形也。

美国销场，向例绿茶销行，高庄红茶销行粗货。近年印锡爪哇已在美市传播广告，扩张销路，去年荷商运大批爪哇茶至美跌价求售，力图推销，以致美商运去万余担之红茶随同落价，虽系收买湘鄂粗货成本尚轻，然以船舶过少之故，加之运输保险诸费均极高昂，仍须亏折，此美国销路之情形也。

此外，日商因西伯利亚一路可以乘机贩运华茶，为开拓日茶之先导，故略为购买红茶，由大连运往试销。其承销印度茶之英商，近复运印度利浦登茶、锡兰茶纷纷来上海试销，所有向销四川粗茶之西藏人民，则因吾国之兵争，已全数改用北印度之大吉岭茶矣。总之，民国七年份，因兵事之故，红茶可称完全无市，幸山西茶商由张家口至库伦、恰克图一路销数尚旺，无奈该路台站已撤，驼运维艰，虽有汽车交通，而运货尚不便利，且俄蒙重税以困之，兵事倥偬之中，无人保护，故虽有机会而不能进行。假使张库间在宣战期内筑轻便铁道，或恢复台站代商人运茶，复有参战华军保护，运销至伊尔库次克及莫斯科等处，则俄境直接之茶贸易必有可观也。今者欧洲和局告成，美国实行禁酒，各国亦将限制酿酒，欧美间运费已逐渐轻减，将来全球茶业饮料当求过于供，亟宜乘此未来之时，研究科学经济诸方法，改良种植运销，合全国茶商茶户之力，以与印锡爪哇日本诸茶奋斗于地球之上，则吾国茶业其庶几乎？

《安徽实业杂志》1919年续刊第21期

## 农商部训令第二八四号令安徽江苏江西湖北浙江实业厅据叶恭绰电称华茶可畅销于美国仰即转行茶商筹商办法由

据赴欧考察各国交通状况前交通部次长叶恭绰电称，美国实行禁酒，华茶可畅销，但印日均争，须多方设法，乞饬官商，合理速筹良策等语。查华茶出口逐年锐减，推厥原因，固由于国内种制之未尽合宜要，亦国外无直接运销机关，有以致之。现值欧战告终，美国全体禁酒，华茶正宜趁此时机，竭力改良制造，并设法在海外筹设售茶机关，以广销路而挽利权。除分行外，合亟令仰该厅转行各茶商遵照切实办理为要。此令。

《安徽实业杂志》1919年续刊第22期

## 安徽省长公署训令第九〇二号令实业厅准部咨送整顿茶业建议案请饬属认真办理随时见复由

案准，农商部咨开，准国务院函开，准参议院咨开议决。议员吴宗濂提出请咨政府整顿茶业建议案咨达查照施行等，因相应抄录原案函请查核办理等因到部。查振兴茶业，推广销路，自系切要之图，本部前以美国实行禁酒，华茶可望畅销，迭经分别咨令转饬改良制造，并在海外筹设售茶机关在案。兹复准国务院函，准参议院咨达前因除分行外相应抄录原件咨行查照，饬属认真办理，随时见复。为荷此咨等，因并附议案抄件到署，准此合行抄发，仰该厅遵照妥筹具复以凭转咨切切，此令。

附录议员吴宗濂请咨政府扶持茶叶并将美洲需茶情形布告茶商建议案：

我国茶叶素为出口货物中之巨大财源，不特业茶之数十万人恃以为生，即政府大宗税项亦多半出此。乃自锡兰、日本、爪哇取我茶秧试种发达，冲销欧美市场后，华茶出口遂致递年减少。迨欧战延长，潜艇为害，俄邦扰乱，铁路不通，大好华茶行销益隘，国家所受损失亦即艰以数计。现在沪汉存茶，但指皖产者言，已有十万余箱之谱，他省者更当倍蓰，茶既不能易银，资本自然停滞，茶商难窘不言，可知此湖南张督军敬尧所以毅然呼吁为湘商请求百万之借款也，而我政府以财政困穷，竟致爱莫能助。转瞬新茶摘芽，非入山购运者顿减，其数即运至沪汉，大受经济洋商之抑勒善价而沽恐成绝望，商民之不利岂国家之利哉？我政府岂能置诸不顾乎？虽根本整顿原应于种植、采摘、焙制诸法大加改良，然为今急救之计，似应疏通沪汉两市，先将存茶销往外洋，收回本利，藉资周转。况华茶天分特优，无论如何，其色香味究比他茶为胜，凡欧美人之嗜茶者，类能识别。此次叶前次长恭绰道出美洲已知该处广销华茶，电请政府饬知茶商从速贩去矣。其在欧洲则以罹于战祸，久缺华茶，其渴待情状更如大旱之望云霓。本席亦迭接西友来信，催寄巨额华茶量，则斯时如以华茶自运出洋洵属良好机会。然而言之非艰行之维艰，茶商能力薄弱，智识浅短，团体涣散，苟非有主管机关督饬进行，一纸空言何济于事？幸今大总统方殷殷以振兴实业为政纲，我政府亦孜孜以保护商人为职志。本席一得之愚，窃谓目前亟宜咨请政府由农商部通饬各省实业厅协商商会就近审酌各产销售情形，随时扶持，加意整理，并将美洲近来需要华茶情形布告茶商使知注意。应请咨政府核议施行是否有当，谨依院法第三十七条规定特为建议提请公决。

《安徽实业杂志》1919年续刊第23期

## 安徽实业厅训令第　号令桐城、舒城、霍山、休宁、祁门、绩溪、泾县、旌德、贵池、铜陵、太湖、六安、歙县、婺源、黟县、宣城、宁国、太平、青阳、石埭、秋浦、郎溪、广德、霍邱各县知事奉省令准部咨分发爪哇万国业茶会议大纲译本由

案奉，省长训令内开案准。

农商部咨，爪哇拟开万国业茶会议并附设展览会一事，前准和国公使函达，展期至一千九百二十一年春间，举办一节业经分行转知在案，兹准该公使函送万国业茶会议英文会议大纲，请查收转发北京有关系之各机关等，因业经本部译印成册，除令发该省实业厅及汉口茶业公所、上海茶叶会馆、福州茶帮公所外，相应检同前项大纲译本。咨请贵省长查收，希即转印颁发各茶商参考可也，此咨附件等因准此

除分行财政厅遵照转行，及印件该厅已奉部令径发不另印发外，合亟令知该厅仰即转印颁发各茶业公所转饬茶商等一体查照，俾资参考此令等因奉此。查此案前奉农商部令同，前因业经抄发译本，通饬遵照在案。奉令前因除分行外，合行令仰该县即便遵照前今各令，转饬各茶业公所及茶商等一体知照以资参考。此令。

《安徽实业杂志》1919年续刊第25期

## 安徽实业厅训令第 号令桐城、舒城、霍山、休宁、祁门、绩溪、泾县、旌德、贵池、铜陵、太湖、六安、歙县、婺源、黟县、宣城、宁国、太平、青阳、石埭、秋浦、郎溪、广德、霍邱各县知事取消和属华茶入口禁令办法由

案奉，农商部训令内开，前据巴维亚中华总商会呈请转咨交涉取消和属华茶入口禁令等情，当即据情转咨外交部并迭准咨复交涉情形，及令爪哇总领事查复在案。兹准外交部咨开，据该总领事呈复称，遵查六月十六日准爪都参赞函称，前迭准函电均已敬悉，兹奉总督命，函告贵总领事查照。本政府于本月十三日颁布之命令，经将一九一八年八月十三日政府公报所载关于禁止外茶输入和属各口之第五百七十二号命令完全取消等，因当即通告驻和属各领事暨各商会转达各茶商知照在案。自弛禁以来，所有华茶皆可自由进口，并无留难阻滞，理合具文呈复等语，咨请查照饬知等因到部。除分别咨令并批示外，合亟令仰该厅转行各茶叶团体一体知照此令等。因奉此合行登录公报，令仰各该县知事查照，即便转饬各茶商暨茶业团体一体知照。此令。

《安徽实业杂志》1919年续刊第25期

# 安徽省长公署指令第　号令实业财政厅据麻埠兼流波疃茶税局局长崔炎呈据孙经方等为振兴茶业增进税源依法组会恳核转备案由

呈及简章均悉，查该茶商孙经方等拟于该处设立茶叶公会，系为推广销路，增进税源起见，核阅简章尚无不合，应准试办，除令行财政实业厅转行遵照查照外。仰该厅查照转行遵照可也，简章存此令。

附录原呈：

为呈请示遵事，窃属局于本月四日据茶商孙经方、宋鸿裁、张达鑫等二十人联名呈称为振兴茶业、增进税源，依法组会，仰恳分别转呈备案事。窃皖省出产茶乃大宗，南北税收数皆巨万，徽茶年年出口，关税岁增；六茶销路靡多，限于北省，物产之不如，实人工有未逮查皖北出产六霍舒三属统计，岁入银币直达百二十余万之多。惜均不知改良考求制法，农不加工，商循旧制，遂使可贵国货难以居奇。经等籍隶皖北散处，沿淮业茶多年，悉心考究，固知处此商战时代，不于物质上细加讲求，商业中广为提倡，万难扩充销路，挽回利权。是以驻美公使曾电请政府训令产茶各省设法整顿，研究改良，希望国货输出获利，邻邦愚昧，下民曷胜？钦幸因投机会集同业，一再讨论，查照法律，妥立名目，组织机关维持一切，庶几颓风克振，商务崇兴，利国利民，实基于此。除呈六安县知事立案外，理合申叙缘由，并附临时简章，公恳俯顺商情，分别转呈核准备案批示遵行，实为公便等。因据此属局以该商等既为提倡实业，扩充国货起见，所拟临时简章亦系联络商情，研究改良专为物产之考究，与社会普通营业会所宗旨迥异。除呈财政厅实业厅外，理合据情具文呈请。省长鉴核俯赐训令只尊实为公级谨呈。

…………

《安徽实业杂志》1919年续刊第26期

# 农商部训令第 号令汉口、天津、广州、上海、安徽、福州总商会准外交部咨转交涉和属限制华茶情形令仰转行知照由

查南洋和属限制华茶入口一事，上年九十月间迭准外交部咨转交涉情形，业经先后令行知照在案，兹准外交部咨开，前据驻爪哇总领事呈据爪督参赞，谓禁茶之令，本政府此刻未便取消，如茶商具有特别理由，可以变通办理，准其入口，然数目之限制极严等语。查限制数目无一定标准，华商之困难实多因调取。各埠销行华茶总额另列一表，呈请鉴核应如何向和政府交涉，请其弛禁或商定限制数目，以舒商困，请核示等语到部。本部当以此事应由彼此商定额数通告华商，俾得有所遵守，且此项限制现在欧战已告终止，应于何时取消，请转商和属总督订定，限期明白宣布，以免华商受损过巨。照会和使去后，本年六月十八日准该公使照会称准和兰东印度总督电，开禁止外国茶叶入口之命令，现已完全取消等。因同日又据爪哇总领事五月二十四日呈称和属仍取缔华茶入口，凡茶商之禀请准照者，除将商标价格容量等项声明外，并要呈送茶样于和属政府查验，所发给之准照只限期三月，逾限无效。现在船舶稀少，转运维艰，而手续如此烦难，时间如此短促，稍一停滞，则损失之巨奚堪言状。迭经照商从宽办理，终未允许等语。查南洋和属既已取消外茶入口禁令，该总领事所称，现行取缔办法是否一律取消，殊难揣测。除令该总领事查明声复外，咨达查照等因到部，合亟令仰转行各茶商知照。此令。

《安徽实业杂志》1919年续刊第26期

# 祁门设立实业教育研究社

祁门县南乡学界诸君组设实业教育研究社已有端倪，兹录其缘起云。盖闻无土之国不立，无民之国必亡，此世界所共认之公理正义也。英法诸国有土有民，用能国富兵强，岿然特立；印度朝鲜亦有土有民，然独国贫民弱，渐见危亡，其同而异之点，可深长思矣。向使英法诸国废弛实业教育，亦将有坠落之患矣，焉能竞强于世界哉？若印度朝鲜能振兴实业与教育，未始不可日进富强，重收勾践沼吴之效。

惟不务其本而治其末，此所以贫富强弱判若霄渊也。今吾国拥二万万方里膏腴之土，有四万万聪颖之民，而国势衰弱，不啻未亡之印度朝鲜，问及外交则失败也，问及内政则颓废也，文化既少推行之机，财源又鲜挽回之术，皆实业不兴，教育不振为之也。实业不兴即所谓无土之国矣，教育不振即所谓无民之国矣，故我国国势之存亡，已在间不容发，有心人忧惧深之。然及今若能以实业教育补救之，将来犹有富强之希望，或不逊于英法诸国，否则国亡身奴，将引印度朝鲜之悲以转为我悲矣。则实业教育关系于国家岂不大哉？况吾国土地膏腴，尤为振兴实业之地，人民聪颖，更是提倡教育之区。倘能以实心行实政，将来二十世纪之中国，财用足而国富，人才盛而国强，既富且强，当不忧日本之强暴矣。惜乎民国成立以来，实业亦未见若何振兴，教育亦未见若何振作，揆厥原因，实由研究心最为缺乏故也，坐是人财俱穷，此吾国贫弱所以一至于斯也。余等皆国民分子，救国义务宜各自尽其天职，今余等有惴于国势之不振，思救国必以实业为前提，以教育为归宿，故取法南通张季直先生之旨，设立斯社，以研究进行方针，将来扩张推广，则藉实业教育大家，力兴维持，而谋所以光大之，则吾国国势之隆可翘足而待。至是则实业教育之效验昭然若揭，此余等所深企望，实亦国家之幸福也。本社教育部主任章善机稿。

《安徽实业杂志》1919年续刊第26期

## 农部附属机关之现况（续）

（八）茶业试验场。该场设在安徽祁门县，于民国四年成立，全场面积仅有一百四十亩。试验事项，分种类试验、修剪试验、肥料试验、制茶试验四种。场长陆溁，并未肄业农业学校，而生平研究茶业，则确有心得。在前清时，曾任江苏劝业道劝业公所职员，对于改良茶业一端，即屡有所建议。今司斯职，可称得人。现在场内所种之茶，一时尚难开采，仅就租界，及收买青叶，加工制造，已足感发一般茶业各户，仿效者纷纷，场内所用经费颇少，岁仅四千余元，惟赠品茶费，则须用千余元。

…………

《申报》1919年1月5日

## 皖议会请复茶税旧章

皖省茶税旧章，向于皖南北各设总局，南设于屯溪，北设于藤埠，总局职务除兼收所在地点茶税外，并负监督各县分局之责。凡关于分局领票，汇解稽核、报销等事，皆由总局总其成，以一事权。民国三年，虽前财政厅长厉行减政主义，改总局为总稽查，其余分别裁并，一律改分局为专局。于是各弊焰愈张，互相嫉妒，各争比较，此疆彼界，甲地产茶，不准赴乙地出卖，乙地税局禁止向甲地运行。而山户采茶，利在速销，如或乙地茶户投信甲地茶行，一经查获，大则充公，小则苛罚，于税率无补，而弊害陡增。昨经过省议会建议，咨请省长恢复皖南北茶税总局旧章，以专责成，而苏民困，当经吕省长据情咨请财政部核夺矣。

《申报》1919年3月29日

## 茧茶二市之最近观

…………

茶市之佳况，华茶行销欧美，向以祁门红茶为最旺。上数年，因受欧战影响，祁门茶之存货过年者，即上海一隅，多至九千余箱。自开春后，洋庄渐有采办，销去不少。截至旬日前，尚有四千六七百箱，群料新茶到沪之先，断不能清销。讵近来怡和、履泰、天祥、天裕、同厚等各英商洋行，大批购办，起运赴英。甫逾一星期，竟将存茶悉数售罄，现时须候新茶到后，方可再有交易。至绿茶中之珠茶一种，因英商贩运大为获利，彼此加价争购，故市价比前数星期，已涨起四五两，惜市上存货无多，亦有新陈不接之虑。观此情形，不可谓非茶市前途之好消息也。

《申报》1919年5月1日

## 部员注意华茶贸易

自英国下令优待印茶后，我国经营茶业者，莫不惊惶失措，以为英国此举，无异反对华茶，函电呼号，已纪各报，颇引起一般关心斯业者之注意。安徽祁门县农商部所设茶业试验场主任陆澄滨（按：陆君名溁，前曾亲游印度、锡兰产茶之地，实地研究，对于华茶之改良，颇多建议）闻此消息，特派该场职员刘君来申，调查一切，以备呈请农商部，转咨外部，向英国交涉，以敦中英固有之邦交，藉以维持华茶一线之生机，而副国家保护海外贸易之意云。

《申报》1919年5月5日

## 茶商畏兵甚于畏匪

马镇守使以皖南各属茶市最盛，恐有匪徒混□，商诸吕省长，意欲派兵两哨，往驻祁门县，以卫商旅。去电知照，后据祁门县及茶税局来电云，现在地方尚称安靖。若军队猝至，商民反滋疑窦，该处现有安武军补充队，驻扎屯溪，即有事故，可以随时电请派兵，刻下无须派兵云。

《申报》1919年5月8日

## 最近商况一斑

茶。今届祁门新红茶已到沪一千余件，昨日始由北市谦泰昌茶栈第一次开盘，由协和洋行买进声安牌一百零六件，价四十二两；同孚洋行买馥安牌一百零六件，价四十两；怡和洋门买祁贡牌七十八件，价四十七两。据云，此次之货，开盘虽较去年头盘为高，惟货身毛糙，系做工草率所致，欲求完全好茶，实不多得。且各英商洋行视此情形，态度沉静，故由各茶栈电致皖省产茶之地，谆嘱以后做工，务求完美，俾华茶之对外贸易，不致受人指摘，窒碍消数云。

《申报》1919年5月29日

# 新茶上市续志

祁门、宁州红茶，对于洋商开盘，向以汉口为荟萃之区。自俄国内乱不已，俄商停办此项红茶后，今届开盘，均在上海。其价已志，昨报兹悉，英商虽欲购办大宗，但到沪之茶二千余箱，高者寥寥。故昨日售开之价，最大四十七两（参观商务栏），惟陈贡熙，尚有一万余件，平水茶亦存一万件之谱，均待时沽出。新绿茶须阴历五月初旬，方可到沪开盘云。

《申报》1919年5月30日

# 中国茶业恢复之时机

中美新闻社译密勒评论报云：前交通次长叶恭绰，近自海外上书政府，谓中国大可在美国创立一大茶业。徐总统阅后，极以为然，决拟订办法，从事改良茶质，推销海外。叶氏呈文中有云，美国现正禁酒，美民无以解渴，则以华茶为代，实一最良之代酒物。叶氏之友，信叶氏归国后，殆将弃其政治生涯，而经营商业，专务推广对美茶叶贸易。中国茶商览其呈文，当益为感奋，以求操纵美国之茶市。据北京美使馆商务参赞安纳德君，调查美国因禁酒成功之结果，消耗茶叶已由一百兆磅，增至一百五十兆磅，并表示其意见，谓今后十年内，美国消耗茶叶，必可增至三百兆磅。叶氏对于华茶销美，既抱无限热望，现中国茶商，亦思乘机奋起，近在汉口开会，讨论各问题。如立产茶标准，废除居间人，并在美国各报大登广告，以及其他种种方法。

凡足增华茶之出口者，皆所筹及。一方既注意于美国，一方尚欲恢复俄国茶市。俄国向为华茶之最大买主，平均华茶出产总额逾百分之五十，恒运销俄国，例如往时，红茶之销路，首推俄国。一九一六与一九一七两年间，约共产茶二十八兆五十万磅，其中销俄者，占四分之三。迨一九一八年，俄国需红茶甚鲜，骤减至三兆磅之谱。据农商部茶业专家恩某统计，一九一八年中国茶业在近五年中，达于至低之度。大抵因俄之内乱，半亦由英政府之制限，只购少数华茶，为彼政府之用。

兹将自一九一四年起，五年中华茶直接出口总数，如下。一九一四年，一·四

九五·七九九担；一九一五年，一·七八二·三五三担；一九一六年，一·五四二·六三三担；一九一七年，一·一二五·五三五担；一九一八年，四〇四·二一七担。又，一九一八年，华茶运销外国数额，如下。英三七·三三三担，美七二·三九八担，俄九五·七〇五担。是年，外国茶进口有四七·六一四担，殆为外侨所消耗。现美国屯积爪哇茶一大批，系近二年中运往者。如华茶贸易不振，美国茶市恐将为爪哇茶所继续垄断。然华茶质良，终当起而代之，盖茶为中国固有天产，世代相传，制法精良，茶质之良楛全视种地之高下为差，高者恒较低者为良，如皖省产红茶，最著名之区为祁门黎山之斜坡，高度达三千英尺以上。赣省著名之鲜芽茶，大为西人所称美，系种于富平（译音）之古平山，高度在海平线上四千英尺。中国茶之佳者，其产区率在纬度二十六至三十度之间，鄂湘浙闽赣皖等省，最着湘省产茶尤多。皖茶质最良，湘鄂闽多红茶，浙多绿茶，皖赣则红绿兼有，产额略相等。

茶质之优劣，与土性亦大有关系，凡土性肥沃，而富铁质者（铁质发生于云斑沙石），为种茶最宜之区。此种土壤，皖省南部最多，即优良之红绿茶产地也。祁门茶驰名中外，如就其土壤，加以化验，则得成分如下。水二·四一，燃烧损失六·五八，盐酸中不融，化物八〇·四五三，硅氧二（融化于盐酸中）一·〇〇二，氧化铁（铁二养三）四·四八，氧化铝（铝二养三）六·二二，石灰（氧化钙）〇·二〇，氧化镁〇·二二，一氧化钾（钾二养）〇·一六一，曹达（氧化钠）〇·三三六，硫酸〇·一一七，磷酸〇·二〇三五，炭四·三三〇，淡气〇·一三五六，腐质二·〇四一，总数九九·九〇〇一。

曾有一英国名人论华茶之优点，远胜他种，至谓人而未饮精洁之华茶乃一憾事。华茶非特香气幽馥，且合于卫生，较他种尤少收敛性。一九一五年，华茶在巴拿马赛会，与他国茶竞赛而获奖，足征华茶之佳冠于世界。此外，因陈赛而得奖牌，尚有数次。中国政府历年屡谋推广华茶销路于外国，其第一步为一九〇五年，前清江督周馥派员赴印度、锡兰考察茶市。其结果则在南京设一茶业学堂，教授制茶新法，各省种茶家之子弟，咸得就学。一九一五年，前农商总长周自齐创设茶叶试验场，奖励改良，不遗余力。其计划分为二项：（一）酌减出口税。茶税本轻，然为奖励出口起见，尚须酌减，于一九一五年实行，每担减税百分之二十，自一两二钱半（合墨银一元七角四分），减至一两（合墨银一元四角）。（二）即设试验场。首在祁门设场一所，研究种法、制法。又在附近设分场，约四十处。凡种植出力而敏慧者，且予以补助金。一方既著成效，乃推而之他处。此项方法，惜近年中国内

乱不已，周氏之良谋，政府未能贯彻始终。窃望政府厉行斯策，乘时亟起，推广茶业于国外，勿失此良机也。

《申报》1919年8月5日

## 农商部之实业谈

农商部前派部员陆溁，在安徽祁门创设茶业试验场一所，成立以来，已阅三载。原名安徽模范种茶场，现因江西推广分区，特完全收归部有，改定今名。陆场长虽非农业专门学校出身，而对于茶业研究，则颇有心得。在场新植茶树数万丛，三年以后，即可开采。现就原有茶树七千三百余丛，择要修剪，施以合法试验。又于制茶一项，用新法烘制，成绩尚佳，场内收入，售茶所得约有三千元。此外，赠品所费，亦及千余元。惟闻陆氏近因代办江西安徽分场事，与地方人士颇有意见，日前特由该部调回农林司办事，另派该司佥事上任，事邓礼寅赴皖，接充该场场长。

…………

《申报》1919年8月12日

## 茶商请撤堵卡

徽州祁门、婺源、休宁等茶税局，以春茶上市时，各茶商不免有绕越情弊，当由各该局，于各县扼要处所，设立堵卡，以防偷漏。近有祁门茶商余桂攀具呈省署云，茶商向来收买毛绿茶，运往屯溪，制成装箱出口。时始行纳税，由祁赴运，只在税局请领引单，沿途验行，并不收税。本年忽变易向章，到处设卡，至令商人受累，请饬撤卡，以安商旅。刻闻省长已令财政厅饬令各该局，将私添之堵卡，迅予裁撤矣。

《申报》1919年9月20日

# 减轻出口税

茶叶对外贸易，近数年来一落千丈。其衰败原因，除受欧战影响外，由于重税困界者半，由于茶商墨守旧法，昧于商业竞争者亦半。今世界和平已复，而美国市场，又予茶业以推广销路之新机会，我国茶商诚能乘政储减免出口茶税之时，于焙制推销之法，加意研究，力图改良，以不能一跃而占世界茶业生重要位置，然挽回颓势，恢复原有之销数，当亦非甚难也。茶商勉之。

《申报》1919年9月25日

# 提倡华茶豁免厘税

部处呈文，呈为会拟分别减免出洋华茶税厘，以维茶市，而恤商艰，恭呈仰祈钧鉴事。窃据上海茶商陈兆焘等呈称，近由在沪业茶英商，转知英京来电，英政府已决定，实行优待印锡等茶，每磅征收入口税十便士。华茶照旧，每磅征收入口税十二便士，照目下磅价计算，华茶一担，比较印锡茶一担，实多税银四两八钱有奇。华茶税重，束手不办，现在俄乱鼎沸，积滞已多，又绝入英之途，则茶商势惟坐待其惫。年来受欧战影响，华茶山价已减至无可再减，即焙制装箱，起运诸费，无一不撙节开销，然犹不免于折阅者，直由国内税厘加重，成本为一亏蚀之，因再四集商，不得不陈情政府，俯念商艰，豁免出口华茶国内一应税厘，俾可竞卖，稍换利权等因，正核办间。复准湖南省长咨称，案据驻汉六省茶业公会代表龚璜滨，以维持国产，减轻茶税，以挽利益等情，具呈到署。查茶市停顿，产额日微，国计民生影响綦巨，自非积极维持，设法提倡，不足以角逐商场，挽回权利。据呈咨请会核见复，等因前来。

查茶业一项，向为我国出口大宗贸易。近自欧战影响所及，销路停滞，输出之额，因之锐减。证以总税务司之报告，暨海关贸易册所记载，一九一五年以迄一九一八年，华茶由沪汉运往伦敦者，自七千五百七十万磅，递减至一千二百二十万磅。由福州运往伦敦者，自二千二百五十万磅，递减至六百万磅，向之年收税银百五六十万者，今且不及百万。现时汉口祁门等处停滞未售之茶，尚有二十五万箱。

重以印锡等茶之竞争，此后茶市销沉，更将不堪设想。倘不为之设法维持，匪独华茶无可征之税，且恐转予洋茶，以乘间输入之机，部处往复咨商，以为际此商战之秋，外人方本其保护贸易政策，减轻印锡等茶入口关税。在我即未便，长此因循，致令茶商歇业，国税逐渐销蚀于无形。拟自本年十月十日起，凡出洋华茶，应纳之海关税，暂准豁免二年。所有此项出洋华茶，内地一应税厘，亦予一并核减五成，以示提倡。其在内地销售之茶，仍按旧章征收，不得援以为例。当经提交阁议，询谋佥同，抑更有请者。近年华茶衰落之原因，固由税厘重迭，成本加重，亦以制造不良，成色欠佳，遂致不能与印锡等茶相竞，非及时责令茶商，改良焙制，不足以图补救。此次会拟，核减华茶出洋税厘办法。如蒙允准，拟即由财政部税务处，通行各省关厅遵照，并一面由农商部令饬各省茶业公会，转令茶商，锐意改良，以策进步，而挽利权。所有会拟，分别减免，出洋华茶税厘缘由，是否有当，理合呈乞钧鉴，训示遵行。再此呈系财政部主稿，会同农商部、税务处办理，合并声明。谨呈。

苏财厅训令，本年十月七日，奉财政部训令内开，查近年茶市萧条，输出锐减，国计民生，影响綦巨。本部叠据各茶商代表暨茶业公会等呈请，俯念商艰，豁免出口茶税，以挽利权等情。当与税务处、农商部，往复咨商，以为际此商战之秋，印锡等茶销日畅，在我即未便，长此因循，致令茶业式微，国税逐渐销蚀于无形。拟自本年十月十日起，凡出洋华茶应纳之海关税，暂准豁免二年。所有此项出洋华茶，内地一应税厘，亦予一并核减五成，以示提倡。其在内地销售之茶，仍按旧章征收，不得援以为例。一面由农商部责令茶商，改良焙制，以图补救，提交国务会议，议决照办。经于九月二十三日，会同农商部、税务处，呈请大总统鉴核。九月二十七日，奉指令呈悉准。如所拟办理，即由各该部处通行遵照等因。奉此除分行外，合行钞发原呈令知，遵照此令等因。到厅奉此，合行抄件，通令该局所长，一体遵照办理。惟现办货税定章，系按产销进出并征。今出洋茶税核减五成，运销内地，照旧征收，究应如何区别，岁需减免若干，应由茶税较巨之所，迅即确核，妥议复夺，以凭转呈，而免淆混此令。

《申报》1919年10月16日

# 茶（四月五日止）

近日祁门红茶，及平水绿茶，售价极为低廉，祁门茶已跌至念三四两，平水茶亦跌至念一二两，各商行以祁门茶价格低廉，虽未得外国销路，亦多现交买进，以冀外国市面一有转机，坐获盈利。是以本星期内之成交者，竟有一千余箱，惟平水茶虽抑价待售，然美国销路停顿，问津者仍属寥寥。现下茶市低落，新茶又将次登场，其影响之及于山户者甚大，故温州茶庄以平水价尚如此，温州茶更属无望，而有停办洋庄之说，且比闻英国方面，议增华茶进口税每镑十三便士，则华茶出之障碍，又多一层矣。兹将本日市价列下。

| 牌号 | 茶名 | 产地 | 价目 |
|---|---|---|---|
| 贡馨 | 红茶 | 祁门 | 三十两 |
| 同福 | 又 | 又 | 二十七两 |
| 奇珍 | 又 | 又 | 二十七两 |
| 贡王 | 又 | 又 | 三十两 |
| 贡尖 | 又 | 又 | 三十两 |
| 魁芽 | 又 | 又 | 二十六两 |
| 同昌 | 又 | 又 | 二十三两五 |
| 元贞 | 又 | 又 | 二十四两 |
| 天香 | 贡熙珠茶 | 婺源 | 二十九两 |
| 万昌 | 又 | 又 | 二十八两五 |
| 义珍 | 又 | 屯溪 | 三十两 |
| 孙森记 | 又 | 又 | 三十两 |
| 宝昌 | 又 | 婺源 | 二十七两 |
| 桂馨 | 又 | 屯溪 | 二十八两 |
| 施协成 | 大盘 | 婺源 | 十八两 |
| 万吉 | 又 | 又 | 十九两 |
| 天香 | 秀眉 | 土庄 | 十七两 |
| 瑞芳 | 又 | 婺源 | 十八两 |
| 大利 | 副熙 | 平水 | 二十三两 |

续 表

| 金雷 | 又 | 又 | 二十二两五 |
|---|---|---|---|
| 天香 | 又 | 又 | 二十二两二钱五 |
| 香芽 | 珍眉 | 婺源 | 四十一两五 |
| 天香 | 又 | 又 | 四十一两 |
| 桂珍 | 又 | 又 | 四十两 |
| 谦昌 | 又 | 屯溪 | 四十两 |
| 万春 | 又 | 又 | 四十两 |
| 元泰 | 又 | 庄源 | 四十两 |
| 珍和 | 又 | 又 | 三十八两 |
| 群玉峰 | 又 | 又 | 四十一两 |
| 致和隆 | 又 | 屯溪 | 三十九两 |

《银行周报》1919年第3卷第11期

# 茶（五月二十四日止）

日来沪上陆续到宁州祁门两路新红茶百有余号，约二万箱之谱，闻尚有多量新茶逗留九江，以察沪汉两处之孰利孰失，而定其运赴之方针。但英美各商行，早有不再赴汉采办新茶之宣言，则汉口茶市，又何有利益之足言。故该路茶商之中止九江，甚非计之得者，不如早日装运来沪，乘新茶尚少之时，可得善价而售也。本星期新到之祁门茶，闻其开盘市价，茶商索价五十两，宁州四十五两，洋商尚未还盘，大概来星期，自有着落。惟近来英国既有加税之事，先令票又逐日抬高，此种事情，皆足为茶业前途之障害也，绿茶平水价已跌至二十两，仍无交易，现尚有存货一万六千箱，不日新茶上市，其价更不知将跌至若何程度也。兹将本日各茶市价列下。

| 牌号 | 茶名 | 产地 | 价目 |
|---|---|---|---|
| 同丰 | 珍眉 | 婺源 | 三十五两 |
| 新裕 | 又 | 又 | 三十六两 |
| 恒馨 | 又 | 又 | 三十六两 |

续 表

| 牌号 | 茶名 | 产地 | 价目 |
| --- | --- | --- | --- |
| 胜兰 | 又 | 徽州 | 三十一两 |
| 瑞生 | 贡熙 | 婺源 | 二十五两 |

《银行周报》1919年第3卷第18期

# 茶（五月三十一日止）

宁州祁门两路红茶，现已开盘。祁门高庄四十七两，中庄三十八两，宁州三十五两，比较去年，祁门高庄大二两，中庄大四两，宁州大三两。祁门本华茶中之最优品，香味出自天然，绝非他茶所能及，惟今届出品，状态颜色，枯而不润，想因今春天时少雨所致，且因拣工草率，以致野花草蔓等物之杂其中者，亦不少，此诚足以为销路上之障碍也。本星期虽已开盘，价格仅称平平，而交易之成盘者，不满三千箱，市上新货，尚有三万六千余箱，夫以俄运既不通，英复新定优待印锡茶税例，宜华茶之相形见绌也。尚望政府豁免出口茶税，以减吾华茶之成本，产茶者认真从事，以改良出品，则华茶前途其庶有望乎。兹将本日市价列下。

| 牌号 | 茶名 | 产地 | 价目 |
| --- | --- | --- | --- |
| 云雾 | 红茶 | 祁门 | 四十七两 |
| 贡王 | 又 | 又 | 四十七两 |
| 祁贡 | 又 | 又 | 四十七两 |
| 馨安 | 又 | 又 | 四十二两 |
| 福安 | 又 | 又 | 四十两 |
| 同大 | 又 | 又 | 三十八两 |
| 三朋 | 又 | 又 | 四十四两 |
| 华粹 | 又 | 又 | 三十八两 |
| 贡尖 | 又 | 又 | 四十四两 |
| 蔚霞 | 又 | 又 | 四十两 |
| 鸿顺 | 又 | 又 | 三十八两 |
| 仙品 | 又 | 又 | 四十两 |

续 表

| 牌号 | 茶名 | 产地 | 价目 |
| --- | --- | --- | --- |
| 人和 | 又 | 又 | 四十六两 |
| 同安 | 又 | 又 | 四十七两 |
| 祁王 | 又 | 又 | 四十一两 |
| 贡仙 | 又 | 又 | 四十五两 |
| 寿安 | 又 | 又 | 四十五两 |
| 贡王 | 又 | 又 | 四十两 |
| 美兰 | 又 | 又 | 四十两 |
| 元昌 | 又 | 又 | 三十六两 |
| 兰馨 | 又 | 又 | 三十九两 |
| 贡尖 | 又 | 宁州 | 三十五两 |
| 桂香 | 绿茶贡品 | 屯溪 | 三十两 |
| 天香 | 又 | 又 | 三十两 |
| 天馨 | 又 | 婺源 | 二十九两 |
| 义芳永 | 珍眉 | 又 | 三十二两 |
| 赛兰 | 又 | 又 | 三十一两五钱 |
| 元记 | 又 | 又 | 三十六两 |
| 桂馥 | 又 | 屯溪 | 三十五两 |
| 新兴和 | 又 | 婺源 | 三十六两 |
| 祥记 | 又 | 又 | 三十六两 |
| 品珍 | 又 | 徽州 | 三十一两 |
| 聚和昌 | 娥眉 | 婺源 | 二十三两 |

《银行周报》1919年第3卷第19期

# 新茶上市续志

祁门、宁州红茶，对于洋商开盘，向以汉口为荟萃之区。自俄国内乱不已，俄商停办此项红茶后，今届开盘，均在上海。兹悉英商虽欲购办大宗，但到沪之茶二千余箱，高者寥寥。故昨日售开之价，最大四十七两，惟陈贡熙尚有一万余件，平水茶亦存一万件之谱，均待时沽出，新绿茶须阴历五月初旬，方可到沪开盘云。

《银行周报》1919年第3卷第19期



# 茶（六月十六日至二十一日止）

本星期祁门红茶，因二十一日及二十五日陆续有公司船出口，故交易稍有松动。惟近日来货甚多，先令又放长，致价格非但不见起色，反较上星期跌落一二两。绿茶秀眉，销路甚畅，低庄珍眉珠茶亦不恶，瑞安珍眉定价四十八两，珠茶计四十五两，诚为历年所罕见，该路茶商，均喜溢于眉宇。婺源屯溪珍眉各货，阴光货稍有销路，价格尚好，惟阳光珍眉，顾客寥寥，因此种茶叶向行销于南方一带，近阿富汗战事方殷，孟买商行皆未敢轻易进货也。兹将二十一日市价列下。

| 牌号 | 茶名 | 产地 | 价目 |
|---|---|---|---|
| 贡尖 | 红茶 | 祁门 | 三十五两 |
| 贡芽 | 又 | 又 | 三十二两 |
| 春芽 | 又 | 又 | 三十二两 |
| 仙芝 | 又 | 又 | 三十六两 |
| 仙采 | 又 | 又 | 三十七两 |
| 贡茗 | 又 | 又 | 三十三两 |
| 锦芳 | 又 | 又 | 三十四两 |
| 仙珍 | 又 | 又 | 三十四两 |
| 贡珍 | 又 | 又 | 三十五两 |
| 花品 | 又 | 又 | 三十五两五钱 |
| 茗芽 | 又 | 又 | 三十四两 |
| 五云 | 又 | 又 | 三十五两 |
| 谷茗 | 又 | 又 | 三十七两 |
| 天香 | 又 | 又 | 三十三两 |
| 致和 | 又 | 又 | 三十九两 |
| 仙馨 | 又 | 又 | 四十五两 |
| 志成 | 又 | 又 | 三十七两 |
| 同昌 | 又 | 又 | 三十四两 |

续 表

| 牌号 | 茶名 | 产地 | 价目 |
| --- | --- | --- | --- |
| 宝玉 | 又 | 又 | 三十三两 |
| 瑞宝 | 又 | 又 | 又 |
| 贡兰 | 又 | 又 | 又 |
| 拂雾 | 又 | 又 | 又 |
| 祁贡 | 又 | 又 | 三十五两 |
| 同德 | 又 | 又 | 四十七两 |
| 同元 | 又 | 又 | 三十两 |
| 仙芽 | 又 | 又 | 三十五两 |
| 华粹 | 又 | 又 | 又 |
| 仙春 | 又 | 又 | 四十三两 |
| 仙馨 | 又 | 又 | 三十四两五钱 |
| 贡芽 | 又 | 又 | 四十四两 |
| 瑞昌 | 又 | 又 | 三十七两 |
| 延年 | 又 | 又 | 三十四两 |
| 天香 | 祁门红茶 |  | 三十一两 |
| 贡兰 | 又 |  | 三十四两 |
| 莫利 | 又 |  | 三十三两 |
| 义隆 | 又 |  | 三十五两 |
| 永利 | 又 |  | 三十五两 |
| 润康 | 又 |  | 三十三两 |
| 秀彩 | 又 |  | 三十四两 |
| 瑞芳 | 又 |  | 三十三两 |
| 德玉 | 又 |  | 三十二两 |
| 同春 | 又 |  | 三十三两五钱 |
| 寿芝 | 又 |  | 三十二两 |
| 丰太 | 又 |  | 三十四两 |
| 福来 | 又 |  | 三十七两 |
| 以上数字系申定汉盘向汉口交茶茶价收洋例缴回关税比较申盘约长一两半之谱 |  |  |  |
| 有道 | 红茶 | 宁州 | 二十七两 |

续 表

| 牌号 | 茶名 | 产地 | 价目 |
| --- | --- | --- | --- |
| 宝玉 | 又 | 又 | 又 |
| 三星 | 又 | 又 | 二十九两 |
| 回春 | 绿茶大盘 | 瑞安 | 二十五两 |
| 恒丰祥 | 秀眉 | 又 | 二十两 |
| 天兴隆 | 又 | 徽州 | 十九两 |
| 永兴 | 又 | 又 | 二十两 |
| 万吉 | 又 | 婺源 | 二十五两五钱 |
| 益昌永 | 又 | 瑞安 | 二十二两 |
| 隆昌 | 又 | 徽州 | 二十五两 |
| 裕盛 | 又 | 土庄 | 十六两 |
| 永泰 | 又 | 瑞安 | 二十二两 |
| 一院香 | 又 | 屯溪 | 二十七两 |
| 一品香 | 又 | 又 | 又 |
| 天香 | 又 | 婺源 | 二十五两 |
| 春兰 | 又 | 德兴 | 二十二两 |
| 新兴 | 又 | 又 | 二十一两 |
| 和记 | 又 | 婺源 | 二十三两 |
| 益昌 | 又 | 徽州 | 二十四两 |
| 益芳祥 | 又 | 又 | 二十一两 |
| 同盛 | 又 | 屯溪 | 二十六两 |
| 昌记 | 又 | 婺源 | 二十四两 |
| 永利昌 | 又 | 瑞安 | 十九两 |
| 隆泰昌 | 又 | 又 | 十八两 |
| 同茂祥 | 又 | 又 | 二十两 |
| 天香 | 又 | 婺源 | 三十二两 |
| 龙岩 | 又 | 又 | 三十两〇五银 |
| 花品 | 又 | 又 | 二十五两 |
| 锦和 | 又 | 屯溪 | 二十九两 |
| 新和 | 又 | 婺源 | 三十三两 |

续 表

| 牌号 | 茶名 | 产地 | 价目 |
|---|---|---|---|
| 新兴 | 珠茶 | 德兴 | 四十两 |
| 万隆 | 又 | 瑞安 | 四十七两 |
| 绿香 | 又 | 德兴 | 三十八两 |
| 美最香 | 又 | 婺源 | 四十六两 |
| 永陆 | 又 | 徽州 | 三十八两 |
| 义兴 | 又 | 又 | 四十二两 |
| 恒馨 | 又 | 婺源 | 四十六两 |
| 自然香 | 又 | 又 | 四十六两 |
| 益昌 | 又 | 徽州 | 三十九两 |
| 同和祥 | 又 | 瑞安 | 四十五两 |
| 一品芳 | 贡熙 | 婺源 | 四十两 |
| 龙溪 | 又 | 又 | 又 |
| 天然香 | 珍眉 | 又 | 五十一两 |
| 一品香 | 又 | 又 | 五十二两 |
| 益昌 | 又 | 屯溪 | 五十九两 |
| 同馨 | 又 | 德兴 | 四十九两 |
| 向阳 | 又 | 瑞安 | 四十七两 |
| 满园春 | 又 | 婺源 | 五十五两 |
| 一品芳 | 又 | 又 | 五十七两 |
| 德兴和 | 又 | 德兴 | 四十五两 |
| 天然香 | 又 | 湖州 | 五十一两 |
| 益芳 | 又 | 瑞安 | 四十七两 |
| 龙溪 | 又 | 婺源 | 六十二两 |
| 春利 | 又 | 瑞安 | 四十六两 |
| 义生 | 又 | 徽州 | 四十三两 |
| 凤岩 | 又 | 瑞安 | 四十六两 |
| 赛兰香 | 又 | 屯溪 | 六十四两 |
| 怡茂 | 又 | 浙西 | 四十九两 |
| 万吉 | 又 | 婺源 | 五十两 |

续表

| 牌号 | 茶名 | 产地 | 价目 |
| --- | --- | --- | --- |
| 月圆 | 又 | 浙西 | 四十七两 |
| 益昌隆 | 又 | 婺源 | 六十两 |
| 春芽 | 又 | 又 | 五十二两 |
| 燮昌 | 又 | 又 | 六十两 |
| 一团春 | 又 | 又 | 五十两 |
| 义兴隆 | 又 | 屯溪 | 五十四两半 |
| 隆昌 | 又 | 又 | 五十三两 |
| 万吉 | 又 | 又 | 五十七两 |
| 美最时 | 又 | 婺源 | 五十五两 |
| 春和 | 又 | 又 | 五十二两 |
| 永和 | 又 | 又 | 六十六两 |
| 春芳 | 又 | 又 | 六十六两 |
| 燮昌 | 又 | 又 | 六十四两 |
| 同春和 | 又 | 屯溪 | 五十七两 |
| 森泰 | 又 | 又 | 五十六两 |
| 花名太多不及尽载 | | | |

《银行周报》1919年第3卷第22期

# 茶（七月十九日止）

上星期汉口俄商新泰洋行，收买祁门红茶，一般茶商，以为俄国销路重开，莫不欣欣然有喜色，不意甫买进三千箱，即告停止，于是红茶市面，仍归沉寂。绿茶平水自开盘以来，成盘不多，市况有不振之象，惟路庄茶仍极畅销，而尤以珍眉秀眉之上等货为最好，一有来货，转瞬即尽，而其价格之高，尤为近年所罕见。惟无条索之秀眉及温州之粗布，销路皆不甚畅达，是亦美中不足也。兹将本日各茶市价列下。

| 牌号 | 茶名 | 产地 | 价目 |
| --- | --- | --- | --- |
| 益昌隆 | 珍眉 | 婺源 | 五十八两 |
| 大昌 | 又 | 徽州 | 四十六两 |
| 泰源祥 | 又 | 又 | 四十八两 |
| 裕隆 | 又 | 婺源 | 六十两 |
| 永和 | 又 | 黄山 | 四十八两 |
| 益芳祥 | 又 | 徽州 | 四十五两 |
| 六香永 | 又 | 屯溪 | 五十七两 |
| 义芬 | 又 | 又 | 五十两 |
| 震益 | 又 | 又 | 五十二两 |
| 瑞魁 | 又 | 婺源 | 五十两 |
| 大成 | 又 | 又 | 六十两 |
| 董三益 | 又 | 又 | 五十九两 |
| 益记 | 又 | 又 | 五十九两 |
| 香芽 | 又 | 遂安 | 四十六两 |
| 永和 | 又 | 婺源 | 六十三两 |
| 施和隆 | 又 | 德兴 | 五十四两 |
| 和泰昌 | 又 | 婺源 | 五十四两 |
| 天香 | 又 | 屯溪 | 五十两 |
| 同馨 | 又 | 屯溪 | 五十两 |
| 荷香 | 又 | 徽州 | 四十八两 |
| 馨香 | 又 | 屯溪 | 五十两 |
| 志大生 | 又 | 婺源 | 六十三两五 |
| 益珍公 | 又 | 又 | 五十四两 |
| 义芳祥 | 又 | 屯溪 | 五十八两 |
| 义隆春 | 又 | 又 | 五十七两 |
| 德和 | 又 | 婺源 | 六十两 |
| 香林 | 又 | 屯溪 | 五十五两 |
| 义记 | 又 | 婺源 | 六十二两 |
| 瑞芳 | 又 | 又 | 五十四两 |
| 锦芳 | 又 | 德兴 | 五十六两 |

续 表

| 牌号 | 茶名 | 产地 | 价目 |
|---|---|---|---|
| 义生祥 | 又 | 屯溪 | 五十五两 |
| 同和祥 | 又 | 瑞安 | 四十九两 |
| 香芽 | 凤眉 | 婺源 | 四十四两 |
| 春雨香 | 又 | 又 | 三十三两 |
| 凝香 | 又 | 屯溪 | 三十七两 |
| 怡泰 | 又 | 徽州 | 三十二两 |
| 馨芽 | 又 | 婺源 | 四十两 |
| 永吉 | 又 | 瑞安 | 三十三两 |
| 森源 | 又 | 又 | 三十八两 |
| 群芳 | 又 | 徽州 | 三十两 |
| 达昌 | 秀眉 | 婺源 | 三十六两 |
| 玉芝荪 | 又 | 又 | 三十四两 |
| 同吉祥 | 又 | 又 | 二十七两 |
| 春发 | 又 | 徽州 | 十九两 |
| 裕生 | 又 | 屯溪 | 二十三两 |
| 福余 | 又 | 又 | 二十三两 |
| 聚成祥 | 又 | 又 | 十九两 |
| 同春永 | 又 | 婺源 | 三十二两 |
| 益珍 | 又 | 又 | 二十四两 |
| 益生祥 | 又 | 屯溪 | 二十二两 |
| 和记 | 又 | 徽州 | 十九两 |
| 夏昌记 | 又 | 婺源 | 三十四两五 |
| 馨香 | 又 | 屯溪 | 三十两 |
| 六香永 | 又 | 又 | 三十两 |
| 亿大 | 又 | 又 | 二十一两 |
| 香芽 | 又 | 婺源 | 二十九两 |
| 益昌隆 | 又 | 又 | 四十两 |
| 义隆亨 | 又 | 屯溪 | 二十八两 |
| 源泰祥 | 又 | 又 | 二十四两 |

续 表

| 牌号 | 茶名 | 产地 | 价目 |
| --- | --- | --- | --- |
| 春香 | 又 | 德兴 | 二十一两 |
| 桂馨 | 又 | 屯溪 | 三十二两 |
| 泰和 | 珠茶 | 婺源 | 六十二两 |
| 裕生 | 又 | 徽州 | 五十两 |
| 裕昌 | 又 | 又 | 四十九两 |
| 义和祥 | 又 | 屯溪 | 五十两 |
| 香芽 | 又 | 又 | 五十二两 |
| 天香 | 又 | 婺源 | 六十五两 |
| 第一春 | 又 | 徽州 | 四十六两 |
| 义隆春 | 又 | 屯溪 | 六十三两 |
| 群芳 | 又 | 又 | 六十五两 |
| 春和 | 又 | 瑞安 | 四十八两 |
| 正成义 | 又 | 徽州 | 五十两 |
| 洪隆 | 又 | 又 | 五十六两 |
| 义芳祥 | 又 | 又 | 五十两 |
| 泰源祥 | 又 | 又 | 六十两 |
| 永利 | 又 | 又 | 五十两 |
| 锦春 | 又 | 婺源 | 五十九两 |
| 润祥 | 又 | 土庄 | 四十二两 |
| 同森 | 又 | 江西 | 四十二两 |
| 恒兴慎 | 又 | 徽州 | 五十三两 |
| 昌记 | 又 | 又 | 四十八两 |
| 裕盛 | 又 | 温州 | 三十二两五 |
| 怡泰 | 又 | 徽州 | 四十九两 |
| 共和亨 | 贡熙 | 屯溪 | 三十一两五 |
| 祥兴恒 | 又 | 婺源 | 二十九两 |
| 隆泰昌 | 又 | 瑞安 | 二十七两 |
| 徐泰兴 | 又 | 婺源 | 二十九两 |
| 大成 | 又 | 又 | 二十七两 |

| 牌号 | 茶名 | 产地 | 价目 |
| --- | --- | --- | --- |
| 盛成祥 | 又 | 屯溪 | 三十两 |
| 义馨永 | 又 | 婺源 | 三十三两 |
| 益昌隆 | 又 | 又 | 三十五两 |
| 永泰隆 | 大盘 | 又 | 二十九两 |
| 裕顺 | 又 | 又 | 二十九两 |
| 合芳 | 又 | 又 | 三十两〇五钱 |
| 同春永 | 又 | 又 | 三十二两 |
| 仙芽 | 又 | 又 | 三十一两 |
| 蕙芳 | 又 | 又 | 三十两 |
| 恒生 | 又 | 又 | 三十一两 |
| 馨芽 | 又 | 又 | 三十二两 |
| 源兴 | 又 | 又 | 三十四两 |
| 岩芳永 | 又 | 又 | 三十三两 |
| 查瑞盛 | 又 | 又 | 三十四两 |
| 天香 | 又 | 又 | 三十四两五钱五 |
| 和泰昌 | 又 | 又 | 三十二两 |
| 义芳永 | 又 | 又 | 三十一两七钱五 |
| 俞镒源 | 又 | 又 | 三十二两五钱 |
| 董三益 | 又 | 又 | 又 |
| 慎德永 | 又 | 又 | 三十一两七钱五 |
| 奇珍 | 又 | 又 | 二十九两五钱 |
| 志大生 | 又 | 又 | 三十一两 |
| 慎和 | 又 | 又 | 三十二两五钱 |
| 同福馨 | 又 | 又 | 三十一两 |
| 咸宜 | 又 | 又 | 三十一两五钱 |
| 公平 | 又 | 又 | 三十一两五钱 |
| 森芽 | 又 | 又 | 三十一两 |
| 万年红 | 又 | 湖州 | 三十二两 |
| 宋恒记 | 又 | 又 | 二十八两五钱 |

续 表

| 牌号 | 茶名 | 产地 | 价目 |
| --- | --- | --- | --- |
| 华中魁 | 又 | 又 | 二十九两 |
| 万国香 | 又 | 又 | 又 |
| 金狮 | 又 | 又 | 二十九两二钱五 |
| 吉昌 | 又 | 又 | 又 |
| 金字 | 又 | 平水 | 二十六两五钱 |
| 一枝香 | 又 | 又 | 二十九两二钱五 |
| 英皇 | 红茶 | 宁州 | 二十六两 |
| 石清 | 又 | 又 | 三十四两 |
| 金声 | 又 | 又 | 二十五两 |
| 同福 | 又 | 祁门 | 三十五两 |
| 贡芽 | 又 | 又 | 二十九两 |
| 祁品 | 又 | 又 | 二十八两 |
| 青华 | 又 | 又 | 三十一两 |
| 祁馨 | 又 | 又 | 三十二两 |
|  | 又 | 又 | 又 |
| 贡王 | 又 | 又 | 三十三两 |

《银行周报》1919年第3卷第26期

# 茶（十一月八日止）

近来红茶祁门，销路渐渐发动，本星期价格，较上星期稍见坚硬，现在市上存货，只有一万余箱，业此者遂不惧不能清场，一改其前此抑价贱售之手段，而相率提高价格，故红茶市价，似有转向涨上之趋势矣。绿茶平水市价自交易稀少以来，日趋低落，现在已落至十九两，而成盘者犹不得多觏，平水大盘竟跌价至如此地步，诚有市以还所仅也，且该路茶商，去年已亏蚀甚深，今岁复遭此抑价难售之劫，茶业前途，恐不能不受其打击矣。路庄茶中之秀眉珍眉，现在尚有所交易，其余多停滞莫动，查去年贡熙及珍眉之运销孟买者，凡六万箱，而今届闻仅销去一万四千箱左右，其减少之锐，实不得不令人惊惧也。溯自阿富汗战事起后，茶业运销

之阻碍，其影响至今而未有，已益以近来汇水日高，洋商之欲采办者，多观望不进，茶市恐不能见其即有起色也。兹将本日各茶市价列下。

| 牌号 | 茶名 | 产地 | 价目 |
|---|---|---|---|
| 泰源 | 珍眉 | 婺源 | 五十二两 |
| 绿香 | 又 | 屯溪 | 五十二两 |
| 谷香 | 又 | 徽州 | 三十八两 |
| 荫祥隆 | 又 | 又 | 三十六两 |
| 盖环球 | 又 | 瑞安 | 四十二两 |
| 裕春 | 又 | 德兴 | 四十七两 |
| 天香 | 又 | 瑞安 | 四十两 |
| 挹馨 | 凤眉 | 婺源 | 三十六两 |
| 最时 | 秀眉 | 德兴 | 十五两五钱 |
| 奇珍 | 又 | 婺源 | 十六两 |
| 怡茂 | 又 | 又 | 十九两 |
| 泰和 | 又 | 又 | 十五两 |
| 万家春 | 又 | 屯溪 | 二十两 |
| 赛天香 | 又 | 又 | 十五两五钱 |
| 丰泰 | 又 | 婺源 | 二十一两 |
| 远芳 | 又 | 德兴 | 十四两五钱 |
| 瑞香 | 又 | 徽州 | 十三两 |
| 锦春 | 又 | 婺源 | 十八两 |
| 吉和祥 | 又 | 又 | 十六两五钱 |
| 品芳 | 又 | 瑞安 | 十四两 |
| 润生 | 又 | 徽州 | 十三两 |
| 蕙香 | 眉雨 | 婺源 | 十八两 |
| 天香 | 蛾眉 | 徽州 | 十九两 |
| 恒吉 | 大盘 | 平水 | 二十九两二钱五分 |
| 华芳 | 又 | 又 | 二十九两二钱五分 |
| 昌记 | 又 | 婺源 | 二十四两 |
| 兰馨 | 红茶 | 祁门 | 二十三两 |
| 贡膏 | 又 | 又 | 二十四两五钱 |

续 表

| 牌号 | 茶名 | 产地 | 价目 |
| --- | --- | --- | --- |
| 瑞芽 | 又 | 又 | 二十四两 |
| 茗芽 | 又 | 又 | 二十七两 |
| 蕊珍 | 又 | 又 | 二十五两 |
| 和馨 | 又 | 又 | 二十三两 |
| 春皇 | 又 | 又 | 二十三两五钱 |
| 祁馨 | 又 | 又 | 二十五两 |
| 共和 | 又 | 又 | 二十五两五钱 |
| 仙掌 | 又 | 又 | 二十三两 |
| 奇香 | 又 | 宁州 | 二十两零五钱 |
| 国色 | 又 | 又 | 二十二两 |

《银行周报》1919年第3卷第42期

## 训令各省财政厅关监督准农商部咨安徽祁门茶业试验场呈请免征茶子税厘应照准文

一月二十日

准农商部咨开，据本部安徽祁门茶叶试验场呈称，各处来场请求选寄茶种，水道运输，必经过江西饶州、鄱阳湖、九江等处。因茶子与茶油子名称易混，各关卡往往误认货类。征收税厘，于推广种茶，窒碍实大。请转咨通行豁免此项税厘，以资提倡等情。据此查上项茶子，只宜种植，与茶油子属于货品类者，绝不相同。该场分给试种，原为推广植茶起见，运输出境，自应毋庸征纳税厘，藉资提倡。除指令外，相应抄录原呈，咨部查照等因，查上项茶子，既系为分给试种推广植茶之用，自应免征税厘以资提倡。除分行外，合行抄录原呈，令仰转饬所属关卡一体遵照办理可也。此令。

《财政月刊》1919年第6卷第62期

## 安徽实业厅训令第　号令桐城、霍山、绩溪、太平、舒城、婺源、宁国、青阳、石埭、霍邱、太湖、休宁、铜陵、黟县、六安、祁门、宣城、贵池、秋浦、歙县、旌德、广德、郎溪、泾县各县知事，第一茶务讲习所减免茶厘办法由



案奉：农商部训令内开，前据上海茶商陈兆焘等，及驻汉六省茶业工会代表龚璜滨等呈请减免华茶出口税厘各案，当经本部咨商财政部税务处会议办法去后，现经部处一致议决：凡所有出洋华茶，应准暂免海关税二年，其内地一应税厘亦予一并核减五成，以示体恤，业经会稿呈请大总统核示在案。惟减免税厘固系为减轻成本，维持销路之一法，而对于茶树栽培、采择、焙制以及装潢各项均须切实研究，力图改良，庶足以扩张海外之贸易，挽回已失之利权。除俟呈准后再行令知并分别咨令外，合亟令仰该厅转饬遵照。再准税务处咨送上海天祥洋行麦克来函抄录一份，仰即转发以备参考。此令等因并附抄件到厅奉此，除将抄发上海天祥洋行函件刊登本省公报俾共知照参考外，合行令仰该知事、所长，即便转饬遵照此令。

附录：上海天祥洋行麦克来致总税务司函。

敬复者：接上月三十日台函只悉，中国政府有维持茶叶之意，至为欣慰，但望阁下对于民事之计划得获良效也。刻下，所有中国茶叶商会一切提倡鼓吹之进行以款项支绌毫无进步。吾人观于此举，曾呈请中国政府拨款资助，已蒙允助一万二千两。惟迄尚未将款交来，将来收得此款时，虽属为数太微，然亦胜于无也。敝行茶叶部克罗斯维君对于茶叶情形现有报告，谅为阁下乐闻用，特附录如下。

运叶出口，其出口税及厘金应减若干一节，殊非吾人所能提议。吾人只知如欲维持茶叶，则须将所有税厘一律豁免，倘不能一律豁免，则应减至最低之数。减税三年，至俄国茶业恢复从前状况时，别有数种中国茶叶得获维持原状，不致绝迹于市面耳。吾人日昨与上海茶叶会会长晤谈，据称，该会曾数次向政府声明，应将所有茶出口税厘一律豁免，否则茶叶萧索，无税可征。吾人亦赞成此意，盖此时减税实属于事无济，将所有税厘暂时一律豁免方可挽救也。关于厘金委员不愿将茶厘豁免一节，茶业会会长以为，大总统应能责令遵办，但吾人对于此说不能妄加议论。一九一五年茶出口加增原于所减些微，微出口税无与所增者，只红茶一种，皆因下

列之种种原因有以致之。欧战起时，俄商已在汉口购订该季所需之茶，交价手续亦经妥订。是时，印度茶商尚未发行，俄人已不知欧战有何影响，不愿冒险投资。数月之后，半因俄国禁酒，半因军队销茶颇多，茶叶因而发达，存茶渐形缺少，急须向最近市场订购以补不足。于是俄商在汉口订购大批茶叶，同时又在加尔克容（印度首府）及可伦坡（锡兰海口）购茶，致令茶价增涨。英商以有利可图，亦在汉口订购工夫茶，是一九一五年茶出口之增加职是故耳。中国红茶之现在情形，现在俄人只购些少红茶，供西伯利亚之用，此外绝无交易影响于现在及将来之茶业至巨。故于与俄商交易尚未恢复之前，中国政府应亟设法维持现状。盖此时中国茶商不愿入内地购茶，而种茶之人对于所有茶树虽无据根之念，然亦置而不理也。福州及九江茶（即祁门及宁州茶）所受影响不若汉口茶出口之巨，因汉口茶大都系运往俄国销售，前两季之九江茶及汉口茶泡制不佳，但福州茶则不然，其成色仍甚佳美。有种茶叶似于未售与中国茶商之前，经以水灌注加重分量，此种制法以湖南茶以为最著，以致以开水冲时，颜色黑暗不明。吾人恐除宜白一隅外，其余各地皆以此，其结果中国茶渐不为外人所欢迎耳。本季之祁门茶采摘稍迟，以致叶大而其味亦不若往常之佳美。中国茶商意以洋商不愿出高价购好茶，不知中国如此制茶减低成色，实为外人裹足之原因也。

中国红茶之于伦敦市面。英国对于中国及爪哇茶征入口税一先令，对于本国属地产茶征税十本士，实于中国茶之在伦敦销流无甚影响。照现在之情形而论，即使同一税率，恐中国之红茶亦不能与印度及锡兰之茶竞争，其税率每磅茶只差二本士，即每担茶差银四两耳。查上等祁门茶之销售与伦敦者，其分量向例不过一百万磅，只此贸易因税率之差异稍受影响。中国中等红茶运往伦敦者，近二十年以来为数甚微，盖不能与印度及锡兰茶竞争也。中国之次等红茶，英国茶商只购为参杂别种茶之用，以减低茶价。但次等印度及锡兰茶价如系六本士，则中国次等茶价虽低四本士亦无人承购，因英人视六本士之价已甚低廉，次等印度茶价如系八本士，则六本士之次等中国茶有人承购。次等印度茶价愈高，虽与中国茶价相差不过二本士之数，而承购中国次等茶者必愈多。次等印度茶在伦敦现在之价约值九本士，曩昔中国次等茶价如系七本士或七本士半有人承购，惟现时加税二本士，则须低至五本士或五本士半方有人承购。闻现时次等中国茶价与次等印度茶价无甚高下，但非由英国承购出此高价，云以自下之船费及汇水计算。次等中国茶在伦敦船上交货，计价不能少过十本士半，是该茶运往伦敦销售一节已不成问题，虽尽将税厘豁免，亦不足以恢复该项贸易。但茶之运往伦敦，转运出口至欧洲大陆，如荷、丹、德等国者，则又情形有别。此项贸易无因莫属产茶享受优待税率之障碍，惟将来协约各国政府将限制章程取消后，该项贸易易否发达尚有疑义。现在伦敦存贮各种茶以待时机者为数甚巨也，瓜哇及别国红茶之成本甚轻，其出产之数亦逐年增加。中国次等工夫茶，吾欲与之竞争殊不易，易幸福州茶有为欧洲大陆所欢迎者，该茶有特别味，足以维持其地位，若再豁免税厘则更无论矣。汉口茶特合于参杂之用，如非索价低廉，则恐欧洲大陆无人愿购也。

俄国茶叶情形。湖南、湖北两省之茶大多数系运往俄国，为参杂印度、锡兰、爪哇等茶之用。故俄国方面实于汉口附近一带之茶关系至巨。欧战以前，祁门茶为俄商购去者计占全数百分之八十分，现在中国存有此种茶甚伙计开。

一九一八年之汉口茶七万五千半箱；

一九一九年之汉口茶十三万半箱；

一九一九年之祁门茶四万五千半箱。

兹以俄人不订购殊无销路，倘不能于下季茶市之前将该茶售去，恐汉口中茶商不再经营茶业，而一经办到此后难复原状耳。及至俄国恢复茶叶原状时，则恐全球之茶亦不足以供俄国之需。吾人以为中国红茶虽较昂于印度及锡兰茶，俄国必仍愿继续订购。某俄国巨商云：本行目标以维持中国茶为主旨，以免印度、锡兰、爪哇等茶垄断市面云。中国之绿茶，此种茶具有特别性质为别国所无，不独能维持其地位，且应可扩张贸易。若一旦税厘豁免，成本减轻，其营业必蒸蒸日上。欧战以前，此项绿茶输出美国、北非洲及中亚细亚等处，为数所差无几。美国约占一千三百至一千五百万磅，北非洲约占一千一百至一千二百万磅，中亚细亚约占九百至一千一百万磅，共约三千五百万至三千六百万磅之数。美国此次贸易因有日本绿茶之竞争，而锡兰茶商会种种鼓吹亦有影响，恐有减色之虞。但美国茶商会无论对于何种茶皆拟提倡劝人多购，北非洲绿茶贸易之盛衰，恒以土人有无财力购置为标准，故该处禾稼收成佳否于茶叶必有关系，该地只用绿茶一种而已。中亚细亚除阿富汗及波斯南部外，近两年以来已无运输，皆无茶输入。一俟交通较便时，绿茶贸易必至发达，中亚细亚居民只用绿茶一种。欧战之前，锡兰曾以机制绿茶运往，第以制茶之费加重，而订购者寥寥，锡兰种茶者遂不特加注重，而中国绿茶得维持其原有地置矣。

茶叶统计表列下：

| 英国茶 | 1915年运出之数 | 1916年运出之数 |
| --- | --- | --- |
| 全年出口自4月1日至3月6日由加尔克达等处运出 | 31180万磅 | 26300万磅 |
| 又自1月至12月23日由印度南部运出 | 1850万磅 | 1430万磅 |
| 又自1月1日至12月31日由锡兰运出 | 19410万磅 | 18710万磅 |
| 总数 | 52440万磅 | 46440万磅 |

| 爪哇茶 | 1915年运出之数 | 1916年运出之数 |
| --- | --- | --- |
| 全年运往荷国 | 4140万磅 | 3280万磅 |
| 又英国 | 3700万磅 | 2400万磅 |
| 又俄国 | 1680万磅 | 2580万磅 |
| 又奥国 | 800万磅 | 670万磅 |
| 又坎拿大及美国 | 140万磅 | 70万磅 |
| 又星加坡 | 200万磅 | 50万磅 |
| 又其他各地 | 500万磅 | 750万磅 |

| 中国工夫茶 | 1915年至1916年 | 1916年至1917年 | 1917年至1918年 | 1918年至1919年 |
| --- | --- | --- | --- | --- |
| 全年由汉口上海运往伦敦 | 1100万磅 | 660万磅 |  | 680万磅 |
| 又美国 | 620万磅 | 780万磅 | 1050万磅 | 100万磅 |
| 又俄国 | 4740万磅 | 3400万磅 | 2650万磅 | 350万磅 |
| 又欧洲大陆 | 50万磅 | 60万磅 | 100万磅 | 90万磅 |
| 又澳洲 | 60万磅 |  |  |  |
| 总数 | 7570万磅 | 4540万磅 | 3800万磅 | 1220万磅 |
| 全年由福州运往伦敦 | 940万磅 | 710万磅 | 20万磅 | 250万磅 |
| 又别处 | 1610万磅 | 1330万磅 | 810万磅 | 350万磅 |
| 总数 | 2550万磅 | 2040万磅 | 830万磅 | 600万磅 |

《安徽实业杂志》1919年续刊第27期

## 农商部训令第一〇七二号令安徽实业厅茶业试验场以祁秋两总区改为第一、第二分场除分别咨令照准外仰知照由

案，据茶叶试验场呈称，查皖省补助祁秋总分区经费原列场费预算以内，早经部呈准并咨省照办在案，所有补助祁秋总分区培种茶树事务亦由场兼办。前于祁秋两县各设总区一处，并多设分区，以图推广。现查祁秋两总区所开山地各约百余亩，茶树各约万余丛，实有分场基础。惟分区散在各处，区域较广，监察难周，不克与总区一致进行。兹拟就祁门总区改为第一分场，秋浦总区改为第二分场，所需常年经费即以皖省补助总分区款项下每年银洋五千八百零八元之数分别预算，自十月起核实支销。期于节省经费之中，仍收一致推广之效等情。到部查该场请就祁秋两总区改为第一、第二分场，自系为推广进行，便于管理起见，既于经费预算毫无变更，应即准予照办。除已由部核准并分别咨令外，合行令仰该厅知照此令。

《安徽实业杂志》1919年续刊第28期

## 安徽实业厅训令第　号令桐城、青阳、霍山、歙县、贵池、泾县、休宁、绩溪、铜陵、石埭、秋浦、祁门、太湖、黟县、宁国、广德、舒城、旌德、婺源、太平、宣城、郎溪、六安、霍邱各县知事奉部令出洋华茶准免各税通饬遵照由

案奉，农商部训令内开，案查部处会呈请将出洋华茶自民国八年十月十日起，暂准豁免海关税二年，内地一切税厘一并核减五成一案，于民国八年九月二十七日奉大总统指令，准如所拟办理，即由该部处通行遵照此令等因奉此，并准财政部咨达暨税务处。咨称自本年十月十日起，所有华产之茶叶、茶砖、茶末等类，凡报运出洋者，应纳之海关正税概予豁免，以扣足二年为限。其用三联单入内地采买之各

种华茶运抵通商口岸时，应完海关抵补内地税厘之半税，并即比照减征内地税厘五成办法，按半税之五成核收。间有由此口转彼口方报运出洋者，其免税手续暂参照民国三年茶叶减税案内所订各办法办理。倘该办法或遇有窒碍之处，随时由总税务司另拟办法呈处核定。除照录原呈令行，各关监督并总税务司转令，各关税务司遵照办理外，咨请查照等因查此案。前经本部咨行财政部税务处会拟办法议决具呈，业已分别咨令、转访茶商，就茶树栽培、采摘、焙制、装潢各项切实研究改良在案。除分行外，合亟照录原呈令，仰该厅转饬遵照此令，并奉发附件到厅合行检同。原件抄登公报，令仰各该县知事即便转饬各茶商及各茶业团体一体遵照此令。

附录原呈：

呈为会拟分别减免出洋华茶税厘以维茶市而恤商艰，恭呈仰祈钧鉴事。窃据上海茶商陈兆焘等呈称，近由在沪业茶英商转知英京来电，英政府已决定实行优待印锡等茶，每磅征收入口税十便士，华茶照旧，每磅征收入口税十二便士。照目下磅价计算，华茶一担比较印锡茶一担实多税银四两八钱有奇。华茶税重，束手不办，现在俄乱鼎沸，积滞已多，又绝入英之途，则华商势惟坐待其毙。年来受欧战影响，华茶山价已减至无可再减，即焙制、装箱、起运诸费无一不撙节开销，然犹不免于折阅者，直由国内税厘加重成本为一亏蚀之因。再四集商，不得不陈请政府俯念商艰，豁免出口华茶国内一应税厘，俾可卖竞稍挽利权等情。正核办间，复准湖南省长咨称，案据驻汉六省茶业公会代表龚璜滨以维持国产，减轻茶税以挽利益等情，具呈到署。查茶市停顿，产额日微，国计民生影响綦巨，自然积极维持，设法提倡，不足以角逐商场，挽回权利。据呈咨请会核见复等因前来，查茶叶一项向为我国出口大宗贸易，近自欧战影响所及，销路停滞，输出之额因之锐减。证以总税务司之报告暨海关贸易册所记载，一九一五年以迄一九一八年，华茶由沪、汉运往伦敦者，自七千五百七十万磅减至一千二百二十万磅。由福州运往伦敦者，自二千二百五十万磅递减至六百万磅。向之年收税银百五十六万者，今且不及百万。现时，汉口、祁门等处停滞未售之茶尚有二十五万箱重，以印锡等茶之竞争，此后茶市销况更将不堪。设想倘不为之设法维持，匪独华茶无可征之税，且恐转予洋茶以乘间输入之机。部处往复咨商以为际，此商战之秋，外人方本其保护贸易政策，减轻印锡等茶入口关税，在我即未便。长此因循，致令茶商歇业，国税逐渐销蚀于无形。拟自本年十月十日起，凡出洋华茶应纳之海关税暂准豁免二年，所有此项出洋华茶，内地一应税厘亦予一并核减五成，以示提倡其在内地。销售之茶仍按旧章征收，不得援以为例。当经提交阁议佥谋佥同，抑更有请者，近年华茶衰落之原因固

由税厘重叠，成本加重，亦以制造不良，成色欠佳，遂致不能与印锡等茶相竞，非及时责令茶商改良焙制不足以图补救。此次会拟核减华茶出洋税厘办法如蒙。允准拟即由财政部税务处通行各省关厅遵照，并一面由农商部令饬各省茶叶公会，转令茶商锐意改良，以策进步而挽利权。所有会拟分别减免出洋华茶税厘缘由是否有当理合呈乞。钧鉴训示遵行再此呈，系财政部主稿会同农商部税务处办理合并声明谨呈。

《安徽实业杂志》1919年续刊第28期

## 农商部批第一二四四号批佘桂攀前据呈控祁门茶税局私设分卡一节兹准安徽省长咨据财政厅呈复业饬裁撤批仰知照由

前据呈请，咨查祁门茶税居抽收毛绿茶税捐等情，当经分别咨令转行查明并批示在案，兹准安徽省长咨称，准咨经饬财政厅去后据称，前据该商径呈到厅，当经令饬祁门茶税局迅将私添华硚等处分卡裁撤，呈请核咨等情，咨请查照等因到部合行批示知照。此批。

《安徽实业杂志》1919年续刊第28期

## 安徽省长公署咨第　号咨据实业厅呈据第一茶务讲习所呈称皖茶销路以俄为最祈鉴核转咨减轻进口关税由

为咨请事，据实业厅高炳麟呈称呈为呈转事案，据省立第一茶务讲习所呈称，顷准徽州茶务总会函称，敝会接徽州茶商胡国华自伊尔库次克来函报称，我国茶叶销路，俄国约为五百分之六十，而徽茶实占百分之八九十。前年与俄断交，禁止运货茶叶一项大受影响，旧虽弛禁而俄乱未已，销俄之茶仍是堆积如山，无人过问。考其原因，一由于俄税太重，查茶叶为卫生要品，且充军用，原非奢侈品可比，俄国开税竟抽值百之四十，较之我国值百抽五之税，则已大悬殊，且闻将继续增加至值百抽六七十之税，更属不堪。一由于价由关定，查茶叶抵俄，均由关上定价，其

所定者，系以罗布计算，罗布一落，则售出之茶往往大受暗亏，以致华俄茶商毫无把握，均思辍业。切思徽茶销路以俄为最，俄既有种种阻碍，则徽茶之受困何可盛言？计惟有设法吁求政府与俄交涉，减轻茶税，价由商定，以图挽救耳。爰请贵总会一面据情上达，请外交部转驻俄公使提出交涉，一面示知国华俾就近详呈公使及各地驻在领事，期茶业得恢复数年前之原状，而屡遭创败之茶商或可出水火而登衽席也等情。据此查徽州红绿两茶之销路，以俄为大宗，俄国滞销，徽茶受困，贵所设立徽境，徽商咸望提携，除由敝会径电外交部外，特具函请贵所转呈实业厅转呈农商部咨外交部转达驻俄公使向俄交涉，减轻茶税，价由商定，其有不尽详情，有茶商胡国华现寓伊尔库次克，请公使就近召问，更无隔阂等因准此。查徽州红茶及绿茶之熙春销于俄国为数最巨，俄国滞销则徽茶之营业殊为棘手，而利源益深，窒碍之虞所有。徽州茶务总会函请转呈，缘由埋合，据情备文，呈请伏乞鉴准，迅赐施行等情。据此查皖茶之国外贸易，本以俄国销路为最，若进口关税过重，于吾皖茶业前途不无影响。据呈各节尚系实情，除指令外，理合具文转呈，仰祈鉴核俯赐转咨，实为公便谨呈等情。据此，除指令外，相应咨请贵部，请烦查照转咨并希见复，实纫公谊。此咨。

《安徽实业杂志》1919年续刊第30期

# 华茶今昔之盛衰

美国驻华商务参赞安立得原稿，谢恩隆　译

夷考华茶销售于世界，其起源实基于西历一千六百七十八年即康熙十七年，英国东印度公司由华运英之四千七百十三磅华茶也。其时不过为试办起见，在各人心理，皆以此为药品之用而已。厥后英人运售华茶，年盛一年，渐增至二万万磅。其中一万万磅，销售于英国，其余额则代运至各国销售者也。华茶出口最盛之时，为一千八百八十六年即光绪十二年，其额为三万万磅。

迴思一千八百三十八年即道光十八年，印度即有自种之茶，运往伦敦销售，迨至一千八百六十年即咸丰十年则增至一百万磅，故在一千八百六十年以前，华茶盖供给全世界之需用云。

## 一、华茶之兴败

再过五年，华茶销路，仅占世界用茶额百分之九十六，其余四分，则为印度、爪哇夺去已。

关于印茶之发达，有一触目警心之事，其事维何？厥为一千八百八十八年即光绪十四年，为印茶输入英国五十年纪念之大庆祝，其实印度及锡兰茶已占英国入口茶额百分之五十强矣。嘻，向来称雄于世界之华茶，今于无形之中，已为印锡两处夺去过半，自此以往，印茶出口年盛一年，而华茶之销路，则有江河日下之势。迨至近年，则更萎靡不振矣，即如一千九百零五年即光绪三十年，英国所销华茶，不过六百七十万磅，只占英国销茶总额千分之二十五，而印锡茶之发达，骎骎乎占有全英，而华茶几至无立足之地矣。

印锡茶叶之兴盛，已如上述，而同时又有后起之爪哇焉。查现时该地出口之情形，不久必达至一万万磅之数，他如濠州，前时向用华茶，今又改用印锡茶矣。

## 二、中国之洋茶进口

由是观之，前后不过四十年间，华茶已为印锡完全夺去，然此犹不足为奇，查海关贸易册，中国每年竟有印锡两处之茶入口，殊可为惊，且其数亦非甚少，已达二千五百万磅至三千万磅云。（华茶输入英国前谓六百七十万磅，而印锡输入吾国，竟有二千五百万至三千万磅之多，出入相衡，岂非吾国少二千万磅乎？）

由是言之，吾人莫不羡慕英人之业商者，具有莫大之团结力，以致印锡之茶发达至此。反观中国，又不禁叹华人之散漫，而有互相争妒之性质也。虽然，据深浅茶业中人言，华茶特具有天然美质，实无伦比云。

业茶之华人，今日亦知现时所处之危险形势，从此振刷精神，认真改革，十年以后，或者华茶复兴，而增数千万元之出口，亦未可知。查美国某种禁令，将来实行后，自必影响全球，而茶料之增销，亦意中之事，苟业茶者乘此时机，力图振奋，华茶出口，当能增加二三倍也。

## 三、华茶类别及产地

（甲）红茶。

（子）产地：安徽省祁门，江西省宁州、武宁，湖北省崇阳、杨楼洞、通山、宜昌，湖南省安化、醴陵、聂家市、浏阳、湘潭，福建省建宁、建阳、水吉。

（丑）红茶之字号：珠兰、花香、包种、白毫。

（乙）绿茶。

（子）产地：安徽省婺源、屯溪、徽州，浙江省平水、湖州、温州。

（丑）绿茶之字号：寿眉、小珠、元珠、熙春、嫩熙春、熙春皮。

### 四、中国植茶法及国外贸易情形

中国农夫，恒为小农，植茶者非如卢从愿之多田，能种茶田十顷，地连阡陌者，不过普通农家，特藉种茶为其副产品而已，摘茶者恒为妇女，年仅三次，摘后曝于太阳，使其干晾，然后再行火焙。其绿茶制法，系当茶叶摘下之后，即在锅内炒过，然后用手搓揉，使断叶筋放出酸汁，而后立即干晾。其红茶制法，大概其火焙与干晾法较久。若持华茶与印锡茶比较，印锡茶则能用机器搓揉，而华茶之细嫩，实非机器所能搓揉，其在乌龙茶，尤非人力搓揉不为功也。

红茶出口之地为汉口、九江，绿茶出口之地为上海、杭州、宁波、九江、汕头等处。福州则为乌龙及红茶出口之地焉。一千九百十七年即民国六年华茶出口，共计一万万五千万磅，价值在三千万两，此为历年华茶出口最低之数目也。查华茶在中国数十年来，为出口最大宗之产品，今则竟落至第三地位，丝业居第一，而大豆一跃而居第二之地位焉，且不久棉花及皮革油料，亦不能望其项背矣，业茶者颇知茶业失败之危险，若再不求改良之法，又不固结团体，则茶业前途，终属无望矣。

《农商公报》1919年第6卷第1期

## 令安徽实业厅第一〇七二号九月二十九日茶叶试验场以祁秋两总区改为第一、第二分场除分别咨令照准外仰知照由

案，据茶叶试验场呈称，查皖省补助祁秋总分区经费原列场费预算以内，早经部呈准并咨省照办在案，所有补助祁秋总分区培种茶树事务亦由场兼办。前于祁秋两县各设总区一处，并多设分区，以图推广。现查祁秋两总区所开山地各约百余亩，茶树各约万余丛，实有分场基础。惟分区散在各处，区域较广，监察难周，不克与总区一致进行。兹拟就祁门总区改为第一分场，秋浦总区改为第二分场，所需

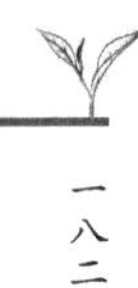

常年经费即以皖省补助总分区款项下每年银洋五千八百零八元之数分列预算，自十月起核实支销。期于节省经费之中，仍收一致推广之效等情。到部查该场请就祁秋两总区改为第一、第二分场，自系为推广进行，便于管理起见，既于经费预算毫无变更，应即准予照办。除已由部核准并分别咨令外，合行令仰该厅知照此令。

《农商公报》1919年第6卷第3期

## 咨湖南、浙江、湖北、安徽、江苏、福建、江西省长第二三七三号六月十六日呈准减免出洋华茶税厘一案通行遵照由

为咨行事案查部处会呈请，将出洋华茶自民国八年十月十日起，暂准豁免海关税二年，内地一切税厘一并核减五成一案，于民国八年九月二十七日奉大总统指令，准如所拟办理，即由该部处通行遵照此令等因奉此，并准财政部咨达暨税务处。咨称自本年十月十日起，所有华产之茶叶、茶砖、茶末等类，凡报运出洋者，应纳之海关正税概予豁免，以扣足二年为限。其用三联单入内地采买之各种华茶运抵通商口岸时，应完海关抵补内地税厘之半税，并即比照减征内地税厘五成办法，按半税之五成核收。间有由此口转彼口方报运出洋者，其免税手续暂参照民国三年茶叶减税案内所订各办法办理。倘该办法或遇有窒碍之处，随时由总税务司另拟办法呈处核定。除照录原呈令行，各关监督并总税务司转令，各关税务司遵照办理外，咨请查照等因查此案。前经本部咨行财政部税务处会拟办法议决具呈，业已分别咨令、转饬茶商，就茶树栽培、采摘、焙制、装潢各项切实研究改良在案。除分行外，相应照录原呈，咨行查照饬属遵照此咨。

《农商公报》1919年第6卷第4期

# 咨安徽省长该省议会对于茶税既拟有改革办法究竟能否裕课恤商易于整理之处应由该财政厅长再加审核商承贵省长酌夺办理文

四月十二日

为咨复事，准咨开省议会建设整顿皖南北茶税办法，请查照施行，并提出质问，请即答复一案。经令行财政厅议，复以省议会所拟改革办法，系从根本著手，责权既专，整理较易，惟事关大体改革，应咨部奉准，既由厅拟具详细规章，秉承训示办理等情。查从前皖南北茶税办法，所以整饬财政，顾恤公家，原无不至，乃如省议会咨称各节，似皖商即因此受种种困苦，国库无补，弊害徒增。兹为利害两权，如其疲敝商民，终与税收有碍，何如稍增支出，使商艰不至无告，即间接有益税收，请核复以凭转饬办理等因。查整顿茶税，本系国家财务行政之一端，其税收之盈绌，商民之损益，全在征收人员悉心筹划，方足以觇得失。皖省茶税，从前呈准裁撤南北两总局，改设总稽查，及裁并流波疃各局办法，原为收入支出兼筹并顾起见，现在省议会对于茶务，既拟有改革办法，究竟能否裕课恤商，易于整理之处，应由该财政厅长再加审核，商承贵省长酌夺办理，相应咨复查照，并希见复可也。此咨。

《财政月刊》1919年第6卷第65期

# 一九二〇

# 己未年各业盈余之调查（五）

…………

茶业去年各国汇票先令奇长，是以对外贸易洋商各行，均束手停办。或稍购数种，应市价格，因此奇贬。冬间竟较五六月时，跌去十两至三十两之多，而又以珠茶跌价为尤甚。现调查绿茶存底有十万余箱，祁门红茶亦受汇票之影响，存底亦有七八千箱。是以各栈存货多者，无不亏折。至年底结账，获利者仅谦泰昌、恒记、洪源永等，余二万金，余皆平平。有某某两栈，今春尚拟改组，故新正未正式上市。

…………

《申报》1920年2月27日

# 农部茶业试验场茶叶品评会纪

祁门县农商部所设茶业试验场，于本月十八日开第二届茶叶品评会。该场场长邓惠植，于皖赣二省产品，尤为注重，于三月前，油印章程，分函祁、秋、浮、修等县知事，及各茶业团体，广为劝导，竭力搜集。故该二省茶品，征集尤多，会场即设该试验场内，遍悬灯彩，并以茶叶制成联语，中嵌松。……

《申报》1920年5月28日

# 西报纪红茶市况之恶劣

字林报云：祁门新茶于五月二十五日起，陆续来此，现计市场共有三万五千小箱。六月二日始开市，售去七百小箱，价自三十六两至四十五两不等。但市面并无真正需求，一俟精选之茶零星售去后，茶价尚须低落，收获似较去年为少，约有七万小箱。宁州茶到沪者，仅有三种牌号，茶质尚佳，收获亦少。连九江茶在内，约一万五千小箱，去年则有三万三千小箱也。杭州茶尚无所闻，收获亦不多，不逾十

万小箱，去年有十四万小箱。若在一九一四年，则有四十万小箱。

统全盘言之，中国红茶之前途，从未有如今日之恶劣者。去年底，印度、锡兰价格涨起，故中国各种茶叶，颇有投机性质之需求，预料欧洲与俄罗斯需茶必多。讵知此种希望，迄今尚未实现。然伦敦因此存茶极多，自一月七日至四月七日止，各国运至伦敦之茶，共有一百七十万件。而伦敦正经货栈，则仅能容七十万件，故有三十三万件，堆存于旧式货栈，其中看样过磅等事，无从施行，茶即售去，亦不能提货。运茶入口者，惟有到期应付汇票，而无将茶变价之机会也。又有四十三万件，分运存他岸，余者则无处堆存，存茶既多，而金融又紧，伦敦茶价乃大跌落。普通印度、锡兰茶，去年十一月售价一先令六便士者，今仅售八便士耳。中国普通红茶，存于伦敦计有一千三百万磅，遂莫可销售，故前途气象甚为黯淡。纵使伦敦存茶，逐渐售出。

然欧洲与俄罗斯大局未定时，茶市终无真正进步之望。若俄罗斯果复为茶叶大买主，则茶市必大兴旺，而世界所产之茶，将悉数有人需求之矣。试就英国而论，英国销茶确已增多。一九一三年六月初至十一月底，销茶一百五十四兆磅。而在去年同时，则已增至二百十八兆磅。盖零售店铺，存货早罄，故购进以补缺乏。再，劳动界工资渐优，生活程度较高，销茶亦因之而增也。但在目前，俄罗斯不入市场，故世界茶叶供逾于求，俄国不独不购进茶叶，且反将茶叶运往他国。上海近有大批红茶，由海参崴运来，复有若干直接由海参崴运往伦敦。此项茶叶，系俄国某茶商之物，因海参崴当道将没收私人所有货品，故不得不运往他处，以保全之也。俄国将来必有为茶市中重要主顾之一日，此固无待疑问。但中国红茶贸易，能否有否极泰来，迎合俄国需求之一日，则不无疑义。然此惟在中国改良其茶质，茶价俾与他国茶叶竞争于市而已。

《申报》1920年6月5日

## 中华民国八年通商海关各口全年贸易总论

录《海关贸易册》

本年绿茶出洋二十四万九千七百十一担，红茶二十八万八千七百九十八担，较上年大为加增，只以俄国销路断绝，出口之货，除上年外，以本年为最短。兹查得民国八年至九年，贸易情形如下。

九江汉口红茶，八年至九年之不佳，几与七年至八年相等，益以俄国往来贸易，依旧未通。其他市场即极少之数，亦不克吸收之。伦敦限制华茶入口之禁令，本年早已解除，但华茶在英销售，较英属所产之茶，未免吃亏。因华茶每磅需纳税一先令，英茶只纳十便士，嗣以华茶公会，得中国商人之扶持，毅力进行，于本年十月十日起，蒙政府允准，豁免出口税两年，厘金亦减轻一半，甚望将来出口税，不再征收，以及厘金全免。本年茶之销场既少，出产因而亦少，所得之价，山家亏折甚大。祁门茶系中国著名出产，尤属不幸中之大不幸，将来国外销路，如不能售得较高之银价，则山家之种植，只得求其足敷国内自用而已。□或□种他类物产，祁门茶出口约四万担，质地佳美，第因漫不经心，货色不齐。此等情形，于制茶之时，确须加意。产区价值，虽与上春不相上下，而山家已亏银，约十五万两。宜昌境内出产未增，其数仅有千担。宁州暨武宁茶，出口之数短绌，只有一万五千担之谱。产区价值，较上春无甚轩轾，质优叶劣，山家约损失八万两。两湖茶出口约六万五千担，质地尚属中平，惟制法欠善，采摘复又过时，山家约受十五万两之亏。

汉口现尚存有七年至八年之茶三万担。八年至九年之茶一万五千担，迄今销场绝少。红茶之二茶，仅出三千担，以上海为市场，仍如往岁，非待至俄国复来购办。上海似将仍为北方茶贸易之中心点，宁州植茶公司，以新法种植。今春产出好茶七十担，每担售价四十两，大概七八年后，出产当可极旺，每春计算，可得五千担。今春绿茶出产十九万三千担，较上春十八万四千担，略见加多。熙春茶则大减，上春有三万担，今春只有一万七千五百担。如此少数而在销场之上，仍觉甚多。上海存有一万担之谱，目下似难售出，假使北非洲销场，果能起色，此项存货，当可改制小珠等茶，以期合销。平水茶收成七万担，上春六万五千担，产区价值较上年减二成，质地大都恶劣，运往美国及加拿大，仍较上年略为加多。但上海尚存一万担，因上年下半年，美国市场不振，迄未复原，以致山家亏折约有三十万两之多。绿茶运往欧洲及北非洲，其数超过上春甚巨，现在已有一千万磅，上春不过二百五十万磅。更望北非洲绿茶销场推广，则出产之加多，可以供其应用。

综计上年出洋茶数，英国绿茶占有六万九千四百一担，红茶占有十三万七千六百八十四担，实为近年来无与比伦之数。法国绿茶占有五万三千六百三十二担，红茶占有七千八百八担。美国绿茶占有七万二千九百三十一担，红茶占有一万五百十四担，内有红茶二万二千担，系由陆路及太平洋各口运往俄国。特恐运到者甚鲜。(未完)

《申报》1920年6月26日

# 祁门红茶拆沽

祁山乌龙红茶，香色味均称优胜，向来洋商争购，趸贩外洋，从无在上海零拆售卖者。兹因旧今俄路阻滞，愿将自办红茶减价，不拘箱数，就沪拆售。凡各茶楼、旅馆、西餐馆、游戏场、各庄号、公馆，均极合用，尤为无上礼品，特请各界注意，速来购办，幸勿失此机会。如蒙赐顾，请驾临北河南路景兴里恒记茶栈，或火车站界路转角肇新茶栈内定购，均可价目划一，丝毫无欺，每箱约重五十斤，价目如下。上上红茶，每箱元十二两；中上红茶，每箱元十两；中等红茶，每箱元八两五钱。恒记茶栈启。

《申报》1920年8月19日

# 今年出口之华茶

今年各业市面之疲，纱布之外，首推茶丝，汇水涨落不定，及欧美经济现状之恐慌，实为洋庄销路不振之最大原因。兹据专做洋庄生意之茶栈消息云，本年第三季中，出口运往国外之华茶，共计五万零二百五十二担，其中红茶销路尤疲，仅七千六百九十担之谱。绿茶因美国平水茶之需要稀少，输出数额亦大不如前，计仅四万一千三百八十余担。其他因俄国交通之未复，故茶砖、茶末、茶梗等，输往该数国者，亦已锐减，仅一千一百余担云。

细考今年茶市之状况，要以销美平水绿茶销场为最疲。祁门红茶，因向来销场最畅之英国，毫无动办，故本埠存货亦甚厚。查平水茶本年到货已有十万零九千余箱，而销去不及三万零二百箱，本埠存货，目前计不下七万八千八百余箱云。其余珠眉等上等绿茶，闻到货有六万七千余箱，而销去亦仅一万二千余箱，不及一半。本星期因汇水之低，故尚有洋庄成交，约计五千八百箱之谱。惟杯水车薪，何济于事。今汇价已渐涨高，虽不至于过昂，然难望其再达四先令之率。是出口货再不活动，恐将即此一蹶，不能复振矣。

《申报》1920年12月19日

# 咨安徽省长第二五二号一月十八日茶叶试验场请将第一分厂改设西乡历口业经核准咨行查照由

为咨行事，据茶业试验场呈称，第一分厂原拟就祁门总区改设，因该区土质不能适用，并无平地可作苗圃，现就历口附近，勘定地址一处，计平地三十余亩，山地一百九十余亩，年需租金洋约四十元，地点适中，颇为合用，拟将总区地亩退租，另租此地，改设第一分场。除分呈外请鉴核等情，查该场因祁门总区土质未尽适用，另就历口附近堪租地亩，设立第一分场，自系为植茶便利起见，业经核准照办，除原文既据分呈，不另抄送并分行外，相应咨行贵省长查照此告。

《农商公报》1920年第6卷第7期

# 安徽茶叶之调查

北京实业周刊

皖省素为我国产茶最著名之区，每年运销外洋及各省为数颇巨。兹将调查之情形，分述如后，以供国人之参考焉。

产地：安徽全省产茶地方，皖南在徽宁池广，皖北在六舒霍。皖北之茶行，销直鲁豫鄂等省，皖南之茶行，销外洋居多，行销国内次之，其行销外国之茶，限于徽州池州两属，而徽池又分祁门秋浦为红茶区域，婺源休宁歙黟等县为绿茶区域。

销数：皖南销外洋茶，每年约十四万担，销本国茶，每年约四万担，皖北销本国茶，每年约七万担，兹将近五年适中数列表如下。

**皖南各地茶平均数目表**

| 地点 | 销外洋/担 | 销本国/担 |
| --- | --- | --- |
| 休宁 | 48110 | 900 |
| 婺源 | 39460 | 无 |
| 祁门 | 20000 | 9500 |

续 表

| 地点 | 销外洋/担 | 销本国/担 |
| --- | --- | --- |
| 秋浦 | 5800 | 3600 |
| 歙县 | 24860 | 2000 |
| 铜石 | 无 | 5330 |
| 宣郎广 | 无 | 7240 |
| 泾太 | 无 | 13200 |
| 总计 | 138230 | 41770 |

**皖北各地茶平均数目表**

| 地点 | 销本国/担 |
| --- | --- |
| 麻埠兼流波疃 | 21500 |
| 两河口 | 6750 |
| 毛坦厂兼兴儿街 | 9500 |
| 霍山兼诸佛庵 | 8950 |
| 管家渡兼舞旗河 | 13500 |
| 八里滩 | 6750 |
| 七里河 | 2200 |
| 黄栗杪 | 850 |
| 总计 | 70000 |

《农商公报》1920年第6卷第9期

# 茶（五月二十九日）

本星期市上，新到祁门新红茶约二万三千箱，种目计百有余字。此路茶本为华茶中之最优品，闻今春因天气晴暖适宜，茶味更美，惟山价昂贵，成本太高，茶商方面，开价至少五十两，洋商方面，以外国存茶满坑，目下并不需要，是以态度坚硬，还价只肯至高四十二三两，为数相差甚远，目下正在议价，但以记者眼光观察之，祁门之少数高庄茶，将来易于销售，中低庄则难免呆滞，总之外国销场，苟无特别变化。洋庄茶业，其衰落有不堪设想者也。新绿茶旧历月半，亦可到沪，陈绿

茶珍眉，日来仍有零星交易，售价不佳。盖将最近市价列下。

| 牌号 | 茶名 | 产地 | 价目 |
| --- | --- | --- | --- |
| 香记 | 珍眉 | 土庄 | 二十三两 |
| 聚兴 | 又 | 屯溪 | 二十八两 |
| 昌记 | 又 | 又 | 二十七两 |
| 震鼎丰 | 又 | 徽州 | 二十三两 |
| 龙溪 | 珍眉 | 婺源 | 二十五两 |
| 爱香 | 又 | 土庄 | 二十四两 |
| 茂隆春 | 又 | 又 | 二十六两 |
| 馨记 | 凤眉 | 婺源 | 二十三两 |

《银行周报》1920年第4卷第19期

## 茶（六月五日）

日来市上陆续运到新祁门红茶，已达四万余箱，经茶栈与洋商议价十日之久，延至本星期三，始将头盘开出，价至高四十七两，至低三十六两，比之去年相差无几（去年至高四十八两，至低三十八两），但茶之颜色香味等则无不胜过去年。苟市面稍佳，茶价断无不止此，今已开盘四日，计销去之数，不过九百箱，滞呆之象，实属仅见。兹据某英商云，英国存茶，满坑满谷，五个月内，万不能再有运销。俄国内乱未已，德国商务未复，美国丹麦等销场本极有限，而英国现在又不能运销，瞻望前途，真不堪设想也。新宁州市上到有约一千箱，业已开盘，价二十五两，比去年稍低数两，陈绿茶珍眉，尚有零碎交易，价极平平。兹将最近市价，开历于后。

| 牌号 | 茶名 | 产地 | 价目 |
| --- | --- | --- | --- |
| 贡贡 | 新红茶 | 宁州 | 二十五两 |
| 济美 | 又 | 祁门 | 四十五两 |
| 祁珍 | 又 | 又 | 又 |
| 贵红 | 又 | 又 | 三十六两 |
| 大元 | 又 | 又 | 四十七两 |

续表

| 牌号 | 茶名 | 产地 | 价目 |
| --- | --- | --- | --- |
| 亿大 | 又 | 又 | 又 |
| 大安 | 又 | 又 | 四十四两 |
| 元春 | 又 | 又 | 五十两 |
| 贡皇 | 又 | 又 | 四十六两 |
| 仙芽 | 新红茶 | 祁门 | 五十两 |
| 永泰祥 | 绿茶珍眉 | 婺源 | 二十七两 |
| 七碗香 | 珍眉 | 又 | 三十两 |
| 雨香 | 又 | 屯溪 | 二十八两 |
| 祥记 | 又 | 上庄 | 二十五两 |
| 锦春 | 又 | 徽州 | 二十三两 |
| 益美 | 珍眉 | 婺源 | 二十七两 |
| 同丰祥 | 凤眉 | 屯溪 | 二十四两 |

《银行周报》1920年第4卷第20期

# 茶（十一月二十七日）

本星期市面，仍无动机，惟祁门红茶，停顿数月，连日英商行始购去九百多箱，均系高庄货，售价至高三十五两。论其市面，此项货色，在今年六月间当在四十八两左右，若往年则当在六七十两，今则价只如斯，然而市上货色充斥，外国销路未通，到今日有此价值，仍属不易得也。绿茶平水及路庄大盘，依然不动，毫无交易，美国消息沉寂，未悉何日始放转机。日来只有中低庄之珍眉珠茶，略有零星交易，价尚平平，担中高庄之婺源屯溪货，市上业已售罄，来源亦寥寥，因之次等货色，亦多希望将来有转好也。兹将最近各茶市价列下。

| 牌号 | 茶名 | 价目 | 产地 |
| --- | --- | --- | --- |
| 三魁 | 红茶 | 三十五两 | 祁门 |
| 仙采 | 又 | 二十八两 | 又 |
| 同泰 | 又 | 二十七两五钱 | 又 |

续 表

| 牌号 | 茶名 | 价目 | 产地 |
| --- | --- | --- | --- |
| 仙珍 | 又 | 二十五两 | 又 |
| 贡芽 | 又 | 二十七两五钱 | 又 |
| 贡祁 | 又 | 二十六两 | 又 |
| 锦芳 | 又 | 又 | 又 |
| 玉春 | 又 | 二十八两 | 又 |
| 同昌 | 绿茶珍眉 | 四十六两 | 婺源 |
| 益丰祥 | 又 | 三十八两 | 屯溪 |
| 裕康 | 又 | 三十一两 | 徽州 |
| 孙瑞芳 | 又 | 五十六两 | 婺源 |
| 赛群芳 | 又 | 四十一两 | 又 |
| 正盛 | 又 | 三十三两 | 徽州 |
| 震兴隆 | 又 | 五十四两 | 婺源 |
| 天香 | 又 | 五十二两 | 屯溪 |
| 如兰 | 又 | 二十九两 | 土庄 |
| 芝兰香 | 又 | 三十两 | 徽州 |
| 华馥馨 | 又 | 三十二两 | 又 |
| 茂祥 | 又 | 三十两 | 又 |
| 云香 | 又 | 三十六两 | 瑞安 |
| 同福馨 | 凤眉 | 二十六两 | 婺源 |
| 源馨 | 又 | 二十二两 | 又 |
| 第一草 | 珠茶 | 六十五两 | 屯溪 |
| 兰芳 | 又 | 四十三两 | 又 |
| 同发祥 | 又 | 四十五两 | 婺源 |
| 泰兴 | 又 | 四十两 | 又 |
| 聚芳永 | 又 | 三十七两 | 又 |
| 源利 | 又 | 三十六两 | 瑞安 |
| 拱璧 | 又 | 三十三两 | 土庄 |
| 义成祥 | 贡忌 | 二十五两 | 屯溪 |
| 隆记 | 又 | 十六两 | 婺源 |

续 表

| 牌号 | 茶名 | 价目 | 产地 |
| --- | --- | --- | --- |
| 仙芽 | 秀眉 | 十七两 | 又 |
| 永隆 | 又 | 二十两 | 又 |
| 祥馨 | 又 | 十七两 | 又 |
| 永信香 | 又 | 十九两 | 又 |
| 桂馨 | 又 | 二十两 | 屯溪 |
| 玉春 | 又 | 十七两 | 瑞安 |
| 茂馨 | 又 | 十八两 | 婺源 |

《银行周报》1920年第4卷第45期

# 茶（十二月四日）

本星期市面冷静益甚，祁门红茶，交易又止，只有平水销去一千多箱，路庄四百多箱，平水大盘价已落至十八两，路庄熙春低至十六两，且仍少人过问，长此落价滞销，殊不知将来落至如何程度也。现在货积如山，外国销场又无大变动，推测沪市，阴历年内，难望转机，是以近日业茶者无不恐慌，忧形于色。且瞬届年关，将何以资周转，此不免大费踌躇矣。近闻路庄茶商倡起拟联名向政府借款一百万救济市面，已于星期四在茶业会馆集议一次，但国库空虚，政府自顾不遑，未悉此哀求有无效果也。

据时事新报云，行销外洋之红绿茶，今年销路非常疲滞，高货尚可贬价脱售，若中下等货，大有无人顾问之势。迨至近日，此象益甚。所以寓居江西路北京路宁波路等处之茶栈内之浙皖赣三帮茶客，无不忧形于色。凡货不多之茶客，则将其货转卖与本埠各茶叶店，但期脱货求财，虽廉价亦属不计，盖存于洋栈，既需栈租，又需保险费，贱价而售，虽有亏蚀，较之久存，终胜一筹。以故近两月间，市上所开之茶叶店，顿增数家，据业此者言，今年茶叶店无论大小，莫不操胜算，所苦者洋庄茶客耳，此言当不诬也。至于拥货既多之茶客，以洋商既存观望态度，则销路似非一时能畅，转瞬年关将届，株守亦属无益，决将所存于洋栈之茶，听其搁置，待明春再售，倘或遇有善价而购者，则委托茶栈酌卖。因此遂纷纷摒档行装，作归

家之计矣。又据报告云，今年各业市面之疲，殆无过于丝茶，两种洋庄交易，极无生色，英美两方，销路呆滞。兹据本星期消息云，印度茶业公会（设其伦敦）已声明因今年茶市之疲，将实行减少茶之生产，业经大多数伦敦茶商之赞同，近由各茶商开一会议，已议决一九二〇年之产额，较之一九一五年至一九年五年中，将减少百分之九十，一九二一年之产额，则将减少百分之八十云。伦敦锡兰茶商，亦因茶市之疲，仿效印商办法，明年产额，实行减少百分之二〇云，英国本年茶叶消场之少，于斯可见，华茶销路，无怪乎毫无起色也。

| 牌号 | 茶名 | 价目 | 产地 |
| --- | --- | --- | --- |
| 珍眉 | 大盘 | 十八两 | 平水 |
| 芳记 | 又 | 二十两 | 又 |
| 大成 | 珍眉 | 三十五两 | 徽州 |
| 珍芳 | 又 | 四十五两 | 婺源 |
| 一林香 | 又 | 四十七两 | 屯溪 |
| 永芳 | 又 | 四十两 | 婺源 |
| 英美 | 又 | 三十一两 | 徽州 |
| 永祥馨 | 又 | 三十九两 | 德兴 |
| 冰清 | 珠茶 | 三十二两 | 土庄 |
| 龙峰 | 秀眉 | 十二两 | 婺源 |
| 同和永 | 又 | 十七两 | 屯溪 |
| 潘仙芽 | 又 | 十七两 | 婺源 |
| 瑞芽 | 贵熙 | 十六两 | 又 |

《银行周报》1920年第4卷第46期

# 一九二一

## 茶丝两业之窘况

茶商有停业说。近来茶市之疲，历年未有。本埠存茶，竟毫无走动。英美方面，去年运往之华茶，闻尚未销动。故虽汇价低落，绝少动办。去电询问，亦无回音。本埠红绿茶，如大盘珍眉、珠眉、平水绿茶，祁门、两湖红茶，统计全年到货，销去不过二分之一。阳历年关难过，市面尚少起色之望。转眼阴历年关一过，初春新茶上市，到货加多，陈茶若仍不动，市面破裂，更将不堪设想。故本埠茶商莫不异常焦急，以为明年非全体停业一年，使存茶稍稍走动，实不足以挽救市面。闻祁门红茶，因存茶最丰，困难最甚，对于明年罢业之议，大有必欲实行之势云。

…………

《申报》1921年1月3日

## 华茶之悲观

华茶之销行国外者，市面日见衰颓，竟有一落千丈之势。昨日有某茶商谈及茶业之凋敝情形，为记于下。

据云，自俄国内乱起后，华茶销路日少，较之欧战未发生以前，红茶不过十成之一二，绿茶不过十成之三四。经售洋庄之各茶栈及茶号，困苦不堪，停业者已过半数。去年西湖红茶存底，约有十余万箱，洋庄购去一二成，余者均在公司栈房，租金奇重，售得之款，不过抵栈租而已，茶客血本完全蚀去。

又，去年祁门红茶六万余箱，洋商购去约六成，其余四成，均由茶栈于九、十两月间，托洋行寄往外洋代销。其时磅价约八九先令，合申元一两。寄去外洋之茶，合计成本，每磅约一先令八九便士。今外洋之价，每磅只可售八九便士，尚难脱去，加以先令奇缩，历来罕见，亏蚀尤巨。现沪埠珍眉，尚能出销，价较开盘跌去十两之谱。秀眉等亦然，存底约有八万余箱。平水茶价，亦跌去七八两，存数约八九万箱，目下亦无售主。祁门茶共来五万余箱，除售出万余，尚存四万余箱，全然难售。各茶栈垫去茶客之银，为数甚巨，转动不易，加之年关渐近，焦虑万状。上月曾要求政府借款维持，迄无眉目。

目前祁门茶栈，曾在茶业会馆开会集议，决定停办祁茶一年，以图疏通陈茶。所定办法，如有私自接茶（即接茶客之谓）者，罚银五千两。如私自仍做祁茶者，所有陈茶损失，应由该茶栈负完全责任云云。各茶栈均已签押，茶业之消极，可谓达于极品矣。

又一报告云，茶业会馆董事陈兆焘等，前电政府，沥陈茶商困难情形，请准拨公款一百万元，以资维持，至今多时，尚无正式回文。惟闻近日已接某总长来函，大致谓政府垂念商艰，极愿设法维持，当已令财政部向各银行代为商借。无如各银行以金融紧急，无款可借，以致无能为力，心余力绌，请为鉴原云云。茶商得此消息，更为懊丧云。

《申报》1921年1月4日

## 红茶业议暂停办一年之函告

祁门茶业公所昨致上海茶业会馆函云，径启者，敝红茶积年亏耗，损失甚巨，茶商屡议停办，因苦于地方出产与人民生计有连带关系，不得不勉力维持，希冀转机于万一。乃本年春茶运出，延至今日，将近岁暮，已售者不及十成之二三，未售者竟无人顾问。探听前路生意，极形寂静，能否发动，漫无把握。转瞬年关一过，若再开办新茶，则此数万箱之存货，更受影响，全邑损失何可思议，茶商有鉴于斯，特由敝公所于旧历十一月十八日召集开会，佥谓外观情势，内审力量，均议明年红茶，暂行停办一年。惟此时屈指来年清明，尚有三月之长，倘得于此时期，内存茶销其大半，届时再开会另议，亦不为迟，目下均主张停办一年，以维茶业之残局，而救将来之损失。除由敝公所函告各茶栈外，为此据情函请贵会馆，念及茶业凋敝之秋，非停办不足以挽回时机，并请邀集各茶栈切实讨论，来春一律停止接客，保全大局，是为至要。

《申报》1921年1月9日

## 茶业会馆决议停办新货

本埠茶业会馆，近接祁门茶业公所来函，以祁门红茶积年亏耗，本年春茶运出，至今岁暮，已售者尚不及十成之二三，未售者竟无人顾问。转瞬年关一过，若再开办新茶，则存货更受影响，损失何堪？现经各茶商会议决，将明年红茶停办一年，请邀集各茶栈切实讨论，来春一律停止接客等情，已志前报。兹悉茶业会馆接函后，当于前日召集各茶栈同业开会磋议，佥谓本年洋庄销路停滞，茶价日跌，存货山积，无人顾问，欲疏通存茶，实有停办新货之必要。当经公共决定，准明岁停办一年，以免损失。议定后，当即据情函覆祁门茶业公所，表示赞成矣。

《申报》1921年1月13日

## 去年茶市之经过

去年茶市之疲，实所罕见，计到货共有绿茶路庄十六万二千箱，熙春二万五千箱，平水十二万五千箱。红茶祁门六万一千箱，宁州红茶一万二千五百箱，两湖四万箱。比之前年计，绿茶到货已减少六万六千箱，红茶到货减少十二万五千箱，乃销路极疲，即此数万箱，尚未销脱半数，绿茶销去百分之五十，红茶则仅百分之三十而已。去年山价，各路尚称平稳，成本较轻，出品优良，关税免征，而洋装销路，反沉寂如此。其原因不一而足，红茶及绿茶熙春，向恃销往俄国。去年俄国内乱频仍，交通滞阻，无从推销。红茶大受打击，即以此也。熙春绿茶由印商经阿富汗转道，故尚存一线生机。又以罗卜价跌，只可以货晚货（以茶易皮），以此印商亦事观望，不敢多办。统计销去不过四千箱，价高仅三十二两，中庄货近已落至十四两云。绿茶平水及路庄大盘，向销美国，乃去年初运销美国时，适在汇价高昂之时，故成本太重，未易脱售。又以美国内部经济界紊乱，银根紧急，故存货山积，毫无走动，以此续办，遂绝价亦一落千丈。平水由三十两落至十八两，路庄大盘，由三十二两至十八两。据该业中人云，平水茶连年亏耗，今后希望固甚微也。茶市极疲之秋，然亦有稍稍获利者，如绿茶中之高庄珍眉，则销路颇旺，价格日高，亦一特色也。因此屯溪、婺源之二三高庄，得珍眉调剂，折耗或可幸免。至如副货绿

茶路庄，如季眉、芽雨等，则市面疲弱已达极点，价格低至八两，则以英法两国存底均多，故走动不易也。去年出口华茶，自元月至九月止，计红茶三五一七九担，绿茶一二〇八一七担，红绿茶砖四三三七担，茶叶五〇四九〇担，茶末一百〇三〇担，茶梗五九五〇担。

《申报》1921年2月17日

## 茶业会馆会议纪

沪上茶商各茶栈及茶行，自俄国内乱，停办红茶后，绿茶交易，亦均减色。茶栈直接受亏，茶行虽不恃销洋庄，而红茶不去，市面步跌，茶行进货，向山客采办，成本亦大，全年跌价，亦受间接之损失。以是去年遂由茶行之茶业会馆提议，于本年内停办一年，以冀疏通上海存茶。现存之工夫茶（红茶名称），尚有五万余件之多。目下春令正。拟及早筹划，故茶业会馆，于前日邀集同业集议，大致谓祁门红茶，近来洋商购者稀少，价值低落，茶行、茶栈亏耗之巨，无可计算。惟有先行电致祁门、浮梁两处茶业公所，实行停办，存货改为内地销路。同业中如有私自破坏者，即视为公敌，并商诸上海茶栈固结团体，不可再行跌价，以图补救。并因得福州茶业公所来函谓，去年中红茶产额，该地本系极少，仅有三万六千箱，至今只售去一万余箱，茶商亏本甚巨，亦甚赞成停办一年之实行。又，秋浦茶业公所领袖林锦文来函，亦赞成各处红茶均实行停办，将存货改制花茶，销于内地。俾能疏通，遂经到会，公众议决，分函各产处，实行停办一年。如有同业私做，即将去年未售之红茶充公处分云云，议毕散会。

《申报》1921年3月27日

## 安徽省长公署训令第 号令实业厅准部咨关于中美通信社华茶运俄由

案准，农商部咨开为咨行事准国务院秘书厅函称，奉大总统批交院部注意，关于中美通信社华茶运俄及商订商约说帖一件请查照参考等因准。此查该说帖内称俄

远东政府已令驻华代表称买价值二百万元之华茶以后再发巨款陆续购办等语，现在我国行销俄国华茶既有此良好时机，自应竭力讲求，以谋发展。除通行各省区实业厅暨各茶业团体并函复外，相应抄录原说贴一件咨请查照等，因计附件一纸到署。准此除发登本省公报外，合行令仰该厅即便转饬各茶业团体暨各商会一体遵照此令。

附说帖：

查中美通信社华茶运俄之良机一件，谓现俄需茶甚急，俄远东政府已令驻华代表购买价值二百万元之华茶，以后再拨巨款陆续购办等语，查中国行销俄国货品向以茶为大宗，此外丝品、药品各类销路亦巨。刻俄事渐归平定，茶务故宜讲求，务须考选合于俄人需用之品，不稍掺杂，方望销路日渐畅旺。此外，如丝品、药品及俄人近年所需之各种货品亦宜设法考拣精良，推广销路，既可以华茶交换外资，且可于订约时为要求特别利益之计再。俄既来购茶，商业自必陆续发展，预先商订商约似可及时筹商拟交主管机关注意是否有当，伏乞钧酌。

《安徽实业杂志》1921年第3期

## 茶（一月八日）

本星期市面，红茶祁门，销去四百余箱，宁州二百箱，绿茶平水销去七百余箱，珍眉贡熙三百箱，交易零星，价无起色，长此因循，不堪设想。而阴历年关已近，转瞬春气又动，存茶满亢，振兴之望，遥遥无期。顾前瞻后，维持之方，不容稍待。日来祁门茶栈集议茶业会馆，公同议决，来春不进山，不放汇，祁门茶停办一年，如同业破坏，科以罚款。而茶业会馆，随又接到祁门茶业公所来函，亦劝茶栈勿进山勿放汇，保全大局等语，则祁门停办实行，已无疑义。而绿茶平水，亦因滞销，闻平水栈家，又联络一气，议有数条，共同约守，大意不放汇不拼股头春摘嫩，不办子茶，缩小范围，减少箱额，不接新货，免使新陈并杂。据此则来春洋庄茶叶，大大缩少，茶栈家自卫之道，故当如是。惟于地方出产人民生计，不如大受影响也。

| 牌号 | 茶名 | 价目 | 产地 |
|---|---|---|---|
| 华粹 | 红茶 | 二十八两 | 祁门 |

续 表

| 牌号 | 茶名 | 价目 | 产地 |
| --- | --- | --- | --- |
| 宝赛 | 又 | 二十六两 | 又 |
| 仙露 | 又 | 二十八两 | 又 |
| 贡贡 | 又 | 二十七两 | 又 |
| 蔚霞 | 又 | 二十八两 | 又 |
| 祁贞 | 又 | 二十六两 | 又 |
| 贡王 | 又 | 二十九两 | 又 |
| 龙凤 | 又 | 二十六两 | 宁州 |
| 奇馨 | 又 | 二十四两 | 又 |
| 奇声 | 又 | 二十一两 | 又 |
| 瑞芝 | 又 | 十三两 | 两湖 |
| 芬芳 | 绿茶大盘 | 十九两二钱五 | 平水 |
| 第一峰 | 珍眉 | 三十两 | 婺源 |
| 龙峰 | 又 | 又 | 又 |
| 公和 | 又 | 二十九两 | 土庄 |
| 美香 | 又 | 三十五两五钱 | 婺源 |
| 协和 | 又 | 三十一两 | 徽州 |
| 利时 | 珠茶 | 二十六两 | 土庄 |
| 永和 | 贡熙 | 十五两 | 婺源 |
| 兰记 | 又 | 十六两 | 又 |
| 瑞香 | 又 | 十四两五钱 | 又 |
| 赛大香 | 又 | 十六两 | 屯溪 |
| 春芽 | 又 | 十五两 | 婺源 |

《银行周报》1921年第5卷第2期

# 茶

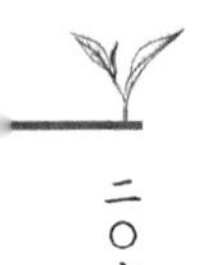



据本社特约通信云，本星期市面，成交无多，计红茶祁门，销去一千六百多箱，绿茶秀眉四百多箱，贡熙六百多箱，平水四千多箱，售价红茶祁门头堆二十八

两，三堆二十一二两，秀眉高则十三两，低则八九两，贡熙十三四两，平水仍在念一二两。由表面观之，红茶祁门销路，似有活动，但考其内容，审其价格，尚未减其呆滞态度，不过近来汇水相宜，以先令合算之茶价，比之往前便宜多矣，兼之一般茶商，鉴于市面难靠，多有不顾成本，急于脱售，是以洋商方面，以差价汇价两相便宜，略事收买，于外国销路之有无起色无关也。近闻英国茶市，呆滞日甚，而近日成交之红茶，以运销美国者居大多数，绿茶平水，售价虽难涨起，尚称走动。兹调查市上存茶，平水尚有一万八千箱，路庄四万箱（内秀眉约居半数），红茶祁门三万八千箱，宁州二千箱。



**四月十六日至廿二日行情**

| 牌号 | 茶名 | 价目 | 产地 |
| --- | --- | --- | --- |
| 宝玉 | 红茶 | 二十三两五钱 | 祁门 |
| 贡玉 | 又 | 二十三两五钱 | 又 |
| 成春 | 又 | 二十三两 | 又 |
| 吉顺 | 又 | 二十三两 | 又 |
| 贡兰 | 又 | 二十二两 | 又 |
| 贡尖 | 又 | 二十二两 | 又 |
| 贡品 | 又 | 二十二两 | 又 |
| 福安 | 又 | 二十八两 | 又 |
| 元魁 | 又 | 二十五两 | 又 |
| 同魁 | 又 | 二十五两五钱 | 又 |
| 兰馨 | 又 | 二十三两 | 又 |
| 一枝春 | 大盘绿茶 | 二十两五钱 | 平水 |
| 心田春 | 又 | 二十二两 | 又 |
| 登高 | 又 | 二十两 | 又 |
| 豫丰 | 贡熙 | 二十一两五钱 | 平水 |
| 瑞生 | 又 | 二十一两 | 平水 |
| 深记 | 贡熙 | 十三两 | 徽州 |
| 和泰 | 又 | 十四两 | 婺源 |
| 永昌 | 又 | 十七两 | 屯溪 |
| 宝芝 | 又 | 二十三两 | 又 |
| 贡品 | 又 | 二十三两 | 又 |

续 表

| 牌号 | 茶名 | 价目 | 产地 |
| --- | --- | --- | --- |
| 亿大 | 又 | 二十三两 | 又 |
| 源昌 | 又 | 二十二两 | 又 |
| 正康 | 又 | 十三两 | 又 |
| 天香 | 又 | 十六两 | 又 |
| 万春香 | 又 | 十三两 | 婺源 |
| 裕隆 | 秀眉 | 九两 | 又 |
| 恒利 | 又 | 八两 | 又 |
| 吉芬 | 又 | 八两 | 又 |
| 天香 | 又 | 十一两 | 又 |
| 永香 | 又 | 十四两 | 又 |
| 群芳 | 又 | 十一两五钱 | 屯溪 |
| 香芽 | 又 | 十一两 | 又 |
| 益芳 | 又 | 八两 | 德兴 |
| 新同馨 | 又 | 九两 | 婺源 |
| 泰隆 | 又 | 十两 | 又 |
| 赛兰 | 又 | 九两 | 屯溪 |

《银行周报》1921年第5卷第15期

# 茶（六月四日）

本埠茶市，据本社特约通信云，本周内以红茶祁门成交最多，计有二千余箱，销路似有转机，价较上周涨高两许，但以成本论，折耗仍属不赀。绿茶近日愈行清淡，珠茶秀眉交易又复中止，因市上存茶粗货居多，且新绿茶不日上市，洋商方面，苟非急需，自无不存且待新茶之心理也。新祁门红茶，目下已到三字，计一百余箱，闻下星期一可以布样交易，新绿茶大概端节后，方能到沪。据报瑞安及徽州之低庄，因销路不振，存茶尚多，业此者视为畏途，故今年庄数寥寥，婺源之西乡及北乡与去年相仿，山价约为去年之九折云。

附录五月二十七日至六月三日行情如下。

| 牌号 | 茶名 | 价目 | 产地 |
| --- | --- | --- | --- |
| 赛香 | 红茶 | 二十四两 | 祁门 |
| 祁魁 | 又 | 二十三两 | 又 |
| 春元 | 又 | 二十三两 | 又 |
| 贡王 | 又 | 二十两 | 又 |
| 同利 | 又 | 二十两 | 又 |
| 贡珍 | 又 | 二十一两 | 又 |
| 泰平 | 又 | 二十三两 | 又 |
| 贡皇 | 又 | 二十一两 | 又 |
| 贡品 | 红茶 | 廿二两七钱五 | 祁门 |
| 仙宝 | 又 | 二十一两 | 又 |
| 吉彩 | 又 | 二十二两 | 又 |
| 益生 | 又 | 二十两 | 又 |
| 露芽 | 又 | 十八两 | 又 |
| 龙凤 | 又 | 二十两 | 又 |
| 春王 | 又 | 二十一两 | 又 |
| 同昌 | 又 | 二十三两 | 又 |
| 实宝 | 又 | 二十二两 | 又 |
| 彩生 | 红茶 | 二十一两五钱 | 又 |
| 贡珍 | 又 | 二十三两 | 又 |
| 国香 | 又 | 二十一两 | 又 |
| 贡王 | 又 | 十八两五钱 | 又 |
| 贡珍 | 又 | 十八两七钱五 | 又 |
| 祁珍 | 又 | 二十一两 | 又 |
| 同贞 | 又 | 二十三两 | 又 |
| 凤毫 | 又 | 十九两 | 又 |
| 祥和 | 又 | 二十三两 | 又 |
| 公和 | 绿茶秀眉 | 九两 | 婺源 |
| 美香 | 又 | 八两五钱 | 又 |
| 一品香 | 又 | 八两五钱 | 又 |
| 新记 | 又 | 七两 | 徽州 |

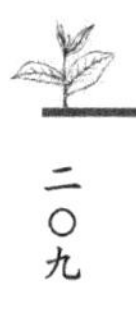

续 表

| 牌号 | 茶名 | 价目 | 产地 |
| --- | --- | --- | --- |
| 万利昌 | 凤眉 | 十五两七钱五 | 又 |
| 复隆昌 | 又 | 十五两五钱 | 又 |
| 新记 | 贡品 | 十二两五钱 | 又 |
| 福昌 | 又 | 十三两 | 婺源 |

又讯云，本周祁红成交最多，计有二千零六十三件，最高价为二十四两，最低价为十七两，系由怡和、天祥、锦隆三洋行购进，怡和最多，计为九百六十件，天祥次之，计为八百三十五件，锦隆最少，计为二百六十八件。此外秀眉成交一百四十件，怡和购进，价自七两至八两五钱，贡熙五十四件，谦义购进，价十二两五钱，绿茶凤眉成交三十件，亦系谦义购进，价自十五两五至十五两七钱五云。

又讯云，红绿新茶现已渐次上市，而洋庄各茶栈之陈茶，尚有七万一千八百三十箱，内计红茶二万九千三百三十箱，绿茶四万二千五百箱，闻比去年同期尚少存四万余箱，现各茶栈均电嘱各该产茶地方，切勿放价购买，因难望洋商出善价也，今将各栈存茶，表列如下。

| 茶栈 | 红茶 | 绿茶 | 合计 |
| --- | --- | --- | --- |
| 洪源永 | 8000 | 8000 | 16000 |
| 谦泰昌 | 9000 | 3000 | 12000 |
| □和 |  | 10000 | 10000 |
| 忠信昌 | 3600 |  | 3600 |
| 谦安顺 | 2000 | 3000 | 5000 |
| 同春 | 1730 | 1500 | 3230 |
| 恒记 | 5000 | 4000 | 9000 |
| 恒丰泰 |  | 5000 | 5000 |
| 瑞昌 |  | 1000 | 1000 |
| 永盛昌 |  | 7000 | 7000 |
| 合计 | 29330 | 42500 | 71830 |

《银行周报》1921年第5卷第21期

# 茶（六月十一日）

本埠茶市，据本社特约通信云，连日市上陆续到有新祁门红茶约二千箱，宁州四百箱，新屯溪绿茶七百余箱，业已开盘，祁门六十二两至高九十两至低三十九两，宁州五十两，绿茶屯溪珍眉五十三两五钱，珠茶五十三两，贡熙二十八两，秀眉二十三两，比之去年，祁门高出四十两（去年祁门开盘四十七两至高五十两至低三十六两），宁州高出十两，绿茶珍眉高四两，珠茶高三两，贡熙秀眉不相上下。考祁门红茶今春所以得此高价者，其原因有二，一祁门茶，本华茶中之最优品，素为环球人士所欢迎，他姑勿论，即就沪汉两方面着想，年中供中外人士送礼等种种需要，总在二三千箱，一今春庄数确少，来源不多，以现在之形势而推测之，祁门头春至多不过六七千箱，夫物稀为贵，供不应求，其价未有不沸腾者也，且节候已晚，虽欲进山赶做，已来不及，非待来春不可，以故目下所到之货，已一一销清，其未到者，将有继涨增高之望。宁州连年折耗，业此者寥寥无几，或者今春可望继祁门之不足，连类以好也，至于现到之新绿茶，水味均好，惟做工欠佳，比较去年稍为逊色，若将开盘价格以目前先令价合算之，则今春茶价，洋商方面，较去年便宜十分之一，总之汇水既平，而各路业茶者，又复谨守范围，缩小箱额，市面前途，不无乐观也。本星期祁门陈茶，交易尚多，价已涨起二两，绿茶陈货虽有交易，价尚平平。

六月四日至十日行情如下。

| 牌号 | 茶名 | 价目 | 产地 |
|---|---|---|---|
| 春容 | 新红茶 | 六十二两 | 祁门 |
| 贡贡 | 又 | 九十两 | 又 |
| 紫芝 | 又 | 七十两 | 又 |
| 魁馨 | 又 | 八十两 | 又 |
| 贡芽 | 又 | 六十七两 | 又 |
| 龙芽 | 又 | 六十八两 | 又 |
| 龙眉 | 又 | 六十八两 | 又 |
| 春茗 | 又 | 九十两 | 又 |
| 含膏 | 又 | 三十九两 | 又 |

续 表

| 牌号 | 茶名 | 价目 | 产地 |
|---|---|---|---|
| 华采 | 又 | 三十九两 | 又 |
| 卫生 | 又 | 五十二两 | 又 |
| 奇馨 | 又 | 五十两 | 宁州 |
| 赛天香 | 绿茶新珍眉 | 五十三两五钱 | 屯溪 |
| 第一香 | 又 | 五十三两五钱 | 屯溪 |
| 赛天香 | 新贡熙 | 二十八两 | 屯溪 |
| 美最香 | 又 | 二十八两 | 又 |
| 第一春 | 新珠茶 | 五十三两 | 又 |
| 第一春 | 新秀眉 | 二十三两 | 又 |
| 芝馨 | 陈红茶 | 二十二两 | 祁门 |
| 春元 | 又 | 二十二两 | 又 |
| 赛珍 | 又 | 二十二两 | 又 |
| 花容 | 又 | 五十六两 | 又 |
| 卓记 | 又 | 七十一两 | 又 |
| 华贵 | 又 | 四十三两 | 又 |
| 贡仙 | 又 | 七十两 | 又 |
| 仙芽 | 又 | 八十两 | 又 |
| 超品 | 又 | 二十一两五钱 | 又 |
| 花品 | 又 | 二十二两 | 又 |
| 花王 | 又 | 二十两 | 又 |
| 贡王 | 又 | 二十二两 | 又 |
| 仙芽 | 又 | 二十两五钱 | 又 |
| 贡珍 | 又 | 二十四两 | 又 |
| 江春 | 又 | 二十五两 | 又 |
| 花王 | 又 | 二十四两 | 又 |
| 永祯祥 | 陈秀眉 | 十一两五钱 | 屯溪 |
| 益珍 | 又 | 十一两 | 婺源 |
| 怡茂 | 又 | 十二两 | 又 |
| 第一峰 | 又 | 十一两 | 屯溪 |

续 表

| 牌号 | 茶名 | 价目 | 产地 |
| --- | --- | --- | --- |
| 盖天青 | 陈珠茶 | 十八两 | 徽州 |
| 瑞春 | 又 | 十七两五钱 | 又 |
| 万和春 | 又 | 十七两 | 又 |

《银行周报》1921年第5卷第22期

## 农商部咨财政部为据安徽茶务总会呈请令行安徽财政厅照章减收茶末半税一节咨请查照办理文

为咨行事，据安徽茶务总会呈称，茶商遵缴茶末半税，安徽厘税各局均以尚未奉到财政厅令，未便减收。请转咨令行该厅饬知，内地各厘税局卡照章折半征税等情前来。查茶末内地出口暂按税率减收半税一事，前准税务处咨达到部，当经分行转饬各茶商遵办在案，兹据该会呈称，安徽厘税各局尚未减收一节，如果属实，应请令行该省财政厅转饬各厘税局卡实行减免，以符成案。除批示外，相应抄录原呈咨行查照办理。此咨。

农商总长王迺斌

中华民国十年十月二十日

《政府公报》1921年第2047期

## 指令祁门县知事第九〇一号（令为呈送县区教育五年进行计划表请鉴核由）三月二十九日呈表均悉查核该县劝学所，拟具保管学款，增筹小学经费，各计划均尚详晰，应准存候汇办，仰即转行知照此令表存

附原呈：

呈为转呈，事案奉钧厅令开案，奉省长训令内开准省议会咨开。本会议员提

议，以促进教育为救国唯一政策，亦改良社会根本计划。计划如何？一曰整顿，二曰扩充。惟泛言扩充，毫无标准，县自为政，易启纷争。拟由本会咨请省长，令行教育财政两厅公同商酌，限于三个月内，订一县教育五年进行计划书，视各县大小已有学校多寡，此后每年应扩充学校数经费数若干，何项税款准附加至若何种程度？预计标准，会呈省长饬令县知事斟酌地方情形切实进行。并一面将所订办法咨覆本会查考，至整顿事宜，为教育厅职责所在，亦须切实遵办，并将整顿情形随时呈请咨复本会，以资考核。兹于一月七日提出讨论当会公决，相应咨请查照办理等因到署。查扩充整顿两端系为促进教育要图，自应照办，除咨覆并分行外，合行令仰该厅会同拟具办法，呈候校夺，转咨此令等因奉此。查地方小学至关重要，扩充教育尤赖经费。本省教育濡滞不进，比较各省率形见绌。考其原因，虽由于人才之缺乏，实亦因财力之不充。长此因循，教育安能起色？兹奉前因，遵经会同筹，拟除关于整顿各事宜另由教育厅随时拟具陈报核转并分行外，至各该县何项税款尚可酌筹。附捐增加量数，应至若干程度，非分别详晰稽查，确定标准，不足以图规划而策进行。合亟会同，令仰该县即便遵照，转令劝学所迅即会集地方财政局各士绅，将该县已有附捐，年收若干，作何用途？此照正税加至若干成数。此项县区教育经费尚能增筹若干，并应于某某正税内，附加详晰列表加以说明。于本年三月二十日以前呈由该县核明转报来厅，以便会同核议，具报察夺。事关地方教育计划，毋得延诿，切切表式，遂发此令等因。计发表式一纸，到县奉此遵即划表，转行劝学所财政局去后。兹据财政局劝学所呈称，窃教育为立国之基，小学尤为当务之急。祁邑小学之不发达，曾因经费之短绌，而教育经费向无统一之机关以司出纳，遂未能统筹全局，以致人自为政，款亦难免虚縻。为今之计，惟有一面保管现有学款，一面增筹教育经费，双管齐下，徐图扩充，教育前途，庶有起色。奉文之时，财政局正值交替，劝学所亦值改组，故未能仓猝呈复。兹经遵令，会集详加讨论，将所拟计划分别陈之。查现有教育经费，向分县有区有二种。县有收入每年为旧有东山书院息金洋六百元，店租洋四百二十元，学租洋一百五十元，盐捐洋四百三十元，试馆价息洋四百八十元，茶捐洋八百元，合计二千八百八十元。就中茶捐一项下，兹茶业衰落漫无把握，其余二千余元，除充县立高等小学校及模范小学经费外，拟节其羡余，再令筹款若干，创设县立女子高小学校一所。至区有经费以茶捐收入为大宗，每年各区，计近四千元。惟用途悉听其自由报销，遂无可稽核。兹拟各区茶捐由各区学务委员会经管，每年按照各校预算核发，庶学款尽归使用有余，可谋推广。此保管现有学款之计划也。查祁邑学区，民国四年由教育会依据旧有都数分为二十二学区，全邑面积截长补短约一万九千五百方里，户口十四万有奇，已及学龄之儿童究有若干，劝学所限于经费未能任用劝学员，故无精密之统计可考。而国民教育本以普及为主义，学校设立之距离，未便过远。□体察现在情形，各区风气未开之村落，不得不取渐进主义。除西南两乡地面较大，已在适中之地设立高等小学校各一所外，暂定每区至少须设立国民学校三所。现在已设立二十三所，仍应添设四十三所，拟分年筹备积极进行，至民国十三年可望完全成立，共有国民学校六十六所，每所常年经费暂定为二百元，计共需经费一万三千二百元。各村落均聚族而居，无一不有多少之族产，明大义者颇不乏人，若由劝学所切实劝导，当能以公济公。一族公产除祭祀外，酌提若干充该族教育经费，村落小者就近联合，以组织之。预算有六七千元，得居总数之半，仍一半拟由各区茶捐、文约神会项下提取赢余以资补助。若能切实清厘，化无用为有用，预算可得三千余元，不足之数拟由各种税款项下设法增筹。查祁邑税款，茶叶而外以田亩为大宗，而茶捐既按国家正税五元抽洋一元以充学款，田亩当然可议附捐。本年奉令停止一五加征时，曾由财政局教育会县视学，劝学所提出意见书，召集各区士绅会议，拟在停征之一五内，酌议附捐少数以充教育经费。旋以意见纷歧，未得结果。将来拟再行提议，加附捐五厘，年可得洋千元。其他如竹木白土木炭桐油茶油各种出口货物，若照茶叶附捐之率，正税五元抽洋一元，年可得洋二千余元。统以上各项计之，可增加一万二三千元，与预计支出之数无甚相差。从兹逐渐推行，苟无窒碍，学校将日见增加，经费亦可以支持。此外似不必再筹附加，以轻人民担负，此对于增筹经费扩充小学之计划也。再查社会教育，除劝学所人员周历各区劝学时，实行宣讲外，已由县立高等小学校内附设通俗夜班，学校贫民子弟均得就学。教授管理概由该校职教员担任，义务不另开支。本年下学期筹办伊始，仅设一班，来年可望推广，为此谨将筹备五年教育进行计划遵令填表，会同备文呈请鉴核转呈，并送教育计划表三纸前来，除备案外，合将计划表备文转呈鉴核查考。除转呈财政厅外，谨呈。

附计划表：

**安徽六十县民国九年度至十三年度教育进行计划表**

| 县名 | 人口 | 方里 | 百家以上村镇 | 现有学校数 | | | 现有教育经费 | | 五年内应添学校数 | | | 拟增教育经费 | | 备考 |
|---|---|---|---|---|---|---|---|---|---|---|---|---|---|---|
| | | | | 高小 | 国民 | 其他 | 县款 | 区款 | 高小 | 国民 | 其他 | 县款 | 区款 | |
| 祁门 | 14000 | 19500 | 226 | 3 | 24 | | 2880 | 4200 | 女高小1 | 43 | | 3300 | 9900 | |
| 说明 | | | | | | | | | | | | | | |

《安徽教育月刊》1921年第39期

一九二二

# 茶（五月二十日）

本星期茶叶市面，据本社特约通讯云，连日祁门红茶，纷纷到埠，并已开盘，中关货六十五两，比之去年不相上下，今春出品格外优良，惟山价过高，成本浩大，故虽开盘尚称中正，恐将来通盘扯算不易获利，加之市面，毫无把握。洋商方面，嫌价太高，多怀观望，闻某英行接伦敦电报，谓该处茶价，不得过二先令，据此则祁门销路，一时尚难畅旺，兹以吾人眼光所及，粗红茶各国均有需要，如连日所到之温州红茶，业已销去一空，大略情形，可见一斑，但日来先令日涨，当此开盘时期，要紧关头，不无略受影响也。

| 牌号 | 茶名 | 价目 | 产地 |
| --- | --- | --- | --- |
| 冠峰 | 新绿茶珍眉 | 三十六两 | 温州 |
| 时华 | 又 | 三十七两 | 又 |
| 贡尖 | 新红茶 | 十八两 | 又 |
| 福葆 | 又 | 十八两 | 又 |
| 春香 | 又 | 十八两 | 又 |
| 贡尖 | 又 | 二十九两 | 白琳 |
| 宝花 | 又 | 十八两 | 温州 |
| 仙芽 | 又 | 二十两 | 又 |
| 兰芳 | 红茶 | 六十两 | 祁门 |
| 祥□ | 又 | 六十两 | 又 |
| 寿安 | 又 | 七十两 | 又 |
| 裕记 | 又 | 七十两 | 又 |
| 祁贡 | 新红茶 | 十八两 | 温州 |
| 奇红 | 又 | 十八两 | 又 |
| 福葆 | 又 | 十七两五 | 又 |
| 奇芽 | 又 | 二十六两 | 武宁 |
| 奇奇 | 又 | 三十二两 | 宁州 |
| 乾丰 | 又 | 六十五两 | 祁门 |
| 贡芽 | 又 | 七十六两 | 又 |

续 表

| 牌号 | 茶名 | 价目 | 产地 |
| --- | --- | --- | --- |
| 大安 | 红茶 | 六十四两 | 又 |
| 魁魁 | 又 | 六十六两 | 又 |
| 志成 | 又 | 七十两 | 又 |
| 贡王 | 又 | 六十八两 | 又 |
| 致和 | 又 | 六十三两 | 又 |

《银行周报》1922年第6卷第19期

# 茶（五月二十七日）

本星期茶叶市面，据本社特约通讯云，市上祁门红茶，陆续到一万九千箱，宁州八千箱，本周销去祁门五千余箱，宁州一千四百箱，虽无大宗交易，然以俄国未通，仅恃英国销路，能有此数，亦称不恶。至比以前祁门畅销之时，随到随销，自属瞠乎后矣，高货价格，非常坚固，颇为洋商注重，中低货因人心不定，急于脱手，价格日落，惟高货到者寥寥。闻因景德镇加征茶厘，被阻甚众，不日亦可涌到，将来夺标之盘，定有可观。宁州新货，花味异常，而水门淡薄，说者谓花味出于天然，水门淡薄，输于人工壅植，各洋商多轻视之，成本既高，售价不起，恐难免损耗也。温州绿茶珍眉，稍有成交，价三十五两，尚称中正，婺源屯溪之新绿茶，月半后可到沪，闻山价近已涨至三十三四元，较去年高出十余元。今春业茶者之热度，可谓高矣。

| 牌号 | 茶名 | 价目 | 产地 |
| --- | --- | --- | --- |
| 仙鹤 | 红茶 | 二十四两 | 武宁 |
| 云峰 | 又 | 二十四两 | 又 |
| 贡尖 | 又 | 二十六两五 | 九江 |
| 赛贡皇 | 又 | 五十五两 | 宁州 |
| 贡皇 | 又 | 五十两 | 又 |
| 贡王 | 又 | 五十两 | 又 |
| 萉馨 | 又 | 四十两 | 又 |

续 表

| 牌号 | 茶名 | 价目 | 产地 |
| --- | --- | --- | --- |
| 贡贡 | 又 | 五十六两 | 祁门 |
| 蕾贳 | 又 | 六十两 | 又 |
| 共和 | 又 | 五十三两 | 又 |
| 贡英 | 又 | 五十四两 | 又 |
| 青香 | 又 | 五十两 | 又 |
| 爱华 | 又 | 五十三两 | 又 |
| 贡珍 | 又 | 五十两 | 又 |
| 赛贡 | 又 | 五十二两 | 又 |
| 茗芝 | 又 | 五十九两 | 又 |
| 王峰 | 又 | 四十五两 | 又 |
| 乾大 | 又 | 四十五两 | 又 |
| 人和 | 又 | 五十一两 | 又 |
| 祁香 | 又 | 五十两 | 又 |
| 龙美 | 又 | 五十三两 | 又 |
| 仙芽 | 又 | 四十七两 | 又 |
| 云雾 | 又 | 五十五两 | 又 |
| 华青 | 又 | 六十三两 | 又 |
| 祁魅 | 又 | 七十两 | 又 |
| 贡宝 | 又 | 四十九两 | 又 |
| 祁贡 | 又 | 五十两 | 又 |
| 华珍 | 又 | 五十一两 | 又 |
| 贡芽 | 又 | 四十六两 | 又 |
| 华贡 | 又 | 五十一两 | 又 |
| 祁芽 | 又 | 五十两 | 又 |
| 贡馨 | 又 | 五十二两 | 又 |
| 锦标 | 又 | 三十八两 | 建德 |
| 仙芽 | 又 | 十六两 | 温州 |
| 祁香 | 又 | 十六两 | 又 |
| 中兴 | 绿茶珍眉 | 三十五两 | 又 |

续 表

| 牌号 | 茶名 | 价目 | 产地 |
| --- | --- | --- | --- |
| 乾昌 | 红茶 | 五十二两 | 祁门 |
| 华宝 | 又 | 七十两 | 又 |
| 济美 | 又 | 六十八两 | 又 |
| 凤美 | 又 | 六十八两 | 又 |
| 大元 | 又 | 六十八两 | 又 |
| 祁珍 | 又 | 六十两 | 又 |
| 贡昌 | 又 | 五十三两 | 又 |
| 同大 | 又 | 五十四两 | 又 |
| 贡魁 | 又 | 五十三两 | 又 |
| 芝香 | 又 | 五十二两 | 又 |
| 菁蕊 | 又 | 六十二两 | 又 |
| 兰香 | 又 | 五十二两 | 又 |
| 彩华 | 又 | 五十两 | 又 |
| 清茗 | 又 | 五十两 | 又 |
| 春华 | 又 | 五十三两 | 又 |
| 瑞华 | 又 | 五十两 | 又 |
| 祁贡 | 又 | 七十两 | 又 |
| 同德 | 又 | 六十五两 | 又 |
| 赛宝 | 又 | 五十三两 | 又 |
| 魁珍 | 又 | 四十二两 | 又 |
| 华芝 | 又 | 五十二两 | 又 |
| 仙品 | 又 | 四十八两 | 又 |
| 德王 | 又 | 五十四两 | 又 |
| 善隆 | 又 | 四十八两 | 又 |
| 春香 | 又 | 四十七两 | 又 |
| 贡魁 | 又 | 四十三两 | 又 |
| 福兰 | 又 | 四十七两 | 又 |
| 公和 | 又 | 四十五两 | 又 |
| 名益 | 又 | 五十二两 | 又 |

续 表

| 牌号 | 茶名 | 价目 | 产地 |
| --- | --- | --- | --- |
| 连芝 | 又 | 四十四两 | 又 |
| 春华 | 又 | 三十八两 | 建德 |
| 祁德 | 又 | 三十八两 | 又 |
| 福葆 | 又 | 十六两 | 温州 |
| 正泰昌 | 绿茶珍眉 | 三十三两 | 又 |
| 成记 | 又 | 三十五两 | 又 |
| 中兴 | 虾目 | 三十六两 | 又 |

《银行周报》1922年第6卷第20期

## 茶（七月十五日）

本星期茶叶市面，据特约通讯云，红茶祁门，又渐活动，洋商成交日多，加之存底不厚，人心益坚，价较上周涨起三两，两湖业已告罄，而英美商行，需要甚殷，故皆纷电汉口，催茶运申，藉以供应。祁门子茶已到一字，开盘三十八两，闻其续到不过一二百箱，来源稀少，价故特色，宁州子茶亦经开盘，价二十六两，颇算中正，红茶市面，已入稳健地步，前途可抱乐观。绿茶路庄珍眉珠茶，本周销路甚畅，价格立定，并有涨势。秀眉针眉闻因英国市面甚好，故本埠一到即销，价复坚俏，熙春亦略走动，花色中似可无虑，惟平水及路庄大帮，美国销路，愈看愈疲，一因其存底尚多，一因其关样过高，且对华茶，验色验药，格外苛求，长此以往，茶业前途，真不堪问，目下大帮，已因积滞不销，人心紊乱，实行析沽，在所不免。

| 牌号 | 茶名 | 价目 | 产地 |
| --- | --- | --- | --- |
| 仙珍 | 红茶 | 二十七两五钱 | 祁门 |
| 祁珍 | 又 | 三十七两 | 又 |
| 福芽 | 又 | 二十五两 | 又 |
| 云霞 | 又 | 三十一两 | 又 |
| 永福 | 又 | 二十五两 | 又 |

续 表

| 牌号 | 茶名 | 价目 | 产地 |
| --- | --- | --- | --- |
| 仙茗 | 又 | 二十四两 | 又 |
| 祁芽 | 又 | 二十六两 | 又 |
| 贡珠 | 又 | 二十六两 | 又 |
| 乾大 | 又 | 二十六两 | 又 |
| 贡尖 | 又 | 二十八两 | 又 |
| 魁香 | 又 | 三十九两 | 又 |
| 茗芽 | 又 | 三十九两 | 又 |
| 祁宝 | 又 | 二十九两 | 又 |
| 贡芽 | 又 | 四十五两 | 又 |
| 贡魁 | 子茶 | 三十八两 | 又 |
| 龙港 | 又 | 三十两 | 宁州 |
| 仙香 | 又 | 二十六两 | 又 |
| 生芳 | 又 | 二十二两 | 又 |
| 锦标 | 子茶 | 二十六两 | 又 |
| 金茎 | 又 | 二十两 | 安化 |
| 贡珍 | 又 | 十七两五钱 | 又 |
| 永信香 | 大帮绿茶 | 三十一两五钱 | 婺源 |
| 祯祥 | 又 | 三十一两 | 屯溪 |
| 同福馨 | 又 | 三十两 | 婺源 |
| 乾昌隆 | 又 | 三十三两 | 又 |
| 源昌 | 又 | 三十二两五钱 | 又 |
| 益芳 | 又 | 四十一两 | 又 |
| 吉和隆 | 又 | 三十二两 | 又 |
| 仙芽 | 针眉 | 三十四两 | 德兴 |
| 春芳 | 又 | 三十八两 | 湖州 |
| 六香 | 又 | 三十七两 | 屯溪 |
| 同得意 | 又 | 二十九两 | 德兴 |
| 瑞泰昌 | 又 | 二十九两 | 婺源 |
| 盖天香 | 又 | 三十六两 | 屯溪 |

续 表

| 牌号 | 茶名 | 价目 | 产地 |
| --- | --- | --- | --- |
| 天香 | 又 | 三十三两 | 又 |
| 真芽 | 又 | 二十七两 | 遂安 |
| 万春和 | 又 | 三十两 | 婺源 |
| 金谷香 | 又 | 二十五两 | 徽州 |
| 洪美 | 又 | 三十八两 | 婺源 |
| 元吉 | 又 | 三十五两 | 又 |
| 舒记 | 又 | 三十一两 | 又 |
| 诚春 | 又 | 二十六两 | 又 |
| 六香 | 又 | 二十二两 | 土庄 |
| 祁彩 | 又 | 二十九两 | 又 |
| 清贡 | 又 | 二十七两 | 又 |
| 云芽 | 又 | 二十六两 | 又 |
| 天芽 | 又 | 二十八两 | 又 |
| 元和 | 又 | 二十七两 | 又 |
| 真芽 | 又 | 二十七两 | 又 |
| 霞蔚 | 又 | 二十七两 | 又 |
| 贡王 | 又 | 三十六两 | 又 |
| 贡贡 | 又 | 三十三两 | 又 |
| 益智 | 又 | 二十七两 | 又 |
| 贡瑞 | 又 | 三十六两 | 又 |
| 仙香 | 又 | 三十八两 | 又 |
| 贡珍 | 又 | 四十两 | 又 |
| 祥记 | 又 | 四十一两 | 屯溪 |
| 芸香 | 又 | 三十三两 | 婺源 |
| 天香 | 秀眉 | 二十两 | 屯溪 |
| 永昌 | 又 | 三十二两 | 婺源 |
| 福和昌 | 又 | 二十五两 | 又 |
| 洪春 | 又 | 三十二两 | 又 |
| 恒春 | 又 | 十四两 | 又 |

续 表

| 牌号 | 茶名 | 价目 | 产地 |
| --- | --- | --- | --- |
| 一春 | 又 | 十四两 | 徽州 |
| 时蕊香 | 又 | 二十两 | 婺源 |
| 占香 | 又 | 三十两 | 又 |
| 盖霞峰 | 又 | 二十两 | 屯溪 |
| 满庭芳 | 贡熙 | 十六两 | 遂安 |
| 双峰 | 又 | 十八两 | 屯溪 |
| 受昌 | 又 | 二十四两 | 婺源 |
| 满园春 | 又 | 二十三两 | 屯溪 |
| 四海珍 | 又 | 二十一两 | 又 |
| 和顺 | 又 | 二十五两 | 婺源 |
| 元吉 | 又 | 十六两 | 又 |
| 一品香 | 贡熙 | 二十一两五钱 | 遂安 |
| 永芳 | 又 | 二十五两 | 屯溪 |
| 新兴 | 又 | 二十两 | 遂安 |
| 益亨 | 又 | 二十两 | 又 |
| 永兴 | 又 | 二十两 | 又 |
| 芸香 | 又 | 二十五两 | 婺源 |
| 春蕊香 | 又 | 二十两 | 徽州 |
| 庆成春 | 又 | 二十八两 | 婺源 |
| 源昌 | 娥眉 | 二十两 | 又 |
| 三益祥 | 又 | 二十二两 | 又 |
| 洪春 | 凤眉 | 四十八两 | 婺源 |
| 永隆 | 又 | 三十四两 | 又 |
| 义昌 | 又 | 三十六两 | 又 |
| 福记 | 虾目 | 七十五两 | 又 |
| 德顺隆 | 又 | 六十二两 | 又 |
| 汪仁和 | 又 | 六十五两 | 屯溪 |
| 家圆 | 又 | 六十二两 | 婺源 |
| 祥记 | 又 | 六十七两 | 屯溪 |

续 表

| 牌号 | 茶名 | 价目 | 产地 |
|---|---|---|---|
| 云谷香 | 又 | 六十六两 | 又 |
| 桂馨 | 又 | 三十二两 | 土庄 |
| 益芳 | 又 | 四十两 | 又 |
| 同康 | 又 | 五十九两 | 遂安 |
| □□ | 又 | 六十三两 | 屯溪 |
| □□ | 又 | □十一两 | 婺源 |
| □□ | 又 | 七十五两 | 屯溪 |
| 义盛昌 | 又 | 七十两 | 婺源 |
| 元吉 | 又 | 六十五两 | 又 |
| 一峰 | 又 | 五十四两 | 徽州 |
| 醉春 | 珍眉 | 七十二两 | 婺源 |
| 元记 | 又 | 七十两 | 又 |
| □隆 | 又 | 七十二两 | 又 |
| 第一春 | 又 | 六十五两 | 屯溪 |
| 四海珍 | 又 | 六十三两 | 又 |
| 义盛祥 | 又 | 六十三两 | 又 |
| 查怡记 | 又 | 六十六两 | 婺源 |
| 何裕隆 | 又 | 七十四两 | 又 |
| 夏仙芽 | 又 | 七十二两 | 又 |
| 泰和祥 | 又 | 七十四两 | 又 |
| 同得意 | 又 | 五十两 | 德兴 |
| 元亨 | 又 | 六十两 | 又 |
| 赛香 | 又 | 四十二两 | 徽州 |
| 德和 | 又 | 五十二两 | 遂安 |
| 汪荣芳 | 又 | 六十七两 | 婺源 |
| 恒源泰 | 又 | 六十五两 | 又 |
| 益昌隆 | 又 | 六十六两 | 又 |
| 魁馨 | 又 | 九十两 | 又 |
| 宝文 | 又 | 四十两 | 河口 |

续 表

| 牌号 | 茶名 | 价目 | 产地 |
| --- | --- | --- | --- |
| 怡安祥 | 又 | 三十三两 | 土庄 |
| 陆香 | 又 | 四十四两 | 徽州 |
| 瑞生 | 又 | 七十二两 | 婺源 |
| 源馨 | 又 | 六十四两 | 又 |

《银行周报》1922年第6卷第27期

## 安徽省长公署指令第三千三百七十六号

令祁门知县事：

…………

呈悉查阅来表该县磁土，现既多增一倍，景镇行销，每年不过半数，该商等为发展营业起见，推广销路自是正办，惟景镇亦属销场之一，如果景商确有抑勒袭断情事，固属非是，但本国瓷业，该商等亦应加以维持，据呈前情以转咨。

江西省长迅即拟具持平办法，转饬景镇窑商，遵照总期双方，兼顾公同遵守，一俟咨复到署，再行饬遵，至街口厘局扣留磁土一节，在此案未经解决以前，仍应遵照定案办理。前据磁商章信记等来电，业经电令该局遵照在案，仰即转行知照此令。

中华民国十一年三月二十九日

省长许世英

《安徽公报》1922年第1112期

## 咨据旅沪安徽祁门同乡会呈税外苛征请转咨江西分别发还停征由

安徽省长公署咨第五百四十三号

安徽省长公署为咨请事，据旅沪安徽祁门同乡会会长张佩绅、副会长许大椿暨

全体呈称：为税外苛征，茶商受累，恳请咨行江西省长严令发还，永禁加征，而维茶叶事。按据来沪茶商全体恒馨祥等报告内称，祁门僻在山中，与江西之浮梁壤地相接，均以座茶著称，前清同隶两江管辖，所有祁浮茶税概归皖南茶税总局分别派委征收，每百斤为一引，征税银二元二角五分。民国初元，赣持地方之说，争收赣境茶税，经皖赣两省县委协议，会呈皖赣两省都督批准，皖茶皖征，赣茶赣征，视茶号开设所在地，与成箱之熟茶为标本，历经遵办在案，从无征及毛茶及税外加税之事。去岁祁商运粤安茶，经过江西之沽塘，统税局勒令加征一五抵补金，经祁商呈明省部，咨行江西省长奉复皖茶税率核与赣省产地税率相同，自未便加征，该沽塘统税局按照浮梁篓绿茶之例加征一五，实属出于误会，并非有意苛征。嗣后安茶过境，不准加征云云。此皖赣两省征收茶税之经过情形也，乃事有为商等措手不及，因而损失甚巨者。本年祁门红茶经过江西景德镇之西瓜洲，该茶税局长华壎探知红茶利在速运，乘机留难，藉口祁茶多购自浮境，应归浮局报引，朦电江西财政厅始将开设祁门高塘等处之同人豫等六家，于加征二五之外，勒令重行请引，经该商再四请求，始允另补加，一并索去保证金二百元。由景镇祁门会首倪前金经手过付，继见茶商愚弱可欺，串同景镇统税局，大张布告，凡祁门茶船过境，该局卡一律勒令补完中英地方各五厘及一五抵补金，合计每百元加征至二十五元之多，否则不予放行，当时茶船被扣留者条至百数十号，耽延至数日之久，商等以血本攸关，只得忍痛照缴，有该局执照可凭跡，其贪暴情形视虎狼为尤甚。商等因迟到沪上之故，行市蹉跌，损失数逾累万，此诚商等欲哭无泪，不能不恳请力争者也。查此次镇局加征之原因，实误认赣茶赣税之一点，不知祁浮皆产之区，祁产多于浮梁数倍，向来互市越界设庄，习为故常，如本年浮梁磻村之贞元祥号设分庄于祁属之东源岭，又沧溪之源馨、昌江村之隆裕，同元、福利昌等号设分庄于祁属之港上、江家河、竹科里等处，收买毛茶数倍于祁商，购自浮境之数，昭昭可证。设祁门茶税局援以为例，两邑茶务不将大起纷扰乎？况零星茶户，散处乡间，惟视价格之高下定其出售之趋向，有祁地茶户肩售于浮境号商者，有浮地茶贩运销于祁境号商者，此园户茶贩之自由，岂能以地域相限？若谓毛茶购自浮境，应归浮局报税，不特实事上无可稽查，习惯上亦无从防制。且征及毛茶不啻征及原料，试问江西之瓷品，其原料多产自祁门，设皖省税局援以为例，则两省商务不愈大起纷扰乎？前此赣省当局对于运销粤省之安茶既视为未便加征矣，对于此次洋装之红茶，而谓可以加征乎？对于沽塘统税局之加征一五抵补金，既声明出于误会，对于此次景镇统税局于加征一五抵补金之外又加中央地方各五厘，复有种种之需索，谓非有意苛征乎？此

停彼证，狐埋狐搰，视茶商为鱼肉，藐向章若并髦，当此俄商裹足之时，中英政府尚能体察商艰，减轻半税，而赣省税局，竟敢巧立名目，任意聚敛，将来建德之茶，以及祁商运粤安茶，经过赣境，亦必援例加征，无可幸免。商等受此意外损失，情实难甘，除抄粘呈请省署转咨外，为此报告贵会，请予转恳安徽省长转咨江西省长，将本年景镇茶税局加征祁陆红茶二五税款及勒索同人豫等六号保证金等费严令概予分别发还，并饬该局将此项加征之税永远停征，验照放行无任祷盼等由到会。当经敝会反复磋议，签以祁茶为出口大宗，关系祁民生计，年来茶务亏折，地方困苦万状，设再额外加征，必至愈形堕落，且去年江西沽塘统税局加征一正豁免，已有先例，理合呈请钧鉴，即乞核夺俯准。据情转咨，分别发还停征，实为公便等情，据此查皖茶皖征，赣茶赣征，业经查案，并不能加征各理由咨请。

贵署查照饬将补抽一五并国地各五厘一体停收在案，兹据前情，除批复外相应咨请查照，希即分饬停收，并将保证金发还，至纫公谊。此咨。

江西省长

中华民国十一年六月十九日

安徽省长许世英

《安徽公报》1922年第1178期

# 安徽茶业状况

刘家璠

产地：皖省出口茶限于徽州、池州两属，而徽池又分祁门、建德（即秋浦）为一路，婺源、休宁、歙县、黟县为一路。祁门、建德制红茶，婺源、休宁等处制绿茶。

祁门茶山位置大半居高山湾凹之中。约计祁门一县，除沿大洪水、大北水等河有一线平路外，余皆崇山峻岭，其产茶面积约有二百余里。其纬度与印度之大吉岭同，故其气候亦相若。祁门茶产地分城乡、西乡、南乡、北乡，而西、南两乡，出数则几占全额八九。综计城乡茶一千七百九十四引半，西乡茶一万一千二百二十引，南乡茶八千四百八十八引，北乡茶二百零五引半。至建德茶业产额约有六千担（内有毛茶运浮梁庄者），其产地以中乡为最多，上乡下乡次之。综计建德茶五千八百三十五引。

此外，徽属产茶以休宁为最多，婺源次之，歙次之，黟又次之（黟多石山，茶产数量不过三千五百担）。各县除洋装茶外，销粤、赣、苏等省内地者甚多。独婺源茶尽数制洋庄，无一引销内地者。

皖省改制红茶权兴于建德。前清光绪元年，有黟人余某者，即在建德之渡头街制红茶。光绪二年在祁门历口收粗制红茶（即毛庄），三年在闪里开设红茶庄。贵溪人胡元龙将自种之茶改制红茶，运售闪里，四年即有红茶栈。同春荣到祁门放款。当时红茶高庄在汉口九江售价不过四十八两，出数不过二三千箱。自此以后，茶庄逐渐增加，新种亦渐推广。光绪二十年后，祁茶价值益高。民国三年，高庄茶每担售价九十六两，为祁茶从来未有之价。至建德茶，则高庄亦有五六十两。惜祁门建德茶商山户并不因价贵而竞种新株，弃利于地，莫此为甚。倘能开辟荒山，添种新株，加意施肥，即祁门两邑，可望达到六十万箱，每岁可增进利益至一千八百万元之多。并将皖南各属栽种茶树及施肥采摘之法志左如详。

## 一、栽种

辟茶园者，开宗明义之第一事即为采集茶子，预备翌年下种。茶树结子，每在阳历九、十月之间，采集茶子，即在是时举行。采集之法，需选择强壮之茶树，且所产之茶叶，储藏室内，留待明年春季解冻后，至阳历三月初旬，即须下种。是时将地掘成小穴，每穴置茶子五六粒，以土覆之。若所植者全活，则有茶树五六株，成为一丛，而每丛相隔约四尺余。种后第一年，茶树高约五寸许。至第四、五年，树已高至二尺余，此时可稍行采摘。至第七年，则茶树已蔚然可观，此后可实行采摘矣。此为乡人普通种植茶树之法也。但茶树栽种之后，祁门等处土人对于施肥耕耘两事漠不关心，纯取放任主义。故于耕地整理之义，殊欠讲求。夫新辟之土，不用肥料，尚无大碍。而耕耘一事，无论土之新旧，应一律行之，方于茶树有益。而乡民无知，不明种植之理，对于所业，墨守不变，虽有子种，不知改良，虽有土地，难期增产，良可惜也。

按：茶树英文名之曰 Tea，科名为 Thea Sinensis，属于山茶科。茶为灌木类颇矮，但若任令生长，不加剪伐，则能高至四五十尺。叶底满布油核 Oil glands，油质藏于核内。茶之香味，即由油质所出。而茶叶中之戟刺质，饮之令人精神舒畅者，实由于一种有机之盐基质，名曰丹英 Theine 者之作用也。茶子包涵于花苞之内，每一花苞有子房三个，每子户藏有一子，采摘茶子多在十月间。查印度、锡兰于栽种

茶树甚为得宜。其法先将土壤耕松，然后作成子床，每子床有沟渠为之界限。茶子撒播床内，俟其发芽后，移之于苗圃。其茶芽移入苗圃后，每当太阳较烈之时，须用蒲席掩蔽，以免曝死。其苗圃四周围以藩篱，藉免动物之拦入。迨茶树生长高至六七寸时，便须移植于茶园之内。未移之前，须将茶园之土壤细为耕松，然后掘成小穴，移树于此，每穴只植茶树一株，每株距离约三尺二寸，树既栽种，以土覆之，惟四周之土，毋须践踏太实，且宜稍令松起，庶几茶之生长得自由也。至种后三四年，则茶高数尺，此时复用刀修剪，务使修短合度，树顶四围，须成一圆形。如是，则树之健全日增，而茶叶产额亦多矣。

## 二、植茶适宜之地位

种茶最适宜之地恒在纬线二十六度至三十度之间。吾国安徽之祁门、建德等县，与英属印度之大吉岭阿萨姆皆同此纬度，可知中外能产最佳茶叶之地，其相合之点，良以天气相同有以致之也。然同一地方而产之佳否，亦视乎其位置，要知种茶最佳之地为高山，次为平地，再次则近水之地也。如祁门之历山，高达三千余尺，所产之茶，每担恒售七十余两。又如毗连祁门浮梁磻村有葛坪山青龙嵩，踰四千尺，所产著名之仙芽，价值且逾八十两。该两处之茶，皆味香而色浓，外人乐购之。与锡兰七千尺高山之茶驰名天下者，又印度北部邻近一万二千尺天下最高之希马拉山之大吉岭所产之茶为天下无上上品者。茶质相等，由是观之，茶之佳者无不产自高山也。

按：祁门一带种茶者多在山上辟地种之，惟山地陡斜，绝无梯级，及无出水之沟，每遇大雨，则上层肥美之养分恒为雨水顺势冲下。有智识之山农，则于秋冬时用玉蜀黍秆铺于树脚之下，以御风雨，而保土壤，法亦完善。但查印锡茶园系将山地掘平，作梯级形，虽重山峻岭，有此平坦阶级之地，植茶于此，不为雨水冲洗，而茶树之根可免风雪之害，且工人登山采茶异常便利，无崎岖之虑，一举两得，法至善也，吾国业茶者盍仿行之。

## 三、土壤

土壤之于茶树亦为一重要之部分，盖以茶叶产额之多少，与夫茶质之优劣，全系乎土壤之肥瘠也。查祁门一带之地质为Porphyritic Sandstone云斑石的之砂岩，色甚红，经多年之风化，其石易于崩解而变成土壤，故所属各地之土壤皆呈红色。其土质又极肥沃，于种茶甚为适宜。其西乡之高山，土色较黑而带黏质，茶树种此，尤易收效，盖黑土富于腐殖质，而腐殖质又为土壤中最肥美之物，故土壤之富于腐殖质者，不独于茶树为最上之土，即于普通农作物亦为上品焉。且红黏土所含铁质颇丰，于种植茶树亦极适合，至于黄黏土则不如黑红二土之肥美，但此土在祁门并不多见，而在建德，则此土较多，故建德之茶，不如祁门，而祁门又不如浮梁之磻村，则知土壤之关于茶树为效不少，有足征矣。

## 四、栽培

栽培之法，土人绝不讲求，其稍能留心此道可得而言者，则每年当春季，约阳历三月，茶叶开始萌芽之前，以铁锄行第一次之耕地。将园内土地耕松，除去野草，至秋季约阳历八九月之交，茶叶已经采摘，茶子正常结实之时，又行第二次耕地。

按：土人所犯最大之病，在乎视种茶为副业。故于栽培一事，每不留心，以致茶业日形退化，茶质因以不良。尝见土人种茶，于茶树株间空处，每杂植油菜、大豆之类，大多数则种玉蜀黍。土人种此，盖以茶树所产者为附属品，而以种植粮食为主体，故于盈尺之隙地，尤念念不忘其粮食也。或谓茶树于夏秋之际，须藉遮阴之物以杀烈日，而玉蜀黍于夏末之时，长成甚高，能遮蔽茶树，颇为有益，此说谬甚。强健之茶树，并不须遮阴，种玉蜀黍于其间，则土中之养料昔之专供给茶树者，今则有玉蜀黍为之分润。养料既减，则出叶较少，茶质较劣，亦属意中事矣。至于种油菜大豆于茶园内，虽不甚适宜，然较种玉蜀黍为佳。何则？大豆虽能与茶树争养分，然此能吸收空中之淡气，夫淡气肥料也，苟能于收获后将其根茎埋入土中作为肥料，则土壤之肥沃亦可增加，以弥缺陷。虽然，园户能种大豆等物于茶园内者，其智识眼光已高人一等。以视无知愚农，令其茶园满生野草者，不啻有天壤之别矣。夫野草亦为植物之一，所需地上养料原与茶树无异，假令绿满田畴，芜秽不治，则茶树所得之养料日少，而茶种有不日就顿败者耶。

## 五、肥料

肥料一物，乡农对之不甚研究。查祁门一县，无处不种油菜，种此菜者，本用以制食油，油既榨出，所余之滓，俗名油枯（粕）。油枯当于窒素，且价格低廉，每担值银不过一元四角，用之以作肥料，于茶树颇为适宜。施肥之法以每树应用肥料多少为标准，施肥之前，先将树根四周之土挖深6寸，然后用菜枯粉拌柴灰约一饭碗，倾入穴内，须覆以土，此项施肥，有每年行一次或二次者，其施肥之时，恒

在二三月与八九月之间云。

## 六、修剪

欲树木生长茂盛，树体健康，则须剪枝，此于果树所得之效果，已彰明较著，而于茶树独何不然？但乡农无知，以为一加剪枝，则茶叶收获当少，不知树木剪过之后，发达更盛，出叶更多。盖树经剪过，则阳光能于全树放射，空气亦易于流通，而剪过之枝，又能多产新枝，斯茶叶亦多收获。乡民未知其利，以致枯枝蔓叶不加收拾。其所以然者，或因爱惜太过，或因懒惰性成，故二三十年之茶树从未修剪一次也。

## 七、采摘

采摘茶叶多在谷雨后四五天。今年以谷雨前后均连日淫雨，采摘维艰。遂至谷雨后八九天，方有可摘之茶叶出现（今年谷雨在四月廿一号，而各茶号开张多在五月一号前后）。采摘之法，乡农恒将每年新出之叶连同叶梗，于首次摘茶时全然摘去。因而树枝受伤为害不少，且叶与枝之间所出之芽蘖，因无大叶掩蔽遂致萎谢，而受害无形，全年拥护之枝叶，亦因之稀少（去冬寒冷，致高枝不能发生嫩叶者，即由于此）。故经此等不良摘法之后，第二次再发生新叶能供采摘之时，常在第一次摘过后四十日，而此后所出之茶叶谓之子茶。子茶恒因茶质不能柔嫩如春茶，致茶号制红茶者甚少，殊可惜也。

按印锡采茶之法，与吾国采茶之法迥然不同。吾国之法，则将本年所出之新叶全然摘去，印度之法则不然。每俟新叶发出五六片时，先摘上部最嫩之二叶一尖，其摘之之法，又不将该第三嫩叶全然并摘，但于叶梗处留下全叶六分之一，以为保护树枝与叶梗间之芽蘖，为日后嫩叶发生之地步。以致每次摘过约十日后，前次已□茶时所留下之萌蘖及下部三四叶间之芽蘖，又已长成寸余之嫩叶，以供采摘之用矣。如是采茶每隔十日，便能采□一次，每年除寒冷之月份不能采□外，其余约得八月为采之期。计每年可采二十余次。返观吾国产茶之地，其气候与北印度同，但因□法不同，以致每年惟行采□之时仅仅两三星期，采□回数不过一二次，而茶号制红茶之时期，每年亦只有二三星期，此后便无茶可制，以视印度一年之内茶叶源源不绝者，诚望尘莫及哉。

《农商公报》1922年第9卷第1期

## 茶（七月二十九日）

本星期茶市，趋势颇佳，红茶祁门连日英商行销去二千余箱，论货比价，较先前涨高四五两不等，现在市上尚存一千五百箱，而子茶又无人续办，来源已竭，清场有日。宁州及两湖，日来均有成交，价格稳定，有涨无跌，湖北之宜昌牌子货，和记仙品连年因红茶滞销，停办多年，今者该庄主人，观察市面，尚可有为，重整旗鼓。近该庄有样到沪，各英行一闻风声，不论价值，大相争买，现闻成盘七十二两，度其成本不过三十余两，获利甚厚，至绿茶平水及路庄大盘，美国销路，略有转机，连日美商行成交尚多，婺源扯价高则三十四五两，低则三十两，颇称平稳，珠茶珍眉秀眉，英法销路仍畅，价格日涨，尤以好秀眉呼声最高。

《银行周报》1922年第6卷第29期

## 辛酉年各业交易之概况

…………

茶业，本年洋庄茶销路，甚为畅达，无如各茶栈，连年所遭痛苦，对于祁门红茶，初皆不敢着手。嗣因新货珍眉开盘，有八九十两，英美各洋行皆纷纷购买。各茶栈，如和兴、公福、隆恤记、谦泰昌、谦益、洪源永等，皆于年内获利甚丰，所有上年存货，亦得善价，销通统市，存货甚薄，只印商各洋行，尚有买去少数。调查红绿各茶，仅三万余件，因此，如谦泰昌、恒记等，所盈甚巨，其同业咸抱乐观也。

…………

《申报》1922年1月23日

## 今年红茶箱额之难赠

红茶产额，欧战以前，祁宁约共念万余箱，而两湖产数，较祁宁尤倍之。自欧战发生后，逐年减少。迨至去岁，三处总计只有万箱之谱，供不敷求，所以极易出售，且得善价。因此之故，致一般人心理，俱谓今年新茶箱额大可加多，且云祁茶一种约有五万余箱。然此乃旁观揣测之词，实在情形，今年红茶箱额决不能多。推其原因有二：先言根本。茶之产生，全靠培植得宜，才能发育。而红茶交易连年失败，茶栈、茶商均属力尽筋疲。近两三年来，虽有做者，山价极廉，山中植茶之户，人工饭食无一不加。所售茶价，得不偿失，所以比年以来，植茶者对于茶树，均无意培植。茶树既不培植，则日渐枯萎。今一旦市面稍通，骤要增多产额，根本之上能乎不能？再言经济。业此者十九均无大资本，全恃栈家放款，才能营运。往岁栈家进祁接客者，约近十家，今年据闻，仅忠信昌、恒记、洪源永三家，此三家者又皆惊弓之鸟。当此俄路未通之时，决无冒险放款之理，且去年又为某洋行搁款十余万，资本有限，虽要宽放，亦属万难。至申地茶栈资薄者，则完全恃钱庄接济，而现今时局飘忽不定，钱庄又岂肯冒险放款乎？此经济关系之不能也。因此两层，今年箱额决不能加多，至多二三万箱而已。且闻某大茶栈，今年已歇业，据述该栈蚀本有五六十万，可云巨矣。惟该东资本甚富，本可继续营业，只因红茶市均无把握，故决意停手，不再冒险。

《申报》1922年2月25日

## 华茶之对内对外观

出产增加，外销不振，前余未可乐观。华茶自欧战、俄乱以来，经营困苦，已臻极点，茶业中人，不敢尝试者十之六七。上年红茶出产，祁门不过四千箱，宁州一二千箱，两湖七八千箱。路庄绿茶，婺源五万余箱，屯溪七万余箱，江西二万箱，歙县万余箱，平水八九万箱，总额不过二十余万箱。物以稀为贵，故红茶售价，至九十余两及百数十两。路庄绿茶，扯盘亦有四十余两，售价之高，获利之巨，实为该业所不及料。近闻各地茶商，闻风兴起，大有蓬勃气象。就红茶言，据

栈家预接定之箱额，祁门增至三万余箱，宁州二万余箱，两湖四万余箱。绿茶气候稍迟，未能定数，然必较上年增多，亦可断言。

当此茶商兴致勃勃之时，对于外销一层，殊不能不为之忧虑。盖茶商之所最痛心疾首者，为英俄二国重征华茶入口税是也。英国向例，对于茶叶入口税，不分国籍，一律征收，每磅十二便士。今华银每茶一担，征收银三十六两。以华茶平均扯价二十五两计之，则所收华茶之税，直是值百抽百四十，征税之重，久为吾华茶商所痛心。即洋商经营华茶者，亦所不愿，惟向来因英政府不分国籍一例征收，无从抗议。现于一千九百二十年，英政府忽将印度、锡兰入口茶税，减二便士，只收十便士，独于华茶入口税，则仍其旧。

就原税论，既苦其太苛，就减税论，尤觉不平等。比经上海茶业会馆，吁恳北京政府，与英政府交涉。英政府覆称，减轻印锡之税，系倾待属地，非重税华茶云云。茶商得悉后，以华茶入口之税，原则上已苦其重，且我国之对于英商优待，过于他国，由来已久。就英茶入口言之，所完正税，仅值百抽五，便可通行各口岸。印锡茶末输入汉口，复制茶砖，输出完全免税。今英政府独减属地税，以示优待。吾华之与英，固不能与属地比。而以国际友谊言之，我尝优待彼，何独不能受彼之优待，在交际上，亦无有是理。又，英国之不减华茶入口税，似因爪哇茶输入日多，以此为之限制曾不计。及彼之运输，较便利于吾华，彼之入口税虽不减，其痛苦尚未如华茶入口税不减之甚。此种情形，即旅沪之英商，亦均知之。故英商如怡和、天祥、天裕、协和、锦隆、仁记、礼昌、柯化威等洋行，屡经集议，联合要求英政府一律减轻。我国茶业会馆，亦叠次请求政府与之交涉，务达目的。诚以能减轻一分，则茶商可免一分之担负，留一分之生机也。

向来华茶输入俄国者，有十之七八，近以华俄尚未正式通商，可通商处，又复苛征重税，亦为华茶绝命之源。近有茶商自给尔滨来沪，备言华茶对外贸易之困苦，并云俄国输入华茶，其苛征税率，尤甚于英。欧战以前，向例每值百抽四十，继而增至每值百抽百，今则增至每值百抽二百矣。华茶俄销，非重订通商税章，已成绝望。今内地出产，既多于上年，山价又必随之而高，而对外贸易，如此之困难，茶业前途，诚未可遽为乐观也。

《申报》1922年3月15日

## 江西新征茶税之交涉

茶税为国家统一正税，前因茶业失败，叠经茶商陈兆焘等，呈请政府，减收半税，减轻茶商担负，已邀照准，茶业赖以维持。本年四月十八日，江西省令在饶州府景德镇地方，对于皖省出产红茶，临时一律加收，每引值百抽二十五。祁门运沪箱茶，事前茶商并未闻知，均被阻滞，旅沪茶商以华茶近来外销，俄罗斯已成绝望，英美各国，又有印度、锡兰、日本、爪哇诸国之茶，与之竞争，诚危急存亡之秋也。在政府方提倡挽救之不暇，何堪再事重征，以重茶商之担负，故已预备向皖当道呼吁，与之交涉矣。

《申报》1922年5月29日

## 旅沪祁门同乡电赣力争茶税

旅沪祁门同乡会致赣督军、省长电云：南昌陈督军、杨省长，鉴赣人诋赣，官吏暴敛横征祁人，每为置办。盖祁浮接壤，商运频繁，去年祁商运粤安茶，经过赣之沽塘，统税局突然加征一五抵补金。经该商等请求豁免，慨然准予停征，文牍具在，祁商至今称颂。本年祁门红茶经过赣之浮梁，该茶税局借口祁茶多购自浮境，不惜违背向章，巧立名目，每引加征二五，复有种种需索，否则不予放行。一时茶船被扣者，至百数十号之多。群商惶迫，不得不勉从其欲，然延期损失，已不资矣。钧座军事倥偬，或不暇体察及此，谨奉以告，乞稍留棠荫，毋贻茶商永久之累，严饬概予发还，永禁加征，并盼示复，诸希谅察。旅沪祁门同乡会正会长张佩绅、副会长许大椿暨茶商全体同叩文。

《申报》1922年6月14日

## 祁门同乡力争茶税续闻

旅沪祁门同乡会张佩绅、许大椿等，为赣境加征茶税事，公呈皖省长，请予据情力争，其原呈如下。呈为税处苛征，茶商受累，恳请咨行江西省长，严令发还，永禁加征，而维茶业事。接据茶商全体、恒馨祥等报告内称，祁门僻在山中，与江西之浮梁，壤地相接，均以产茶著称。前清同隶两江管辖，所有祁浮茶税，概归皖南统税局分别派委征收。每百斤为一引，征税银二元二角五分。民国初元，赣持地方之说，争收赣境茶税。经皖赣两省县委协议，会呈皖赣两省都督批准。皖茶皖征，赣茶赣征，视茶号开设所在地，与成箱之熟茶为标准，历经遵办在案，从无征及毛茶，及税外加税之事。去岁祁商运粤安茶，经过江西之沽塘，统税局勒令加争一五抵补金。经祁商呈明省部，咨行江西省长，奉覆皖茶税率，核与赣省产地税率相同，自未便加征。该沽塘统税局按照浮梁篓茶之例，加征一五，实属出于误会，并非有意苛征云云。此皖赣两省征收茶税之经过情形也。乃事有为商等措手不及，因而损失甚巨者。

本年祁门红茶，经过江西景德镇之西瓜洲，该茶税局长华埙探知，红茶利在速运，乘机留难，借口祁茶多购自浮境，应归浮局报引。朦电江西财政厅，始将开设祁门之高塘等处之同人豫等六家，于加征二五之外，勒令重行请引。经该商再四请求，始允另补加，一并索去保护金二百元。由景镇祁门会首倪前金经手过付，继见茶商愚弱可欺，串同景镇统税局，大张布告。凡祁门茶船过该局卡，一律勒令，补完中央、地方各五厘，及一五抵补金，合计每百元，加征至二十五元之多。否则，不予放行。当时茶船被扣留者，条至百数十号，耽延至数日之久。商等以血本攸关，只得忍痛照缴，有该局执照可凭。迹其贪暴情形，视虎狼为尤甚。商等因迟到沪上之故，行市蹉跌，损失敷逾累万。此诚商等欲哭无泪，不能不恳谓力争者也。

查此次镇局加征之原因，实误认赣茶赣税之，一点不知祁浮皆产茶之区，祁茶多于浮梁数倍，向来互市，越界设庄，习为故常。如本年浮梁磻村之贞元祥号，设分庄于祁属之东源岭，又沧溪之源馨昌，江村之隆裕、同元、福利昌等号，设分庄于祁属之港上、江家河、竹莉里等处，收买毛茶，数倍于祁商购自浮境之数，昭昭可证。设祁门茶税局援以为例，两邑茶务不将大起纷扰乎？况零是茶户，散处乡间，惟视价格之高下，定其出售之趋向。有祁地茶户肩售于浮境商号者，有浮地茶贩运销于祁境商号者，此园户、茶贩之自由，岂能以地域相限。若谓毛茶购自浮境，不特实事上无可稽查，习惯上亦无从防制，且征及毛茶，不啻征及原料。试问江西之瓷器，其原料多产自祁门，设皖省税局援以为例，则两省商务不愈大起纷扰乎？

前此赣省当局，对于运销粤省之安茶，既视为未便加征矣。对于此次洋装之红

茶，而谓可以加征乎？对于沽塘统税局之加征一五抵补金，既声明出于误会矣。对于此次景镇统税局，于加征一五抵补金之外，又加中央、地方各五厘，复有种种之需索，谓非有意苛征乎？此停彼征，狐埋狐搰，视茶商为鱼肉，藐向章若弁髦。当此俄商裹足之时，中央政府尚能体察商艰，减轻半税。而赣省税局，竟敢巧立名目，任意聚敛，将来建德之茶，以及祁商运粤安茶，经过赣境，亦必援例加征，无可幸免。

商等受此意外损失，情实难甘，除抄粘呈请省署转咨外，为此报告贵会，请予转恳省长，转咨江西省长，将本年景镇茶税局加征祁门红茶二五税款，及勒索同人豫等六号保证金等费，严令概予发还，并饬该局，将此项加征之税，永远停征，验照放行，无任盼祷，等由到会。当经敝会反复磋议，佥以祁茶为出口大宗，关系祁民生计。年来茶务亏折，地方困苦万状，设再额外加征，必至愈形堕落。且去年江西沽塘统税局加征一五豁免，已有先例，理合呈请钧鉴，即乞核夺俯准，据情转咨，分别发还，停征实为公便。谨呈安徽省长许。

《申报》1922年6月19日

## 茶业会馆请赣免征皖茶税电

本埠茶业会馆近接源祁门出口茶商函称，奉乐平、德兴、浮梁等县税局布告，奉财政厅电令，凡贩运源祁门茶抵局，听候查验，如货单相符，遵照本省税章，加征中央、地方各五厘附税，并一五抵补金，自五月十二日，奉文之日，一律征收，填单放行，各宜遵照等因。该会馆因此于昨致江西财政厅长一电，大致谓皖省祁出口箱茶，自前清及兹，经过乐平等局，历只照验放行，并无征税先例。当民国初元之际，由赣皖两省协定茶税，皖茶皖征，赣茶赣征，各不侵越，历年无异。今钧厅陡乘□祁箱茶出运之时，电令乐平等局截征二五新税。皖商闻之惶骇万状，曩者商等因运英箱茶，受彼政府施行新章，待以不平等税则，沥陈我政府电咨驻英公使，提出交涉，彼以优待。印锡属地茶商，系为素定政策，不能变更。华茶因是无形失利，幸蒙政府体恤商艰，准予减免国内厘税，藉图自救，通令各海关，豁免出口正税，及内地税厘，减半征收，少轻华茶成本，俾可对外竞争。何意方在，减免期中，而钧厅忽有此项加征二五新税，通令不徒重困。

皖省出口茶商，亦似与政府实施救济华茶政令，不相符合。比年茶市已成弩末，纵使新税可行，合□祁所得，要不过二万元而止。然在减免茶税期内，反以例外新税，责令商人担负，使国家为此区区失信商民，亦殊不值。此则商等不能承认加税之理由也。现正新茶出运之际，赣地为□祁茶船，必由之境，万一因加征新税，被局阻留，损失诚非浅鲜。为此，谨以快邮代电，呈恳钧厅，俯赐鉴核，迅准电令乐平，免征□祁出口箱茶二五新税，仍照旧章办理，以轻成本而维对外贸易。鹄候电谕只遵，不胜企踵待命之至。谨呈上海茶业会馆。茶商陈兆焘等叩。

《申报》1922年6月21日

## 反对江西加征皖茶税之昨讯

前月江西省令，临时加征皖省出口茶税。红茶、绿茶多被阻滞于乐平、景德镇之间，叠经婺源茶商公会、本埠茶业会馆，群起反对，具呈农商部、皖省长、赣当道及财政厅长，据理力争，各情均纪前报。兹闻祁门旅沪同乡会，对于此事亦极异常愤慨，业已公推张佩绅君入京，直接向农商部请愿，推黄立中、康达两君，向内地进行交涉，不达取消目的不止云。

《申报》1922年6月23日

## 茶业请求续免茶市之先声

年来茶业失败，茶商困苦，已臻极点，而政府征税綦重，担负为难。前经茶业会馆总董陈兆焘君呈准政府，免收出口全税，减收内地半税。三年以来，茶业赖以维持。兹闻陈君鉴于茶业之不振，而免税之期行将告满（本年十月十日为止）。非再呈请政府续免出口全税，减收内地半税，以轻茶商之担负，则茶业前途，不特无发展希望，抑且愈趋愈下。故拟联合各帮茶商，要求政府续免出口全税，减收内地半税，以挽救此岌岌可危之茶业云。

《申报》1922年7月2日

## 祁门同乡力争茶税续闻

旅沪祁门同乡会，前以赣省浮征茶税，曾经电呈皖省长，请予咨转江西省长，分别发还停征各情，曾纪前报。兹闻祁门同乡，以赣省官吏，近多更调，诚恐此案一时难以结束，因复集议，拟定办法，再接再厉，不达目的不止。兹录办法于下：一、推定倪望隆、汪超二君为驻皖代表，黄立中、康达二君为赣垣代表，接洽两省事务。二、由国会议员张佩绅君商同旅京同乡，公电江西省长，请其速令分别发还停征。三、由张佩绅君商同全皖议员，并具正式呈文，陈明农商部，请其严令赣省照办。

《申报》1922年7月3日

## 洋庄茶市之近况

本埠洋庄茶市，……红茶市面，其中，祁门红茶为英美行家所信用。本年出产四万二千余箱，售出者已过半数，仅存（中等茶）一万八千余箱。目今洋行家咸是零碎之需求，所以茶市尚称平稳。两湖红茶，上星期由谦顺安茶栈售出数千箱，价自十七两至二十二两（牌价曾志本报），市面殊难起色。宁州红茶，锦隆等行只有零星成交，并无大宗卖买，市价步跌，茶客方面，亏本在所不免云。

《申报》1922年7月3日

## 婺源反对江西征茶税之沪讯

本年新茶上市，婺源祁门等处箱茶经过赣境，被江西省令乐平、景德镇税局加征中央、地方各五厘附税，及一五抵补金。皖省茶商对于此项加征，异常愤慨，业由本埠茶业会馆、祁门同乡会及北京、上海各同乡，群起拍电反对，曾纪前报。兹闻婺源茶商公会公推汪超丞、赵懋和、程述卿，代表晋省，向皖当道请愿，并闻许

省长已三次咨请赣署取消，均未得复。许省长准再派员赴赣交涉，闻该代表态度异常坚决，不达取消目的不止云。

《申报》1922年7月9日



## 茶税交涉之覆电

旅沪祁门同乡会，昨接安徽许省长覆电云：旅沪祁门同乡会鉴东代电，悉此案已迭据徽属茶商暨茶税总稽查各公会，先后电呈，节经咨请江西省长迅予，转饬财政厅，立令各茶税局，先行停收，并将已收税款及保证金发还，现复派委专员，前往交涉矣。此复许世英灰印。

《申报》1922年7月14日

## 江西加征皖省茶税之农部批

本埠茶业会馆，昨接农商部第八百五十三号批示，略谓前接原具呈人上海茶业会馆，恳咨江西省长，令行财政厅电令各局，撤销加征皖茶二五新税，仍遵旧章办理，由代电一件批示云，代电已悉。据称赣省财政厅加征皖茶新税一节，如果属实，自与出洋华茶免税成案不无抵触，业经咨行财政部，查明办理矣，仰即知照。此批。

《申报》1922年7月15日

## 皖茶停止加征之赣财厅通令

旅沪祁门同乡会，昨接驻赣代表邮报称：本月十三号，赣省财厅通令统税茶税各局长云：景德、浮梁、乐平、德兴统税茶务局长览，皖茶运经赣境，加征中央、地方各五厘附税，并一五金融、善后抵补金一案。现经皖商呈奉财政部核准，免予加补，自应遵办。嗣后，该局如遇皖商运茶经过，验明已在皖局照章完税，照货相

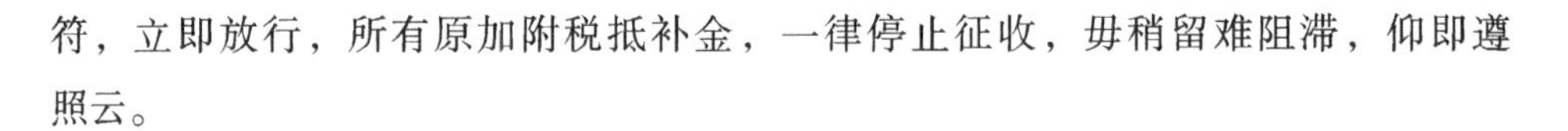
符，立即放行，所有原加附税抵补金，一律停止征收，毋稍留难阻滞，仰即遵照云。

《申报》1922年7月19日

## 赣沽塘统税局苛索皖茶税

皖省婺源、祁门两县，向以产茶著称，税额悉有定率。本年婺祁红绿箱茶，经过赣之浮梁、乐平等处，突被迫令加征二五税银，及需索保证金等费。各茶商损失甚巨，曾由京津同乡、皖籍国会议员及沪上各茶业团体，群起力争，并经农商部咨行财政部查明，转咨赣省署取消，赣财厅遵令停止征收各在案。

兹闻旅沪茶商，以赣省此次无理加征，既经明令停止，而红绿箱茶被征之税，已去十之七八，当然要求全数退还。且鉴于上年沽塘茶税局加征祁门安红一五抵补金故事，势非要求退还前。此加征二五税银，不足以杜效尤。故一致主张，将所完之二五税单，汇齐总数，呈报财政部，饬令退还。查皖赣两省茶税，前清系同隶两江管辖，概归皖南茶税总局分别派委征收，税银悉依定率。自入民国，赣持省界之说，争收赣境茶税。业经皖赣两省县委协议，会呈皖赣都督批准，皖茶皖征，赣茶赣征，视茶号归设所在之属地，与制成装箱之熟茶，为局区征税之标准。从无征及毛茶及税外加税之事，历经遵办在案。

上年祁门茶商运销粤省之安茶，经过赣之沽塘统税局，突被迫令加征一五抵补金。经该商呈明，省部咨行赣省，奉覆皖茶税率，核与赣省产地税率相同，自未便加征。该沽塘统税局，按照浮梁婺茶之例，加征一五，实出于误会，并非有意苛征。嗣后安茶过境，不准加征云云。当时该商以部署明文谓，系出于误会，因茶数不多，亦不诛求退还一五税银。不意本年乘新茶上市之际，骤行旧习，追令税外加税，宁非有意苛征。故此番茶商对于要求退还二五税银，意态颇为坚决。乃近来沽塘茶税局发生一事，大足为茶商痛心疾首者。

…………

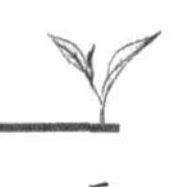

《申报》1922年7月30日

# 赣省停征皖茶税后之财部批

本埠茶业会馆，昨接财政部第四百四十号批示，照录于下：前据原具呈人上海茶业会馆陈兆焘等代电一件，恳迅咨江西省长，令各局撤销加皖茶入赣茶税由代电，悉此案经由本部咨准江西省长复称，皖茶运经赣境，向不补抽附税及抵补金。本年因皖商同人豫等六家，在浮境设庄，采办大宗红茶，绕赴祁局纳税，避重就轻，是以董前厅长酌议分别加征，以杜趋避。现已由厅电饬景德镇、乐平两税局，并浮梁、德兴两茶税局，嗣后如遇皖商运茶经过，验明已在皖局完税，照货相符，即予放行，所有原加附税抵补金一律停止。此项皖茶运经赣境，既已免征附税，以后遇有商人采办浮梁，如再绕赴祁门完税。一经查明属实，虽有祁局税单，经过赣省之西瓜洲时，仍由景德镇税局扣留，征收正附各税，以杜取巧，而符定章等因，前来合行，批示该商等遵照。此批。

《申报》1922年10月11日

一九二三

## 咨农商部所有祁门茶税局征收茶业试验场头二三批茶税准予如数退还除训令外咨请查核文

六月十四日

为咨复事，案准贵部咨，以祁门茶税局征收茶业试验场头二三批茶税银一百六十一元四角三分七厘，请转饬如数发还等因前来，查此案前准贵部以茶业试验场呈称，由部填照。于事实诸多窒碍，请仍由该场填发。于运竣后，将总数呈报查考等因，当经本部以由场填照，向来无此办法。为便于该场运销起见，特准由部颁印空白护照，发交安徽财政厅转发祁门茶税司，于该项茶叶报税时，就近查填，交由该场人员收执，以资护运。分别行知各在案，兹准前因。除训令安徽财政厅准予如数发还外，相应咨请贵部查照核转可也。此咨。

《财政月刊》1923年第10卷第115期

## 咨税务处农商部茶业试验场运销红茶由祁门税局查填护照并将第一批所缴税款准予退还咨复查照文

六月四日

为咨复事，准咨以农商部所请，将茶业试验场试制红茶运销上海，由场填发护照，及令祁门茶税局发还税款各节，咨请查照办理等因。查此案业准农商部分咨前来，当以由场自行填发护照，向无此项办法。兹为便利该场运销起见，应准通融由部颁印空白护照，发交安徽财政厅转发祁门茶税局，于该项茶叶报运时，就近查填，交由该场收执，以资护运，但仍以前次核准之数为限，至第一批已运之一百二十八箱，在祁门茶税局所缴税款，应准如数退还该场等语，咨复农商部查照，并分行沿途各关卡一律验放各在案，兹准前因，相应咨复查照。此咨。

《财政月刊》1923年第10卷第115期

# 农商部茶业试验场广告

近因推广种茶起见，特将本场及所属第二分场，培植一年茶苗，廉价分让，每百株定为大洋五角，运费在外。现届移栽期近，有志茶业者，务希速向本场或分场订购。本场设在安徽祁门平里，分场设在安徽秋浦县城，均通邮政，并通水路，特此广告。

《农商会报》1923年第108期

# 茶业会馆致各产地要电

报告英市红茶跌价。

本埠茶业会馆，顷因上海英商天祥等行，接到伦敦来电。英市红茶每担陡跌价四两，于各业运洋箱茶影响甚大。特分电汉口茶业六帮公所，祁门、浮梁茶业总会，秀水馨茗堂，分转产地各茶号注意，电文照录如下。伦敦来电，红茶每担忽跌四两，飞转各茶号，格外慎重，以免蹉跌，而维血本。上海茶业公会。

《申报》1923年4月16日

# 茶业会馆今晚开会

本埠茶业会馆，刻接祁门茶业公所函称，兹闻有人倡议，洋庄红茶仍归汉口运售，特函请召集驻申各栈，公同议决，俾照进行等因。该会馆接阅后，以红茶将次上市，未便俄延。比即通传各栈，定于今晚七时开会讨论，以凭答复。各茶栈当于通知单上盖章，并发表意见。洪源永谓俄商未通，万无汉售之理，乾记、恒记主张同前，惟须俟今晚议案，经众通过后方可据覆。祁门公所云。

《申报》1923年4月28日

## 茶业会馆会议在申售茶

本埠茶业会馆，前日因接祁门公所来函，为洋庄红茶运汉问题，特于二十七晚七时开会。各茶栈均派代表到会，讨论之下，佥以中俄通商条约未订，运汉断然不行，仍宜申售为是，并由恒记栈声明，谓现闻有少数英商，另外派员去汉，实非注重祁茶云云。当经一致通过主张申售，业已备函答复矣。

《申报》1923年4月29日

## 瑞商注意经营华茶之电讯

本埠某瑞商洋行，昨接该国总行来电，对于我国红茶，颇为注意。而于祁门、宁州、两路之货，尤为欢迎，并嘱先期寄样，以便推销等因。查瑞士国行销红茶，向年多由英人间接运去，并无直接贸易，致吾华茶叶，该国人士少有知者，而去路亦无从发展。今该国商行既谋开辟途径，我国茶商宜乘此时期，与之切实订定贸易方法，未始非吾华对外发展之一好消息也。

《申报》1923年5月4日

## 红茶开盘市况

祁门、秋浦等县，向为出产红茶之区。该处茶商因去岁颇得厚利，故今岁山价看高。现在新茶上市，开盘伊始，价格较上年提高二分。此尚系谷雨前所开出，谷雨后出货，必然充斥，不能作为定准也。又有一般茶商谓，今年外洋销路，据情势上观察，无甚发展，最近又不免调转趋势，究未知若何趋势也。

《申报》1923年5月11日

## 江西又征皖茶税之反对声

皖省出产红绿箱茶，运销国外，经过赣境，上年乘新茶上市之际，曾由赣当道迫令二五加征。旋经茶商群起力争，由财政部转咨赣省署取消，赣财厅遵令停止征收各在案。本年新茶行将上市，昨日本埠茶业团体，又接到祁门茶商来函谓，本年祁门箱茶经过赣境，又有每引抽收六元之通令，茶商异常愤慨，已由祁门茶商公会，急电江西省长及财政厅长竭力交涉，并请上海茶商一致力争云云。各茶商闻讯后，咸谓赣省此番无理加征，实系重翻旧案，业经讨论，进行对付方法云。

《申报》1923年5月11日

## 九江近事

…………

红茶为出口大宗，九江自俄商顺丰、阜昌停制茶砖后，外人之购运出口者，以英日两国为最著。本年茶业生意不甚发展，其原因有二：（一）入春久旱，红茶收数减少。（二）前日江水低涸，运输维艰，加以现在各地，对于某国经济绝交，于是仅有英商购买。刻下祁门、浮梁、修水等处，所产红茶，只运头帮到沪，其二三帮虽已用箱装好，尚均停滞饶州，倘再迟不到沪，则茶业生意收场，不免大受影响矣。

《申报》1923年6月19日

## 旅沪祁门同乡会常年会纪

本月初四日上午十时，旅沪祁门同乡会，在本会所开第三次常年会，并欢迎茶帮诸君。公推洪希甫主席，首由主席述欢迎诚意，次由洪希甫将昔年皖路争回捐款，附入芜湖裕中纱厂股，本洋一千四百元，助作同乡会常年经费，当众交由会计

倪继元收执。副会长许筱甫，以职务纷繁，坚请辞职，后经全体挽留，复由茶帮敦劝，许君始允暂维现状，待正会长到沪，再定办法，后复提议各事，时已钟鸣四下，遂摇铃散会。

《申报》1923年6月22日



## 茶（五月二十六日）

连日市上，新祁门红茶略略见到，业经开盘，低庄四十八两至五十两，中庄五十九两至六十四两，高庄六十六两至七十五两，总计到数不过九百余箱，而其成交已八千余箱，颇称走动。论价比之去年高出十余两，虽今春山价高，而业此者，均能获利，现在情形，似以低庄货为最流行，若顶高庄，亦为洋商所注意，以大势论，祁门比之别路，似占优胜，宁州迄未见到，因南浔铁路，日来运兵，未暇运货，以致稍搁，大约日间亦可到沪。温州红茶，本星期价格尚称坚立，惟销胃已减，不如上周之盛，因英商行嫌其价高水薄，改其方向，注意两湖，只白头行取其条索尖细，略有成交而已。两湖红茶，昨日汉口来电，安化开盘三十二至三十八两，长寿街三十两，平江二十八两，高桥二十六两，其中以安化成本高，似难获利，绿茶路庄，闻不日可到。目下温州珍眉，略有成交，价格平定。

《银行周报》1923年第7卷第20期

## 茶（六月二日）

连日市面，殊为失望，祁门红茶，开盘以来，不过一星期，今则日形软疲，来源方兴，交易日少，业此者睹此情状，不无着急，于是自相贬价，以为流通地步。因之本周末，尚觉稍为走动，然经此一疲，价格比之上周，初门上中庄已落五六两，低庄二两，温州及两湖，均落一二两不等，近日英美方面，消息传来，均称不佳，市面变幻无常，今春成本太高，瞻望前途，难抱乐观。绿茶平水及各路路庄，本星期开始见到，亦经开盘，平水三十三两二钱半，屯溪珍眉六十三两，遂安珍眉五十八两，屯溪香眉十八两，平水价格比之去年高出三两，其余均不相上下，目下

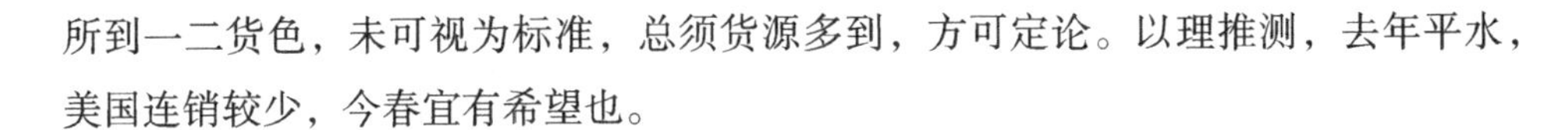

所到一二货色，未可视为标准，总须货源多到，方可定论。以理推测，去年平水，美国连销较少，今春宜有希望也。

《银行周报》1923年第7卷第21期

## 茶（六月九日）

日来各路红茶，纷纷涌到，查祁门一路，市上已到五万七千余箱，来源既多，销路日减，此种情形，已非佳兆，所幸人心镇定，不肯乱放，价格得以支持，一时不至大跌，然长此因循，苟再无大宗需要，终必致不堪闻问。两湖茶本星期桃源申盘开出三十一两，变化已跌至二十八两，高桥跌至二十五两，种种无不落价，今春成本过高，折耗之情，恐难免也。至于宁州到货日多，少人问讯，业此者顺大势之所趋，不得不贬价从事，故连口宁州略略销去二千箱，目下市面毫无起色，只有绿茶平水颇形活动，价格坚俏，差强人意耳，绿茶珍眉真正屯溪货，市上已到天香牌一字，初则得盘六十七两。业此者嫌其价低，随即缩至六十四两，竟尔成交，市价随开随缩，今春市面，如此现象，出人所不及料也。

《银行周报》1923年第7卷第22期

## 停闭了的安徽茶务讲习所底印象记

养 真

### 一

我们翻到三十年以前底科考的时务策论，就有关于茶业改革底作述，可见茶叶是不容不图改进的，已不自今天起了。

一八九五年，福建曾有人们组织“制茶改良公司”，一九〇五年，南京有调查海外茶业阁底集合，主任还请英人利亚尔（Lyall），后来农商部又在祁门创设中央茶业试验场，湖南和安徽也相继地开办茶务讲习所，著手实际底施设，也算是很有

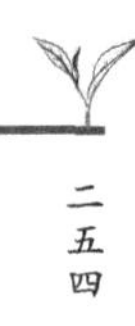

些日子了。

然而没有听到或看见什么少厌人意的成绩在哪里呢？这原因是极有研究的价值的，可是难以一一查考。中央茶业试验场底概况，已由我底朋友潘忠义介绍了，那么，我于安徽茶务所，也把我底见闻扼要地写个大略，给一般热心于茶业改进底同志们做参考罢。

## 二

安徽在我国底产茶的省份中，是数一数二的，就本省底出产物中底输移品说，也是要数一数二。但是直到一九一八年才办了一个茶务讲习所，从事于茶业底研究，这已经可怪了。更奇怪的：成立只有三年，又把它很轻易地停办掉了。

其实就停办底本身说也未尝不能算是应该的。为什么呢？因为办法太不是的。因为执事人们，对于茶叶底行事的研究，能致用到实地的相当的门径，一点都还没有，便大模大样地招些生徒来讲习了。这不仅是冒失，这不仅是糊涂，这实在是盲动。讲演起来，没有什么做得适当的教材；实习呢，甚至够用的茶园也没有得。这就有十个八个茶业专家，至多也只能够努力做些嘴头底工夫或纸上底事务，也不能对这属于必须有土地，有器具，有作物底农业范围底茶业，便会有有次第地演习的呵。而况多是些门外汉吗？尤且茶业是渐进的殖产，非有四五年底经营，决不能使栽培及制造等事完备的，不似他种农业，只要有了地盘、用器、品种，再能做的得人得法，立即就有满好的成绩可以供研究练习的了。

虽然该所所以停办，可也未见其是。其理极浅，也不消得申说的。

## 三

安徽现下又在举办类似茶务讲习所底制茶工厂，云南茶务实习所已在试办之中，浙江也在拟议了，前日中华农学会和中华教育改进社等开“农业讨论会”于山东，议决案之关于茶业的亦有广设茶业试验场，并有农校添设茶科等条，是研究茶业机关，于最近的将来，必有林立之观，是可断言的了。

那么，该安徽茶务讲习所底所以失败，颇足资后起者底参考，而后起者也未必不正须此种参考呢！记者所以乐于从友人觉农先生之嘱，而做这过去事的叙述文字。

## 四

这文底范围太阔，要是觉得可以写的就写，记者和读者底时间，都有些不经济，而且占了本刊底宝贵的篇幅，也很可惜。我用批评的论调来写，提出几个失败的大纲来，把其余的历史及其好的所在夹叙夹议的约略的写在一齐，至于文字底好坏，不是我所计较到的。我最要注意的，就是："对于一切，有客观的忠实。"

任事未能得人。该所创造者是安徽有名的茶业世家俞燮先生，他为茶业改良，一渡美国，两到日本，几乎因此破产。这种为志业牺牲的精神，中国农业界中能有几人。开设之初，又有专学茶业的朱文精做技师，很能振作得起来。但是也只有"讲"呵。后来俞先生求是底"有终"败于暮气，遂为利徒所制，于是江河日下，一切正和中国茶业底趋势一样了。总之，俞底茶业学识和志操，超过他底才力，终免不了偾事，我们不能不深惜的。继任是军阀底议员叶光宇先生，唯利是图，不足致责。叶以不容而去职，荐南高文科学生柳营先生以代，柳是忠厚长者，供其傀儡，施设诸仍旧惯，也和俞先生般的可惜！以如是的所长，他们所招来的可想了，怎怪冬烘和市侩多备员呢？总起来说：俞任为一期——前期；叶、柳任是一期——后期，两不能够混同的。

进行没有计划。该所本是准甲种农业学校而设置的。前期始终未易目的，故请的教员多是高等出身的人。唯是不谙实业教育原理，以俄国能够多销华茶则授俄文，英美也能销用华茶又授英文，又复更授日文。试思三年中，除去茶季实习，每年四月起至八月止，及平常实习又休暇底时间外，至多平均只能授课七十五星期，即专究两种外国文，亦难使高材生尽能好呀。后期于课程略有减缩，实为唯一建革，然以教员多为劣者，特降程度低就之，并将其固定不成系统的计划也废了，甚至在子茶还没有著手底时候即放暑假（定章没有），至于百余日之久才开学。并且有一小块种植的试验区，也废止了去□豆子小麦，把茶园底标号牌子插在别人底园里以壮观瞻。

讲习不能得法。无论什么学业，没有自己不能或不知的，便可以去教人了；只有己能或己知的而不得全部教给人的。俞燮于茶业是有学识的，其如不会教何？别人不足说了。宜乎什么茶业历史，什么茶业地理，都成要科，尤可笑的摘抄商务印书馆出版的某经济学书而油印之，说是"茶业经济"，每星期上三点钟。至于实习，前期于制造上极为注视，故甲级生皆能确有所学，后期于采摘、揉捻等各予试做一二次，每次只有两三小时而已。学生要求实习，拒而不理。徽州红茶，名闻世界，

乙级插班生，谁也没有尝试过那制造法底怎样。栽培呢？那是始终都没有可以说的材料了。

没有精明的预算。任何事业，办理总要看著经费多寡以为进行。该所常费，每年不下两万，并不是不可以大有为的。即如当初主任技师朱文精先生犹能月支百元，后易吴廷槐先生薪水年不过百数十元，彼以薪水太少，虽负重任，也不过茶季初时去指导些儿罢了。其他一切，更是不必说了。后期虽有二百元结余，所以也不能得人底同情。

以上列陈的几点，都是关于该所底本身的缺点。

## 五

还有两点，也是致该所于失败而不可收拾的真因：

学生多不是真心学茶业的。凡在前人学的，不是有心于茶业的较少。后期所招入的，为茶业研究去的，可就难得说了。甲级及乙级固有的学生，因为对于制造学着了些方法，仍凭他腐坏去，不肯认真过问，那些没有学过的，少有人愿说话，也少有人晓得说话。

没有人能监督。该所距离官厅很远（中国官厅监督官办事业原是瞎的，然逼近官厅总要好得一些），地方深鄙恶之不肯注意，外地新闻时或有些记载，类是好恶用事的投稿，有等于无，这都是该所底不幸。尤且学生放弃责任，没有丝毫的监督，记者是就中一个，现在还在自责，前期中因为技师不来还有反动，后来转而消极的举动也没有了。那些执事者何惮而不任意作为，不特对于事务诸多敷衍，即如茶园很少，三数方不过两亩，该所人粪料犹复出售的，竟又年领巨大的肥料代价，其他可知了。

极经济的写，却写了这些，这都是荦荦大端！

## 六

记者于此，更有几条抽象条见，要郑重提出，愿著手或留心于茶业底改进的人们注意一顾：

任事者底选择，不必计其必有茶业学术，以有无改良茶业底良心做前提。

改良必须分科并进，栽培及制造及制茶化学底各科技师，选任不仅在茶业底学术，也要注意有无能够改良茶叶底良心和能力。

进行计划，先藉日本及印度等法，从事整理，兼途更图改进，不可紊乱的做。

先只能设立试验场，略有头绪，即招收些练习生，共同研究，夏秋完全实习，春冬间半实习而半读书。

茶业研究者非有致用的经验，且试成了能够推行的方法时，不可□设茶业学校或讲习所。

练习生于茶业非有相当的了解和信仰，且能实行农读主义者，不得滥竽充数。

联合各地底茶叶机关，相互监督，交质方针，暇则开开展览会，以较成绩而究方法异同底优劣。

费用要尽入为出，只可公开不足，不可糊涂有余。倘有大举，远处去参观或大规模调查等，力有不及，则合数地之力而成全之。

《中华农学会报》1923年第37期

# 安徽省茶务学会简章

缘起：

东哲有言："民富则国富"，信斯言也。民富者何？实业之谓也。无论东西各国，莫不以振兴实业为先声。今我国不图创造于将来，而已有之实业日益衰败，如茶务一端，我国昔年为出口大宗物，所产之地，则有甘肃、江西、贵州、江苏、浙江、湖北、湖南、安徽、云南、福建、广东、四川等省，行销海内外，每年比较则收入亦达数百千万之巨，实足以自雄。然自日本、印度、锡兰、爪哇等国发现茶业后，则我国利源之减少，收入之损失，年不下数百千万，其原皆咎于袭用古法不图改良之所致也。至于我国之业茶者，对于种植、培养、制造诸法种种不加研究，加之奸诡商人，百弊丛生，其对于商业道德有失信用，故他国之能夺我利权者，未必不由于是也。同人等有鉴于斯，天职所在，爰特鸠集同志组织茶务学会，研究改良方法，以挽回茶业已失利权，而谋最后优胜，使吾国茶业遂蒸蒸日上，为寰球先驱，此同人等之企望，亦我国实业前途之幸福也。是为启。

发起人：何国宾、傅宏镇、潘忠义、张维等。

赞成人：潘世谦、吴海青、吴鹏、姚光甲、王铭书、薛世英、金大星、许守愚、璩豪、胡琏、王志俊、刘季渊、王诚、陈鉴鹏、开迪光。

第一章　总则。

第一条　本会定名为安徽省茶务学会，其图记文曰安徽省茶务学会之章。

第二条　本会宗旨：以茶务之智能谋茶务之发展为宗旨，其事项说明于下：

第一款　研究学术，图茶务之发挥。

第二款　开导栽培、制造之改良。

第三款　征求国内外通讯员为扩张销路。

第三条　本会地址为交通便利起见，暂假安庆四方城二十二号门牌，俟会务发达时捐资建设。

第四条　本会研究范围以关于茶业培植、制造、装潢、贩卖诸学术为限，并联络各处茶业界人士协力进行，以期茶务发达迅速。

第二章　会员。

第五条　本会会员分下之三种：

（一）基本会员以曾在茶业校所毕业者。

（二）普通会员以曾在茶业校所肄业一年以上或从事栽培、制造及装潢、贩卖之有经验学识者。

（三）名誉会员凡负有茶业时望赞成本会宗旨者。

第六条　凡会员皆得受本会编辑、调查、演讲等事之嘱托。

第七条　凡本会会员皆得选举本会职员并本会会长。

第八条　凡本会会员皆有下列之利益：

（一）对于茶业有取缔利弊一切事件之权。

（二）凡关于本会宗旨事件得自由妥议斟酌办理。

第三章　职员。

第九条　本会设名誉会长若干人、会长一人、副会长一人、干事二人、事务部长一人、研究部长一人、编辑部长一人、检查部长一人，各部部员因事之繁简而定多寡。

第十条　以上职员任事期限均定为一年，于每年本会中选举之亦可连举连任。

第四章　组织。

第十一条　本会组织暂分为事务、研究、编辑、检查四大部。

（一）事务部：凡会计、庶务、文牍、书记、书报发行等事。

（二）研究部：凡茶业一切改良、种制、调查、演讲、建议、咨询等属之。

（三）编辑部：凡编辑茶务杂志、报告等事属之。

（四）检查部：凡茶叶出口，每岁输出几何？有掺假作伪得由检查部取缔之。

第五章　事业。

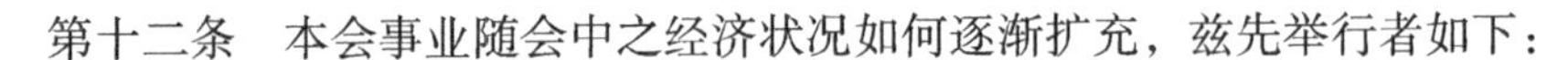

第十二条　本会事业随会中之经济状况如何逐渐扩充，兹先举行者如下：

（一）调查各地有民荒土质适宜种茶者，得倍价收买。官荒土质适宜种茶者，依法收领。组织茶业试验场，或由会员中集股组织植茶场。

（二）刊行杂志报告。

（三）建议茶业上之改进。

（四）茶业演讲劝导队。

（五）答复茶业上之咨询。

（六）征求国内外茶业标本，开品评会以奖励之。

（七）本会会员在他埠者，另组织通讯社以便消息灵通。

第六章　会期。

第十三条　本会会期分常年会、临时会、职员会之三种：

（一）临时会：有关重要之问题须全体会员公决者，得由总干事择期召集之。

（二）常年会：每年一次于七月举行。

（三）职员会：各部遇必要时得自行招集之。

第七章　会费。

第十四条　本会基础初立，应由会员担任会费，入会费一元，常年会费一元。

第八章　会规。

第十五条　本会会员规约如下：

（一）本会会员入会，有前列之资格者，须得会员二人以上之介绍，经职员会之认可，始得认为本会会员。

（二）凡会员有缴纳规定会金之义务，如拖延不缴会费者作出会论。

（三）本会以光大之宗旨求茶务之发展，不涉其他党派臭味，如会员假本会名义涉及本会事业范围以内事项，败坏本会名誉者，查有确凿证据，经职员会之议决，得宣布除名。

第九章　附则。

第十六条　本会简章未经规定事项发生疑议，由职员会公决之。

第十七条　本会简章经成立大会通过即生效力。

第十八条　本会简章如有未尽事宜，得由全体大会公决修改增删，呈报主管官厅立案。

《中华农学会报》1923年第37期

# 调查秋浦祁门茶务报告

潘忠义　　傅宏镇

起源：

秋浦祁门两县，为皖省产制红茶最著名之区，考其史籍，仍以青茶为大宗，改制红茶，始于民国纪元前三十七年，有黟县客商，就秋浦尧镇设红茶庄，试制红茶。翌年，复就祁门设子庄，劝导园户酿色遏红诸法，出高价收买毛红茶，第二年并开红茶庄于祁门西乡闪里。自此之后，逐年增加红茶庄，故两县遂为红茶专产地矣。

产地：

种茶最适宜之地，恒在纬线二十六度至三十度之间。秋浦祁门，与英属印度之大吉岭阿萨姆同一纬度，可知中外能产佳茶之地，纬度遥相吻合，此两处气候相同之所致也。然同一产地，茶之佳否，亦视乎位置，大盖种茶最佳者为高山，次为平原，再次为近水之地。查祁门之历山，高达三千尺，所产之茶，每担恒价值七十余两，秋浦之梅山茶，亦常能售高价，其余平原产茶，值价比较该两大山茶为降等矣。而祁门秋浦两县，虽均是富于产茶之区，考其种茶面积，多属零星散种，大段荒山，所在皆是，秋浦下乡产茶，不如上中两乡盛，祁门东乡，不如西南北三乡盛，兹将产地分别列表于下。

| | |
|---|---|
| 秋浦 | 东参保，金村保，南安坂，官港，何家山，小梅保，兆吉保，兆吉山，梨树岭，西参保，畲狮保，葛源保，陈家保，元佳山，河西保，南北冲，历山保，锦溪保，柴坑保，云峰山，葛公保，四都保，梅山冲，内分流，外分流，金家村 |
| 祁门 | 闪里，历口，彭陇，伦坑，箬坑，高塘，桃源，新安洲，伊坑，双河口，许村，千佛桥，石谷里，石墅，陈田坑，石门桥，赵家，良禾口，张坑口，贵溪，程村碣，溶口，平里，余坑口，奇岭，周村，卢溪，塔坊，舟溪，板桥山，汊口，拗下桥，月下山，宏公桥，龙源，店埠滩，倒湖，查湾 |

栽培状况：

我国栽茶之始，远在周秦以前，至今数千年矣，栽培方法未尝变更，仅假天然之气候及土质，未尝助以科学之方法，与外茶争此优劣，究各国之制茶，其原始莫

不效法于我。彼能日事研究以求进步，吾则视祖法为神圣，至今栽培方法之得失始分，反不得不偕法于彼。兹从秋祁方面之状况述之如下，以为改良之根据。

土壤：

土壤之于茶树，关系甚大，盖茶叶生产额之多寡，与夫茶质之优劣，全系乎土壤，凡栽培茶树，以砂质壤土稍带湿润者为佳，次为壤土砂土，墟土黏土又较次，但低洼腐植土黄土为下。查祁门一带之土壤，为云斑岩砂质壤土，色甚红，经多年风化崩解而变成，此土壤种茶甚为适宜，秋浦黄土黏土较多，故秋浦之茶不及祁门。

气候：

寒冷和直接受风之地方，不适于茶之生长，有早霜及晚霜利害之处，更非相宜。查秋浦祁门气候，较为温暖，因有大山和树林之遮避，少大风暴，所以茶树没有特别保护，均能生长。但新栽嫩苗，若无相当保护，一经霜雪，冻害难免，此可知茶之喜温暖不能受风之性矣。

方向：

茶树对于方向，并无严格之选择。总之，不直接当北风者为宜，但山茶以向东南或向西南较优，对于倾斜的限制，亦不十分严格，在平坦之地方，亦可生长，在倾斜较大之地方，亦可生长。

种子：

茶树于五月六月发生花蕾，十月开花，至第二年三四月结实，九十月成熟，实之大小形状不一致，有呈圆形，有稍带圆扁平状，大者长约六七分，宽约四五分，实有二室或三室，亦有不分，实内一室藏种子一枚或二枚不等，种子多呈圆形或三角形，亦有呈弧形者，色多暗黑棕黄色。当种子成熟时，即从背缝破裂，种子就从里面落出，每升约二十到三十五六粒，数约七八百，茶树结实量甚多，凡可采百斤茶叶之树，尚难采十斤，在肥沃生长茂盛之茶树，结子更少，若结子多者，茶势则衰弱，故茶户采茶时，便把幼实摘下，混于叶内，一方面使叶量增加，一方面可使茶树养分不致消耗，产叶量不致减少。种子成熟时，乡间童妇四处搜寻，采回家晒干，外壳打以榨油之用，若留作播种者，干后不必打去外壳，用麻布袋装好，放空气流动之处，或埋于细砂内亦可。

选种：

寒露节前后，茶种成熟，择其肥大表皮带暗黑色无缺陷者摘下，摊于空气流通干燥室内，用风干法，俟十分干燥，外壳脱离，即行坑窖法于无烟火室内，或择不当雨雪干燥之地，掘以三四尺之坑铺，以最干燥细砂与种子交互，埋藏成层，最后加以尺余深之土，以防雨水侵入，至播种前三日将种子取出，用竹节除去细砂，以木桶盛水，将种子侵入，经三昼夜，视其轻而上浮者弃去不用，沉而重者留之。

播种期：

播种期间有二，一是种子采下时即播下，至第二年春发生细根，夏间即发芽，有在当年摘下种子，储藏到第二年雨水节后春分节前播下，夏日即由土内发生幼芽，到第三年才发芽，在此一年间，可以生长七八寸高。

种法：

直接以茶子种于茶地，不另作苗圃者居多，一株距离约三四尺。按：此土人向不讲究，其所犯之在视乎种茶为副业，故于栽培上每不留意，以致茶业日益退化，茶质因以不良。查土人种茶，多于株间杂种植五蜀黍麦莱豆子等植物，甚且有杂种乌椿等树于其间，下则分掠养分，上则遮盖日光，宜于茶树之类为细弱不堪之劣物也。至于管理，更无方法之可言，尤复漫不经心，一任其自然生长，零落支离，悴于病虫，而一无整理与预防也。

耕耘：

茶树之栽培止，所谓根深植物，其主根常深入土中，枝根亦深散四方，因年内行数次之摘叶，是以不得不促根部之发达，即因耕耘而切断其旧根，以使新根之发生，使吃肥之面积扩大，又可改善土壤理学的性质，促肥料之分解，并防止杂草之繁茂，保持其适度之水分。秋浦茶户，虽不知此种原理，但亦知茶地若不耕耘，则为杂草所生，分吸养分，茶丛渐渐枯死，故当地土人每年耕耘一二次，耕耘之深度，普通五六寸，每人日可耕耘一亩茶地。

肥料：

茶叶为需叶作物，并为常绿灌木，四季不绝的吸肥作用，故肥料之有无，大有关系于茶之品质及收叶之多寡，施肥多者，茶芽形大而叶肉厚，其质软，不施肥者，或肥料不足者，叶形小而质粗硬。查施肥秋祁茶户对之，亦如培植之不甚研究，亦无非以茶为副业而轻忽之耳，其间或□施肥者，百不获二三，大概以人粪水为主而已。

剪枝：

我国茶树，向无所谓剪枝，均任其自然生长，印锡亦有行之者，在日本已行之多年，颇有成绩，即茶树至一定年限，以适当之方法，行修剪之作业，则使茶叶增加品质，发芽整齐，所受日光雨露得以平均，茶树不致徒长，便于摘叶，并得保持

树龄，凡此均有关于茶树者不少，按此乡农多不知其利，以致枯枝蔓叶不加收拾，其所以然者，或因爱惜太过，或因懒惰成性，致二三十年之茶树，未经一次修剪也。

采摘：

采摘茶叶，多在谷雨后四五日采摘之，采摘之巧拙，不仅关于茶树之发育，与制茶生产经济至有关系。秋祁两县采摘茶叶，均以女工为之，不负责任，不注意其发育，有仅摘数叶者，有尽摘新叶者，有连枝带梗全行摘下者，因而树枝受伤，故经此等摘法之后，头二茶之间，隔有四五十日之多，实大损其品质也。

制造状况：

制茶之品质，不论红绿茶，均具有五种要项，即形状、色泽、水色、香气、味是也。今以我国红茶而论，仅以香气与味，尚能比拟于人，水色则远不及印度、锡兰，所以能维持华茶地位者，即在其味与香气及单宁合量之少耳。兹将秋祁两县关于红茶制法，分别述之如下。

晾菁：

晾菁者，自茶园采下之青叶，经晾干之谓也，法以竹席或竹□置于日光下，散置青叶于席上，摊匀之，时以手翻之，晾菁之程度，俟青叶变深青，质变柔软，然后择一叶之带梗者，持其梗而屈之，若已达适宜之程度，则梗柔而不断，若断，尚未可也。查晾菁一事，关于制茶颇极重要，过与不及，皆于茶叶有莫大之影响也。

揉捻：

揉捻者，红茶制造之至要作业，其手续之得失，大有关于制茶之品质。查秋祁两县，向以脚力行之，用手力者不多，皆不能使茶质充分压出，或压出而不均齐，因之制茶之水色与香味不良，而用脚揉捻，究属与卫生有碍，外人啧有繁言，而与我竞争者，尤藉词宣传，甚且用照相印诸书册，摄入电影，形容我国制茶之光景，华茶名誉日落，谓根于此者，亦不为过，盼我茶户即宜废去脚揉，改用他法，或合资购办简单揉捻机。

酦酵：

将柔过之茶，置于竹篓或木桶内，用布盖之，置于日光之下，约自一时半至二时半为度，间有延长至五六时者，盖视天气之寒暖为转移，发酵适宜之度，每呈一种光亮，赤褐如新铸铜元之色，且香气芬芳，其程度未到，茶叶只有青色，且无香气，太过者，则茶味带有酸气，此其所以为区别之标准也。

干燥：

将已发酵之茶，用火烘之。查乡人干燥法，殊不一致，且诈伪之，当其将茶发酵之后，略为一晒，便售与茶户，因乡人利茶之湿而分量重，欲借此多博微利也，是以茶号购入之茶，有干湿不等之弊，于烘焙之际，甚非所宜。故茶号商人，屡请地方官禁止湿茶，无奈禁者自禁，售者自售，收效甚微，盖由于商人无团体所致。茶商虽请官禁止湿茶，而其中有少数商人唯恐收茶不足额，放子庄争收，贪多务得，即湿茶亦迁就收下，倘茶市销路尚畅，更不惜重价购买湿茶，由是园户茶贩有恃无恐，所售概系湿茶。大多茶商，睹此情形，苟不收湿茶，将无茶可收，遂不得不相率而买湿茶矣。

茶号状况：

茶号设立，多系私人组织，秋祁两县茶号资本，实有十万元左右。独自组成者，不过三四号，其余之大多数，均属集股而成。每家以三四千两至七千两为固定资本，余则为流动资本，多向茶栈挪用。佣工分为男女两种，男工多来自江西，专司筛分扬扇烘焙等事，女工多属内地，专司拣别等事。他如装潢广告运搬完纳茶税，概系茶号自理，至茶号佣工之数不等，大概视乎制造数量而有多少之差异。兹将秋祁两县茶号数目经理人及装潢搬运数量等分别述之于下。

**秋浦茶号及经理人**

| 茶号 | 经理人 |
|---|---|
| 正和祥 | 林锦文 |
| 万和祥 | 曹正兴 |
| 同庆春 | 许玉堂 |
| 公和祥 | 陈树棠 |
| 三益祥 | 王玉田 |
| 同盛祥 | 胡玉章 |
| 同德祥 | 程同和 |
| 森盛昌 | 朱尔常 |
| 天顺祥 | 王庆堂 |
| 震和昌 | 姚奠初 |
| 振源祥 | 胡其相 |
| 同泰祥 | 刘正兴 |

续 表

| 茶号 | 经理人 |
| --- | --- |
| 永庆祥 | 金本仁 |
| 国泰祥 | 徐麒麟 |
| 美利兴 | 金天顺 |
| 恒慎和 | 王仁山 |
| 满源春 | 汪国珍 |
| 公正昌 | 金起相 |

**祁门茶号及经理人**

| 茶号 | 经理人 |
| --- | --- |
| 谦同益 | 胡实圃 |
| 恒裕昌 | 胡志川 |
| 慧丰祥 | 李起畲 |
| 大生祥 | 李焕英 |
| 同大昌 | 康绍文 |
| 兰生祥 | 郑云亭 |
| 大成祥 | 汪树人 |
| 元春祥 | 汪悦征 |
| 隆裕昌 | 汪烈如 |
| 春馨 | 胡栢芬 |
| 日顺仁 | 胡铭之 |
| 同志馨 | 胡达仁 |
| 普美利 | 胡象昭 |
| 同新昌 | 李训刚 |
| 同益昌 | 郑淑和 |
| 同昇昌 | 郑嗣邦 |
| 义永祥 | 汪俊伦 |
| 隆义昌 | 汪问渠 |
| 同志祥 | 汪仰贤 |
| 万象春 | 胡道南 |
| 源丰永 | 章焕奎 |

续 表

| 茶号 | 经理人 |
| --- | --- |
| 万和春 | 万和隆 |
| 同福馨 | 唐绍文 |
| 益春祥 | 廖颂芳 |
| 共和春 | 公记 |
| 亿昌祥 | 金文宗 |
| 同源昌 | 倪烈辉 |
| 同寅祥 | 汪国珍 |
| 同升祥 | 郑绍钧 |
| 大成茂 | 汪养池 |
| 同德昌 | 汪维英 |
| 同和昌 | 汪德辉 |
| 同 馨 | 陈仰文 |
| 恒德祥 | 陈麓清 |
| 吉善良 | 洪益良 |
| 谦同益 | 谦泰昌 |
| 利和昌 | 李德章 |
| 坤大祥 | 汪济兰 |

装潢：

日印人业茶，利用机器，固不待言，而于装潢上务求华美，并求坚固，以免茶味外溢。查秋祁茶号之装潢，既无华美之可言，而装器亦甚粗陋，日久实难免香气外溢，其法用本山枫树做成木箱，长一尺一寸二寸，高一尺二寸五分。木板只二分厚，箱外糊纸一层，又糊花纸一层，内用铅罐，以铅四斤，点铜锡三两熔入，先打成薄片十八张，用松香熯成罐，罐外糊表心纸一层，毛边纸一层，内覆毛边纸二层。花纸系用九江所制之花纸，每箱表五张，每张加印牌号茶名于其上。

广告：

品质优良之茶，一经顾客注意，销售即易且速，引起顾客注意最要者为广告，凡茶之产地优良，一一详细说明，使阅者为之所动，必思一试，苟适其嗜好，自不难销售。查秋祁两县茶号对于广告一项，以为无足重轻，以模糊纸张字迹，以表其信用招牌而已。

运输：

秋祁红茶，于地势上以至江西为最便，故多经九江以集汉口。查祁门系用小船运至江西之饶州，出饶州改装大船，用小轮拖至九江，再用江轮装运汉口，秋浦由东流出经九江以集汉口。

茶税：

秋祁茶税，均由茶号直接缴纳，故各该等县设有茶厘专局以征收之，并于四乡要地广设分卡以防偷漏。

以上所陈，皆系实地调查之情形，忠义等此次出发，原有二种任务，即调查与劝导是也，若偏重于调查一方面，关于自身有深切印象，不无裨益，于各园户若不施以相当讲演与劝导，于茶业前途仍无若何进步之可言，故本此旨利用场所机会，并携有印度日本茶园茶场种制相片，切实指示，遇疑难问题，必细细解释，务使茶户了解，今将所取方式，概括述之。

第一，关于制茶厂方面的。

（甲）应改良的：

（一）提倡易脚揉为机械，以节省人工。

（二）鼓吹化各小茶号为规模稍大之茶厂或公司，并购入蒸菁机、粗揉机、揉捻机、再干机，俾出品奇一。

（三）出售各茶，须十分干燥而不着色者。

（乙）应禁止的：

（一）施用颜料或他种物件附着色或足揉有妨碍卫生者。

（二）用湿茶或腐败茶加工制造，冀图高价者。

（三）混入土砂或之粉末，或搀入水分超过百分之六，冀图容量及重量增加者。

（四）其他一切阻碍茶业改良发达之弊害行为。

第二，关于种茶户方面的。

（一）品种之改良，于平常茶树中选择优良者为母本，育成健全之种子，以谋质性之改良。

（二）采摘之改良，采摘技术，要谋保全茶树之健康，亟宜实行幼芽摘取。

（三）宜施充分之肥料。

（四）宜合茶树生理之修剪。

（五）茶树害虫之预防，与发生后之处理。

第三，关于推销方面的。

（一）广告之利用，即说明货物之出处，制造之方法，或绘成图画，或拍印照片，或撮成活动影片，或绘成招牌上置于通衢，使人注目，以谋销路之扩充。

（二）装潢宜美丽，引起外人爱美的观念，须制成小罐头，所裹之裹纸，须详细说明，外面之纸，必须精致美丽，所盛之盒与罐，亦必加藻饰，令人一见爱，乐于购买也。

其余关于茶业之起源，与卫生科学生计种种关系，以及茶叶衰败之原因，现今茶业之趋势与改进各问题，多略论之，然以上多受各方面之经济环境所逼，非得官厅实力维持与提倡，似不足以收效，是则望诸执政者与当事人振拔之焉。

《安徽实业杂志》1923年第9期

## 交涉俄征茶税之农部批示

本埠茶业会馆，前因俄国征收华茶入口税，增至值百抽三百，税率之苛，实为他国所未有，并足使茶商裹足。现乘中俄交涉之际，特呈农商部转知外交部，及中俄交涉公署，向苏俄驻京代表交涉取消此项苛税等请，业经登纪前报。兹悉该会馆，日昨接到农商部第三百三十号批示，原文录下：据电已悉，查此案前据汉口茶业公所，呈请将茶务加入中俄商约等情，业经兹准外交部覆称，已函准中俄交涉公署覆称，应俟开议商约时，酌核办理等因并批示知照各在案。兹据电呈各节，除分行外交部暨筹备中俄交涉事宜公署并案办理外，合亟批示执照，此批。

《银行周报》1923年第8卷第12期

# 一九二四

# 芜湖茶业代表在实业会议中之振兴安徽茶业贸易提案

茶叶为我国出口大宗，关系国计民生甚大，故自欧战后，出口红绿茶销路停滞，曾蒙政府准予免去海关正税及减半征收内地税厘，展至十四年底止，政府奖励华茶出口，体恤茶商之意，至深且厚。近年来销路较前二三年，虽见活动，但未及欧战以前在汉口贸易时销数之半。销数既不能发展，商人因此赔累，无力经营，农民亦因之不加意种植，茶山日见荒芜，出产日见减少，茶业将永无发达之希望。目前补救之方，惟有恳请政府一面通令各产茶区，急速加意种植，改良制法；一面仍将出口茶内地海关税厘，于免税期满后，一照印度、锡兰、爪哇等茶出口办法，概行豁免，则出口茶叶，庶几有恢复旧日销数之希望，对外庶有竞卖之能力，产茶亦可望增加矣。

我国销行外洋红茶，欧战以前，洋商均在汉口采办，以俄商销货为最多，至欧战停后，俄商无力采办，英美各商均在上海交易。因此安徽出口红茶，改运上海兜售，如徽州府属制出红茶，照旧由江西鄱阳湖出口，经九江报关装输运沪，仍属便利。惟秋浦、贵池、东流等县，居九江下游，出口红茶，仍系由九江报关，始能装运到沪。销场变更，运程仍旧，不独多耗运费，抑且稽延时间，缘秋浦内河由东流口通长江，下行九十里抵安庆，朝发可以夕至，能往九江，则水程有二百七十里之多，逆流行舟，最速非四五日不达，倘遇风雨，则程期更难预计。洋茶市面，涨落异常，交易时期，亦极短速，秋浦各县茶商，往往因展转延期，屡受亏损，其困苦更不堪言。拟援照安徽大通丝茧例，秋浦出口红茶，由安庆装轮运沪，每年于茶市时，由秋浦茶叶公会，定期函请芜湖关派员驻安庆三个月，查验茶叶给予凭单，商人持单赴芜湖关纳税，其茶箱即可在安庆装运，直达上海，赴芜湖时免予起卸查验。其芜湖关派驻安庆人员住所旅费，亦一一照大通丝茧先例，按月由商人担负。如此办法，于国帑丝毫无损，于芜湖关亦无困难障碍之处，予茶商便利实多。案关税务财政两部分，惟有恳请准予咨商核准，饬令施行。

芜湖茶业公会报告，安庆茶税局及各厘金局卡，积弊甚深，其应切实整顿严令革除者。大要不外各局卡除征收正税外，巧立名目，及索挂号费、茶水钱、船头照票等费，及私改秤码凑斤包两，留难商民诸弊端。如芜湖茶商在太平、宣城、石埭等县采办之茶船，运经过马头货卡、泾太茶税局、西河查验局、清弋关、湾沚关、金桂关、大通茶税局、新河关、新河查验局、三里埂卡等处，其每处讹索各费，由二三十元至五六十元不等，总计每船茶叶运到芜湖，除正税外，尚须三百余金，供彼各局卡员司额外之求，如不能满彼等欲心，即借端威赫，将货扣留，十日半月不等。其泾太茶税局，作弊尤甚，竟将规定十六两八钱司马秤取消，改十六两秤使用，按百斤计算，加重五斤。如是强以超出五斤之茶诬系商人取巧，勒令另行补税，如不遵依，即强迫罚金，扣留商货。种种弊端，不胜枚举，商人受害，已非一日，惟予恳请咨商财部，饬令安徽财政厅严令革除，以维茶务。

政府近数年来，对于茶业亦广为提倡，于安徽产茶各区，已令设治茶场制茶模范厂茶叶讲习所，往往无大成效，推原其故，或以经费不充，办事不得其人，拟请政府多派有专门学识经验者，赴各产茶区，实地考查。对于已设场厂，切实整顿，加以扩充，而于改良种植制茶之法，刷印告白，颁发各农会茶会，劝导农商，渐次改良，庶可得其成效。

以上提议各条，均与茶业有极大关系，敬请大会公决（安徽芜湖茶业代表林甲提出）。

《安徽实业杂志》1924年第2期

## 令准农商部咨据美国明茶叶公司推销祁门红茶颇著成效应示定茶样标准等情请查照令行提倡切实办理由

安徽省长公署训令第一千八百一十三号

令实业厅：

为令行事准，农商部咨开，据美国明茶叶公司函称，中国低级低价之茶不能与印度、锡兰、荷兰属东印度等产品相竞于世界市场，以致销路日益退步，惟敝公司在美国推销祁门上品红茶颇有成效。查阅美国农部化学司茶盐督一九二三年报告所载，华茶进口之数较原数减少百分之十五，去岁华茶进口之数仅占总额百分之二十，然红茶一项，今年较去年倍加而有余。敝公司自幸略进微力获此效果，中国宜先设法在美国扩充上品华茶之销路，次宜将最适于美国销售之茶样，转由适当机关分配于中国茶户，务期将来产品合于此项标准，可由敝公司收买销售等语。查华茶输入美国逐年减少，惟上品红茶一项销路渐增，此固为美国明茶叶公司宣传之力，然实由我国土质气候最宜植茶，故上品华茶之色味甲于他国，易于出口推销。亟宜趁此时机，竭力改良种法制法，以期增加产量，广销美国，一面仍宜将其他低级低价之茶改用新法制造，庶能与印度锡兰等茶竞销外国。至最易销售美国之红茶，应由茶商径与该公司接洽，确定标准，转由实业厅茶业公会等发给茶户，俾资取法。庶几供求相孚，销路愈广。除分行外，相应咨请贵省长查照，令行所属认真提倡，分别指导各茶商茶户切实办理，以广销路而挽利权为要等因准此。查茶叶一项为吾皖出产大宗，自欧战后销路停滞，亟应设法改良，藉资推广。准咨前因系为研究华茶外销起见，除发登本省公报，俾便周知外，合亟令行仰该厅即便查照来。咨转行所属茶叶机关，对于改良种制各法竭力提倡，俾各茶户茶商知所取法，庶皖茶终有振兴之一日。切切此令。

中华民国十三年四月二日

兼署省长马联甲

《安徽实业杂志》1924年第9期

# 江西省长公署训令第八七二号

令实业厅：

案准：

农商部咨开，据美国明茶叶公司函称，中国低级低价之茶，不能与印度、锡兰、荷兰属东印度等产品相竞于世界市场，以致销路日益退步，惟敝公司在美国推销祁门上品红茶颇有成效。查阅美国农部化学司茶监督一九二三年报告所载，华茶进口之数较原数减少百分之十五，去岁华茶进口之数仅占总额百分之二十，然红茶一项，今年较去年倍加而有余。敝公司自幸略尽微力获此效果，中国宜先设法在美国扩充上品华茶之销路，次宜将最适于美国销售之样茶，转由适当机关分配于中国茶户，务期将来产品合于此项标准，可由敝公司收买销售等语。查华茶输入美国逐年减少，惟上品红茶一项，销路渐增，此固为美国明茶叶公司宣传之力，然实由吾国土质气候最宜植茶，故上品华茶之色味甲于他国，易于出口推销，亟宜趁此时机竭力改良种法制法，以期增加产量广销美国。一面仍宜将其他低级低价之茶，改用

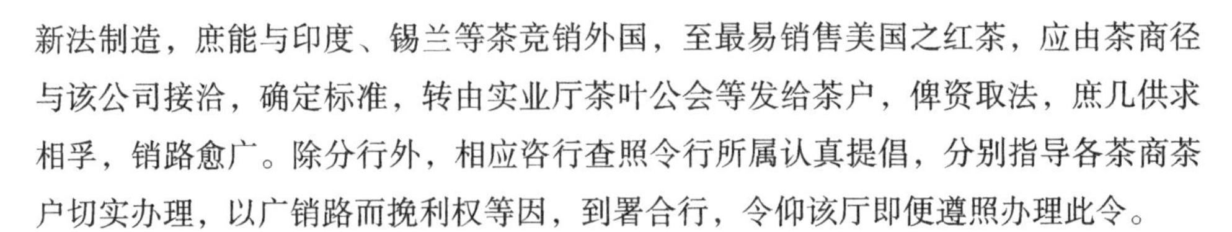

新法制造，庶能与印度、锡兰等茶竞销外国，至最易销售美国之红茶，应由茶商径与该公司接洽，确定标准，转由实业厅茶叶公会等发给茶户，俾资取法，庶几供求相孚，销路愈广。除分行外，相应咨行查照令行所属认真提倡，分别指导各茶商茶户切实办理，以广销路而挽利权等因，到署合行，令仰该厅即便遵照办理此令。

兼省长蔡成勋

中国民国十三年三月二十五日

《江西公报》1924年第85期

## 农商部因美商注意祁门红茶训令沪汉茶业会馆分别提倡文

据美国明茶业公司函称，中国低级低价之茶，不能与印度、锡兰、荷属东印度等产品相竞争于世界市场，以致销路日益退步，惟敝公司在美国推销上品祁门红茶颇有成效。查阅美国农部化学司茶监督一九二三年报告所载，华茶进口之数，减少百分之十五，去岁华茶进口之数，仅占总额百分之二十，然红茶一项，今年较去年增加而有余。敝公司自幸略尽微力，获此效果，中国宜先设法在美国扩充上品华茶之销路，次宜将最适于美国销售之茶样，转由适当机关，分配于中国茶户，务期将来产品，合于此项标准，可由敝公司收买销售等语。查华茶输入美国，逐年减少，惟上品红茶一项，销路渐增，此固为美国明公司宣传之力，然由吾国土质气候，最宜植茶，故上品华茶之色味，甲于他国，易于出口推销，亟宜趁此时机，竭力改良制法，以期增加产量，广销美国，一面仍宜将其他况低级低价之茶，用新法制造，庶能与印度、锡兰等茶竞销于国外。至最易销售美国之红茶，应由茶商径与该公司接洽，确定标准，转由实业厅茶叶公会等发给茶户，俾资取法，庶几供求相孚，销路愈广。除分令外，合亟令仰该会馆等，认真提倡，分别指导各茶商茶户遵照，切实办理，以广销路而挽利权。此令。

《湖北省农会农报》1924年第8期

# 美商注意祁门红茶

部令设法改良：川广销路。

本埠茶业会馆，兹接农商部二百三十七号训令。略谓美国明茶叶公司函称，该公司近年推销祁门红茶，颇有成效，中国宜先设法在美国扩充上品华茶之销路。次宜将最适于美国销售之茶样，转由适当机关，配分于中国茶户，务期将来产品，合于此项标准。令茶商径与该公司接洽，并令该会馆认真提倡云云。原文照于下。

据美国明茶叶公司函称，中国低级低价之茶，不能与印度、锡兰、荷属东印度等产品竞争于世界市场，以致销路日益退步。惟敝公司在美国推销上品祁门红茶，颇有成效。查阅美国农部化学司茶监督一九二三年报告，所载华茶进口之数，减少百分之十五。去岁华茶进口之数，仅占总额百分之二十。然红茶一项，今年较去年倍加而有余。敝公司自幸略尽微力，获此效果，中国宜先设法在美国扩充上品华茶之销路，次宜将最适于美国销售之茶样，转由适当机关，分配于中国茶户。务期将来产品，合于此项标准，可由敝公司收买销售等语。查华茶输入美国，逐年减少，惟上品华茶一项，销路渐增，此固为美国明公司宣传之力。然实由吾国土质、气候最宜植茶，故上品华茶之色味，甲于他国，易于出口推销，亟宜趁此时机，竭力改良种法制法，以期增加产量，广销美国。一面仍宜将其他低级低价之茶，改用新法制造，庶能与印度、锡兰等茶竞销于国外。至最易销售美国之红茶，应由茶商径与该公司接洽，确定标准，转由实业厅茶业公会等发给茶户。俾资取法，庶几供求相符，销路愈广。除分令外，合亟令仰该会馆等，认真提倡，分别指导各茶商、茶户遵照切实办理，以广销路，而挽利权云云。

《银行周报》1924年第8卷第12期

# 茶债变作稻债（祁门县习惯）

祁门为产茶之区，民间借贷约明以茶叶履行钱债，谓之“茶市债”，此项债务人多系植茶之家并兼农业。如到期无力偿还，另与债权人约明以谷稻履行债务，则谓之“谷子债”。例如甲年冬间借贷，定以乙年阴历四月茶市为偿还，期间债权人

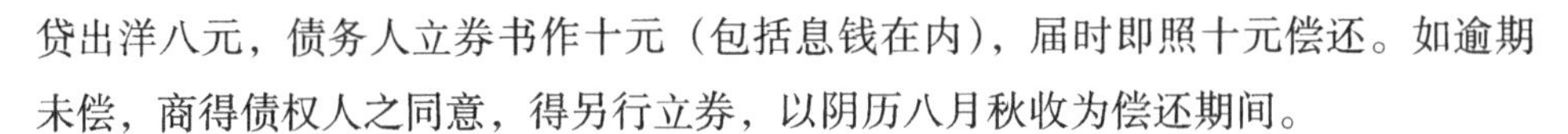
贷出洋八元，债务人立券书作十元（包括息钱在内），届时即照十元偿还。如逾期未偿，商得债权人之同意，得另行立券，以阴历八月秋收为偿还期间。

按此项习惯系据祁门县知事调查报告。

《法律评论》1924年第68期

## 正租外另有小租（祁门县习惯）

祁俗租佃有正租、小租之别，正租以二十斤为一秤，西乡地方亦有以十斤为一秤者，每亩岁纳正租四五秤或五六秤不等，其瘠薄之区亦有少至二三秤者。小租一名田皮，有祖遗者，有连同正租买受者，俗谓之“已租已皮”，佃户应向业户照常交纳，又田皮亦有为佃户所有者，俗谓之“粪草田皮”，以无税粮故也。如佃户拖欠正租，租主插牌另行召佃，他佃拔牌承种，其原有田皮立即取消。

按此项习惯系据祁门县知事调查报告。

《法律评论》1924年第70期

## 茶栈营业之调查

本埠路庄平水各茶栈，总计共有十六家。上年洋庄茶业，虽属无甚佳境，然各栈家对于放款上谨慎从事，尚少被控情事发生，预料将来结束，可称平稳。惟其中忠信昌、谦顺安等茶栈，经营两湖茶甚多，其获利尤为优厚。至组织茶栈消息，祁门帮虽已有人提议，但因人才缺乏，复寝其事。惟同益祥、永兴隆两栈合并之说，双方业已接洽就绪。闻牌号改定为永益隆，并在祁门闪上设立放汇机关，又在高塘设立制茶庄号，而对于婺源、屯溪之路庄绿茶商号，亦多有所接洽云。

《申报》1924年1月20日

## 美商注意经营祁茶之部令

本埠茶业会馆，昨接农商部第二百三十七号训令云：据美国明茶业公司函称，中国低级低价之茶，不能与印度、锡兰、荷兰属东印度等产品，相竞争于世界市场，以致销路日益退步。惟敝公司在推销上品祁门红茶，颇有成效。查阅美国农部化学司茶监督一九二三年报告，所载华茶进口之数，减少百分之十五。去岁华茶进口之数，仅占总额百分之二十。然红茶一项，今年较去年倍加而有余，敝公司自幸略尽微力，获此效果。中国宜先设法在美国扩充上品华茶之销路，次宜将最适于美国销售之茶样，转由适当机关分配于中国茶户，务期将来产品，合于此项标准，可由敝公司收买销售等语。

查华茶输入美国，逐年减少，惟上品红茶一项，销路渐增，此固为美国明公司宣传之力，然实由吾国土质气候，最宜植茶。故上品华茶之色味，甲于他国，易于出口推销，亟宜趁此时机，竭力改良植法制法，以期增加产量，广销美国。一面仍宜将其他低级低价之茶，改用新法制造，庶能与印度、锡兰等茶，竞销于国外。至最易销售美国之红茶，应由茶商径与该公司接洽，确定标准，转由实业厅茶业公会等发给茶户，俾资取法，庶几供求相孚，销路愈广。除分令外，合亟令仰该会馆等认真提倡，分别指导各茶商、茶户遵照，切实办理，以广销路，而挽利权云云。

《申报》1924年3月28日

## 祁浮茶商电请维持市面

本埠茶业会馆，昨接祁门、浮梁茶商联合会来电云：茶业会馆鉴，今年祁浮红茶，出产稀少，箱额较旧大减，而各商运出之箱，皆由放价争买而来，成本之大，实为从来所未有，务乞转请各茶栈，合力维持，首批盘价，非得八九十两以上，不能轻放。后来货更无多，亦须得有相当之价，方可出售，并请送登中外各报为祷。祁浮茶商联合会公叩咸。

《申报》1924年5月18日

# 中俄复交后之华茶市面

茶市活动而巩固，汉口俄商已购办大批。

华茶市面，近数星期来大为活动，价值坚俏，出于种茶者及茶商总料之外。祁门红茶第一批收获，共约二万五千余箱，已在市上以善价销罄。普通绿茶，昨日开市，价值坚定。查茶山之转机，厥有二因：一为收成不大，二为中俄通商，而后者尤为重要原因。俄国向为华茶最大主顾，欧战后，俄国市场断绝，□茶大受打击。今中俄复交，俄国买茶商人，复来中国市场，数日前已有俄人在汉口采办华茶，为数颇巨。上海茶市，遂受其奖励影响。从前俄国多购廉价茶砖，供农民饮料，但亦购某量之上等茶叶。此次俄人在汉口所购，乃上等茶叶，唯对于茶砖之要永，亦必复活，可望达于从前交易之盛况。

今年天气不利，全中国茶叶收成，约比平时减百分之三十。而销路过于平时，故市价大涨。前十日间，上等红茶价尤俏，每担平均比去年增十两。一二日前，某英商行家购去数百包，每担一百〇五两，为本季中之最高价。去年此种同样之茶，至多九十五两一担耳。昨日到沪之绿茶，为安徽遂安产，茶质中等，每担售五十二两。又，该省著名毛云（译音）及屯溪所产之茶，数日内可到沪，较良绿茶，预期可售每担百两。

法人为绿茶主要买户，今佛郎汇价跌落，于茶市颇有益。上海出口绿茶，大半运往北非洲法属殖民地，以摩洛哥为中心。现摩洛哥缘茶存货浅薄，可望有人批要求。浙江新产绿茶，已有若干到沪，浙茶大半运销美国。目下交易尚未发动，似因美商嫌市价太高之故。福州绿茶市，受沪市影响，闻亦强固活泼。目下茶市之坚固，使人人惊异，第一批收获所得利息，大堪满意。若第二、第三批市价不跌落，则今年茶季大有希望也。

《申报》1924年6月12日

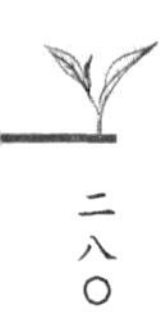

## 茶（五月十七日）

本星期市上祁门新红茶，到有卅六种牌号，中外茶商谈论两日，始将新盘开出，价七十三至八十五两，比之去年高出七八两不等。今春出品，条索尖嫩，颜色乌润，香味浓厚，可称天然佳品。惜庄多人杂，漫无限制，山价抢高，成本奇贵，虽得高盘，通盘扯算，难以保本，孽由自作，无所怨尤。目下情形。洋商方面，嫌价尚高，多在观望。而业茶者，以天不作美，阴雨连绵，箱额因之大减，好货不多，坚持成本，不肯贱放。温州新货，连日亦有到埠，业经开盘，价卅至四十三两，颇能获利，温州水门虽薄，而条索乌细，可以与印度、锡兰茶合堆，市上需求甚殷，价格尖俏，年来温州销路，日推日广，诚可喜也，聶家市日来亦运到一百余箱，价卅五两，闻系用机器，特别改良，但市面未可视为标准，粗红茶陈货，连日尚能销去八百箱，价甚平平。

《银行周报》1924年第8卷第19期

## 茶（六月二十八日）

本星期祁门市面渐渐活动，成交尚多，价格日硬，比之上周，已回涨二两。近闻伦敦方面，祁门新货早已达到，售价甚好，消息传来，沪市因之由此一振。目下祁门来源已竭，总计到有七万八千余箱，销去约五万箱，所存不满三万箱，虽一时不易销清，然察其趋势，已入康庄大道，似无风险。若宁州则愈来愈多，市上无甚需要，洋商意存抑价，而业此者顾全成本，于是相去甚远，但望祁门价起畅销，则宁州总不至长此零落。惟两湖现到十二万余箱，而销去只三万箱，市面沈寂。而其货色，条粗叶黑，成本又高，谋销不易，若市面无大变化，将来恐难收拾。绿茶平水，本星期销售尚好，价亦稍定。现在以好水门之贡熙为最俏，白头行无不需要，因急于赶船应市，大有竞争之势。销法国之好秀眉，亦称不恶，价有卅两至四十两之货，非常抢手。据此以观，今春绿茶山价，较廉于去年，而贡熙秀眉，价好畅销，若市面不生障碍，将来自有希望也。

《银行周报》1924年第8卷第25期

# 茶（七月五日）

本星期市况，祁门红茶，日呈不振之色，国外来电虽有需求，但限价甚低，以至成交寥寥。宁州呆滞日甚，几于无人过问，往日五十两外之货，今已缩至四十二三两。而洋商方面，嫌价尚高，业此者又坚持成本，自恃今春箱额不多，不肯轻于贱放。两湖则货源山积，销路毫无，若市面长此不变，日复一日，恐将不堪设想。惟各路茶末茶片，仍颇走动，售价坚稳，差强人意者，仅此而已。至于绿茶，各路来源接续涌到，德兴大盘，价已开出廿六两五钱，婺源北乡之白光珍眉，价由七十二两至八十两，比之上年，稍好一点。贡熙销路本畅连目因有公司船放洋，洋商方面报关装船，手续忙碌，交易停顿，大概手续一清，自当再行动办。销法德等国之粗细秀眉，颇称畅销，价格坚俏，年来秀眉销路，愈推愈广，可为市面前途祝也，平水尚能走动。婺源大盘闻日间可望到沪，今春绿茶山价，比之上年约在九折之谱，以目下之情势论，业绿茶者，比之红茶尚觉占胜一筹耳。

《银行周报》1924年第8卷第26期

# 茶（八月三十日）

近来市上宣传宁州祁门红茶，苏俄政府将有大宗需要，由新泰洋行承购一节，今已见诸事实。兹本星期新泰洋行已开始进行，选货问价，殊形忙碌，惟出价较低，相距尚远，一时不易就范。但当此银根紧迫，人心皇皇，业此者多以脱货求财为先着，罔顾成本，大概下星期彼此稍为退让，可望成交。两湖好货，如桃源长寿街尚易走动，湘潭高桥等之粗货，则毫无问讯，长此呆滞，终有不堪收拾。至于绿茶市面，比之红茶真有上下床之别，绿茶路庄、大帮及平水，美国销路如常畅达，珍眉熙春俄商行又复着手动办，连日趋势，更形活泼，针眉、秀眉仍然价高畅销。兼之来源不续。据山内报告，今春箱额，比之去年，约打八折，如此则去年箱额廿三万箱，今春只十八九万箱，产额不大销路日旺，业此者无不喜形于色也。

《银行周报》1924年第8卷第34期

# 茶（九月六日）

连日市况，祁门宁州红茶，销去四千余箱，苏俄政府，已由新泰洋行实行动办，售价虽属平平，然经市上有此一动，立呈活泼之象。现在祁门红茶所存不过一万四千箱，宁州一万箱，所存不多，而英商行日来亦渐有需要，观此情形，虽尚难望涨，然趋势转稳，想不致再跌。而宁州子茶好条索者，德国需求尚殷，价望看好情，两湖依然少人问讯，存底山积，为之代抱杞忧耳。绿茶熙春珍眉，好水门货俄国需要甚殷，但市上好货不多，而来源已断。因江浙战事已开，沪杭火车停装客货，箱茶暴露江干，一时难以到沪。至于走长江入口之婺源大帮，近日到货亦微，以致市面虽好，无货供应。总而言之，目下绿茶市面，差强人意，若无别生阻碍，业此者可望完全获利矣。

《银行周报》1924年第8卷第35期

# 茶（九月十三日）

日来市况，祁门宁州红茶成交渐多，英俄方面均有需要，价格日趋日硬，大有回涨之势。无奈连日国外汇票日高，受其影响，以至辗转不能如意。两湖粗货，本星期微有变动，销去三千余箱。近日国外消息，锡兰、印度均有歉收之象。闻英市好货已涨三便士，粗货已涨一便士，惟我华茶仍在向隅，毫无动静，但以情理推测，华茶终必连带见好，断不致久于沉寂也。绿茶路庄大盘，美国需要仍在有增无已，货到即销，价格飞涨。平水亦称不恶，目下平水市上所存不满三万箱，销路畅达，实属仅见。路庄珍眉好做工价在七八十两者，并非里加需求甚殷，本色珍眉及高庄熙春，俄商行正在从事搜罗，种种色色无不见好，如此市面，真不易得也。

《银行周报》1924年第8卷第36期

# 一九二五

# 安徽省长公署训令第三百一十三号

令祁门县茶商公会、婺源县茶商公会、财政厅：

案准：

江西省长咨开为咨复事，本年六月十三日准咨开，案据祁门县茶商公会会董李训典暨茶商乾大等十五家茶号呈称，商等制茶成箱，即由皖局就地查验征税，填给引票，藉以持票运行。讵料夏历四月二十七日茶船驶至江西姑塘地方，姑塘税局勒令照引加征二成税捐，商等否认，则扣留不放。茶业重在赶速，血本攸关，请求不允，只好遵照纳税，再作后图。应请贵会竭诚呼吁，务达取消加征，退还原捐目的而后已，否则商号万难担负也等请前来。公会查祁门出境即入赣河，赣若重征，祁茶无运输之路。民国改元，皖赣两省当道，即已委派干员协商茶税议约，议定皖茶皖征，赣茶赣征，两不侵涉，凭之定案，罔有或渝。日茶洋庄箱茶仍在减税时期，国家尚且一再展缓，以恤商艰而广销路。今姑塘税局违章加征，并于皖茶过境不示体恤，威权所及，孰敢不从？其何以副国家减税之至意，而维皖赣两省先年之协约？若不扣请咨令取销，将来皖局茶税行票不能执以运行茶商营业艰难，亦何事遵章报税而仍受邻省重征之累乎？为此恳请省长迅予电咨赣省省长，饬令取销并将已收二成税款按票退还，不得仍由该省军阀勒令重征以重皖商担负，曷胜感盼之至等情。据此查来呈所称各节实与皖茶运销前途大有妨碍，除指令外相应备文，咨请查核迅予令饬财政厅转饬姑塘税局，嗣后皖茶运经赣境，应照向章办理验票放行，不得任意扣留，勒令重征，并请令饬该税局将勒征二成税款按票退还，以恤商艰，并希见复。又于本年六月十六日准贵省长咨据婺源茶商公会呈，同前由咨请饬应转令停征并将已征之款如数发还，各等因准此当经分别令饬财政厅核明，饬遵去后。兹据该厅以前准安徽财政厅先后来电，当经一再电饬姑塘统捐税局长，如遇皖省出洋箱茶经过，查验货照相符，立即放行，不得再收二成附加税，其已收之款均经填票报解，应请免于发还，以省周折等情。复乞转咨前来除指令外相应备文，咨复贵省长请烦查照等因查此案。前据该公会先后具呈到署均经据请咨请。

江西省长转饬遵办在案兹准前因除分行外合行令仰该公会转知各茶商一体知照、厅知照。

此令。

中华民国十四年九月二十日

省长吴炳湘

《安徽实业杂志》1925年第2期

# 茶 市

本月间本埠洋庄茶市，祁门、宁州、温州等路红茶，及温州土庄等绿茶，均已先后到沪开盘，综计上旬间到不下四万余箱，颇呈发展之象。查此次新茶上市，温州红茶最先，宁红次之，祁红又次之，观市势祁宁红茶均占优势，温茶未能认为乐观，绿茶尚未发展，缘婺源顿候平水等路绿茶，未曾到沪，市上仅温州及土庄两路以供洋庄需求，故交易不多见。至市上价格，温红售价目三十二两至四十两，开盘虽与上年相埒，卒以英德行家无人问及，至市价难以坚定，宁红售七十两至一百两，市价不为不佳，但此次到货系属机盘贡茶，未能作为标准。惟祁红售盘自八十两至一百一十五两，市况最佳，身份亦较其他为高，因之洋商搜买不遗余力，市面尤形稳固。绿茶市价亦有增昂，珍眉售四十六两至七十二两，贡珠售三十两至三十八两，秀眉售二十两至二十五两，针眉售二十八两，虾目售六十二两。现下土庄茶厂鉴于洋庄需要之殷，市面之俏，一致开工赶制，茶市将大行发展。无如自本埠发生五卅惨剧之后，国人群情共愤，一致罢市，迄今犹未交涉妥洽，致方兴未艾之茶市，如昙花一现，即行停顿，良可惋惜，计本月全月仅有上旬十天市面，共成交红绿箱茶一万四千一百三十箱。兹列表如下。

| 茶名 | 成交数量/箱 |
|---|---|
| 祁红 | 12528 |
| 宁红 | 132 |
| 温红 | 322 |
| 珍眉 | 880 |
| 贡珠 | 98 |
| 秀眉 | 106 |
| 虾目 | 44 |
| 针眉 | 20 |

续 表

| 茶名 | 成交数量/箱 |
| --- | --- |
| 共计 | 14130 |

《钱业月报》1925年第5卷第5期

## 茶（五月三十日）

众目睽睽之祁门红茶，来源不旺，因赣省有军事动作，饶州封船，茶船被阻，不利运输，以致迟迟其来，总计市上陆续所到不过二万八千箱。而其销去已过半数，以高庄货最称抢手，价格高至一百十五两，为往来所未见。中庄亦称稳固，但望下星期依次走动，则大势可定。宁州亦渐渐见到，惟今春出品不佳，叶老色衰，似失所望。本星期销去一百余箱，售价七十两，颇决难能。两湖各路已到，尚未开盘，因成本甚大，还价巨远，相持未下，不易开出。最近消息，英伦茶市，华茶已落至五便士（约每担规元十三两）。据此以观，则两湖粗货，似难看好，但市面千变万化，亦非一时所能逆料也。绿茶连日市上湖州温州遂安均已到埠，售盘甚佳，湖州珍眉七十二两，遂安六十八两，温州四十八两，土庄四十二两，随到随销，价高畅销，实不多见，兼之今春先令较低，多此一助，市面前途，殊觉抱无穷希望也。

《银行周报》1925年第9卷第20期

## 茶（七月十八日）

连日洋庄茶市，异常畅达，祁红沽出七千三百余箱，价与上星期无异，宁红五千一百箱，较上周稍高一二两，温红水味见淡，俄商挑选不合，仅白头行买进六百余箱，价亦不恶。两湖红茶首推，新泰一家提选四万余箱，各行所买无几，此后粗货，恐难觉主顾。宁片末十四两至二十二两，祁末尚未有市，绿茶平水沽出八千六百余箱，价比前优一二两，路庄珍眉七千一百箱，市价蒸蒸日上，高庄名牌洋商抬到一百四十两，前所罕见，针秀眉三千八百箱，较上周又涨三四两，随到随沽，非

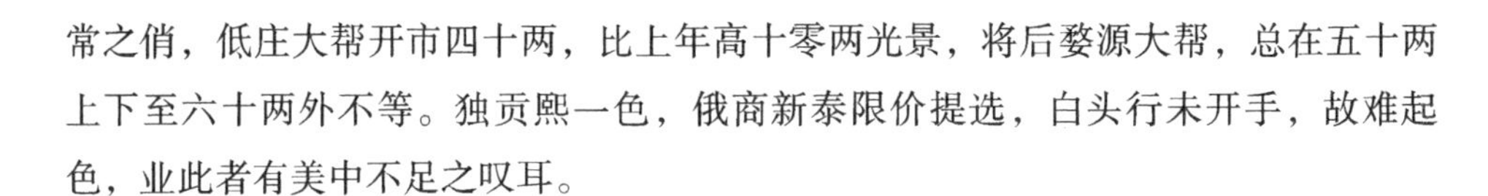
常之俏，低庄大帮开市四十两，比上年高十零两光景，将后婺源大帮，总在五十两上下至六十两外不等。独贡熙一色，俄商新泰限价提选，白头行未开手，故难起色，业此者有美中不足之叹耳。

《银行周报》1925年第9卷第27期

## 茶（九月十二日）

本周洋庄红茶，一蹶不振。查祁红春仔，共到八万五千箱，较上年多出二千箱，除沽仍存一万五千箱，低庄粗货最多，高庄好货亦有千余箱。宁红春仔共到三万六千箱，比旧岁少四千箱，除沽亦存一万五千箱。闻英伦来电，粗红滞销，故暂趋停顿，祁宁片末共到四万箱之谱，仅沽出十分之一难，免搁滞之忧，绿茶平水大帮，沽出十四万余箱。现市无存。闻山内未到者不上二万箱。路庄大帮，闻未到者有五十余字，市上仅存数盘，售价见低一二两。珍眉中低货最易行销，价无涨落，高庄好货不易成交，针秀蕊眉销路颇好，价见低二三两，贡熙婺源高庄水叶，白头行竟标至八十二两。因近日来源不断，存底稀少，前途要货之故也。

《银行周报》1925年第9卷第35期

## 茶（十月三十一日）

本星期来洋庄绿茶交易不旺，市上祁红均已售清，宁红沽出四额，价尚平稳，温红无人过问，祁宁片末俄商买去三万箱之谱，价目虽低，客心非常欢迎，汉市两湖粗红，高庄沽二十五两，粗庄沽十七两，销路寥寥，仍存六万余箱。路庄绿茶大帮，货次价高，洋商因汇率见长，从缓谈盘，高庄珍眉仅沽四额，价百零七两，五六十两货仍然畅销，针秀蕊眉价低二三两，销路仍旺，虾目制造不多，价无涨落，贡熙通市约存万箱，高庄水叶不足者三千箱，俄商现已去电前途，须俟两星期后，方可发展耳。

《银行周报》1925年第9卷第42期

## 祁茶拟加入公磅

路庄绿茶公磅，自巳未年成立以来，洋行茶客方面，均照遵守，成绩卓著。现闻祁门茶帮，以洋行食磅太多，抗争无效，亦有加入路庄绿茶公磅之拨议云。

《申报》1925年1月10日

## 甲子年茶业盈余之调查

去年洋庄茶业，绿茶均佳，内地如屯溪号家，获利最为丰厚。婺源、歙县、遂安等路，亦均微有沾润。至红茶方面，大致亏折者多，获利者少。即如祁门一帮，市盘买至八九十两，不为不佳，奈内地山价太昂，结果除几家名牌略有沾润外，余均亏折。其余若宁州、两湖等路，折本均极为重大。本埠各茶栈，多数均受两湖、宁州红茶之影响，总计十五家茶栈，仅乾记盈余一万四千，洪源永盈余一万二千，恒记盈余一万，鼎和、永公、福隆、永盛昌、谦益、义泰等栈，盈余数千两外，其余均无沾润云。

《申报》1925年2月5日

## 祁门英伦两茶市近讯

本埠各茶栈，近接祁门报告谓，本所新茶色质甚佳，业茶牌号，亦不减于上年，毛茶开盘，祁门四十八元，浮梁四十六元。嗣因天时寒冷，茶芽不易产生，山户因号家需求甚殷，乘机高抬山价。至开盘之第二日，每担已涨起两元，将来祁红成本较上年，必见增重。若沪市开盘，较前未能见高，结果颇多折阅云。

近来伦敦茶市，据洋行所接电告，仍趋呆滞之象。印锡等路存货，尚可供十八个月之销场，市价因之日跌。惟我国高等红花及徽属之绿茶，其天然色质，为各国之冠，或不至于滞销云。

《申报》1925年5月10日

# 陈翊周对于华茶改良之意见

本埠茶业会余总董陈翊周君，鉴于年来华茶一蹶不振，人民生计，日趋困苦，特拟具意见书，详述华茶输出败退之原因，与夫挽救之方法，普告同业。其文录下。

华茶输出败退之原因。吾华为产茶之祖，当全盛时，输出年可三四千万两。三十年前，印度、锡兰购运吾国茶种，至彼国试种。越数年成效大著，收成丰稔，雇吾国制茶司至彼国教之制造。再越数年，改用机器以代人工，集大公司以厚基本，筑铁路以利运输，国家免税饷以轻其成本，助广告费以为之传扬。而爪哇、日本亦步武行之，且印锡爪为热带地，印度则周年随时可以摘茶。锡兰、爪哇有九个月发芽，出产丰，故获利厚，基本厚则运掉灵，于栽植制造考求甚精，管理悉合法度。本占优胜地位，几全夺吾华固有之权利。民八，政府徇茶商之请，完全豁免出口税，兼减内地厘金之半数，以示维持，稍舒喘息。而出口仅值千余万两，与印锡爪直，二与八之比较而已。

挽救之方法。尽免出口税，及减内地厘税之半，已行之六年。本年底为止，众茶商将要求永远蠲除，政府能力尚可办到，筑造铁路，购办机器，资助广告费，减轻运洋船脚。是政府力量不及茶商个人与团体能力薄弱，亦谈不到。中西合办之华茶社会，亦因款绌，效果难言。近美国广告家夭嘉士君，拟著一书专揄扬华茶，中外茶商曾资助美金二千元，奈沧海一栗，难期大效。兹择切实可行，行而必效者，条列于后。

政府宜仿印锡先例，永远豁免出洋茶税及内地厘税。

各产地茶商，宜普劝山户，护惜花株，于犁土、耘草、施肥，行之勿□，或资助之（此指资助山户而言），并请政府令行地方官保护之、维持之，有蹂躏茶株者，搀水发实者，惩罚之。此为根本整顿之要，图行之而必效者也。

制造既不便骤改机器，只须货与样对，如制百箱，则百箱一律，毋许参差。如祁门、宁州二十余年来，寻舞私弊，两湖间有货不对样者，宜痛改之，以祁宁为榜样，希望汉公所设法，以制止之。

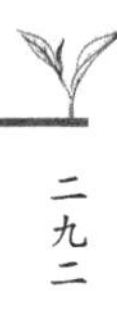

茶箱毋取装潢，只求坚固。查印锡茶箱，纯用白木，四周加铁皮，异常坚固，宜仿行之。或不便仿行，则箱内四角，宜如三角木，多加小铁钉，以免碰碎，漏茶之虞。

此外，应改良、应整顿、应维持者千端万绪，奈吾业涣散已极，齐一不易，小资本多，大公司少，故言之易，而行之艰。姑就简易可行者，贡诸同业诸君，及热心维计之当道，欲知吾业真状之，同胞后日当续陈第二步救济方法云。

《申报》1925年5月13日

## 茶商一致电请续免税厘

我国出洋茶叶，自经政府准免出洋全税，减收内地半税以来，元气稍为恢复，销额亦逐年见增，茶业因之赖以维持。现下皖赣各路茶商，因前定减免税率之期，年底告满，倘若实行重征，则成本自必重大，既不能与印锡爪哇诸国之茶竞争，而国内茶业衰退，工商各界势必交受其困囚。于昨日电呈政府，请求继续免征关税，减收内地半税。期文照录于下。

北京段执政财政部、农商部、税务处钧鉴，吾华出洋红绿茶叶，自民国九年起，政府鉴于国外贸易之不振，通令关税豁免，厘税减半，用能勉励茶商，改良制法。近年销额迭增，成效大著，商民莫不欢呼，奈前定减免税率，仅言展至本年。查各国出口物产，概免税收，日有补助。目前关税会议外宾，视听密迩，谨再电请，继续减免，用昭我政府维持国产，实与各友邦善政，同揆执政，利国福民，动关至计。伏乞准照九年免税减厘原案，俯赐进行。此后出洋华茶，销额必更推广，环恳迅颁电示。俾各关局，一律只遵，不胜翘企，待命之至。屯溪茶商总会、婺源茶商公会、祁门茶商公会、江西茶商公会、瓯江茶商公会、上海路庄公磅事务所等同叩齐。

《申报》1925年12月9日

一九二六

# 皖财厅又发表大批茶厘委员

增新比十四万有奇。

皖省茶厘向系由商包办，本年经刘厅长改为委办。查茶厘比较，每年总共四十五万二千元，现由该厅酌加，共加十四万八千元。兹将皖南、皖北所有茶厘局名，及委员姓氏，照录于下：怀远，金文彬、黎家集、徐衡；南陵，崔儆；街口，崔宗瀛；饶州，夏嘉言；黄粟杪，汤志远；七里河，鲍观；八里滩，白增禄；管家渡，洪树棠；两河口，洪蕃；霍山，刘□；毛坦厂，任玉璠；麻埠，陈绍湘；铜石，王鸣瑞；宣郎广，马维贤；泾太，吴鉴；秋浦，舒逵；歙县，张铭让；祁门，徐行；婺源，王寿朋；休、黟，吴光锡。

《申报》1926年3月9日

# 茶业前途之隐忧

茶叶为我国之富产品，关系国计民生至巨。上年因俄庄路复□，法属摩洛柯等处，需茶孔亟，新茶上市以后，市面遂有一日千里之势，各茶号获利既优，茶栈亦均有沾润，诚为从前所未有之佳象。现闻各路茶商，对于本年业务上一切进行扩张，不遗余力。而业外之人，亦多盲从，趋之若骛。婺源、屯溪、歙县等各处制茶庄号，均各增设二三十家之多。本埠土庄，制茶厂亦不下百余家，迩来各□开支，较之往年，均□闻山价一项，在此新茶未采摘以前，已有较旧增高十余元之声浪，通盘筹等。路庄绿茶，每担须六十五六两至七十两，祁门茶须八九十两，不能办到，其蓬勃之情状，概可想见。惟国外销路，今非昔比，茶商若不亟谋减轻成本，则本年茶业危险，难堪设想。查现下红绿茶销路，俄庄为最旺，然近悉俄人方面，鉴于上年华茶价格太贵，颇有偏重日本茶之倾向（按华茶价格，每担六七十两；日茶价格，每担二三十两。）。英法等庄，亦因沪埠茶价太高，而汇率又逐步放长，益持观望态度。照现下内地情形观之，茶叶成本如此綦重，即使将来各茶价如上年之高，已属无利可图，识者对于本年茶业，咸深抱隐忧云。

《申报》1926年4月6日

# 陈翊周覆纽约茶业月报函

纽约咖啡茶业月报，对于华茶兴革，颇为重视。今届二十五年纪念，特致函上海茶业会馆陈翊周君，请求关于茶业发挥伟论。兹由陈君覆函摘录如下：

顷承赐书，知贵社有二十五周纪念丛刊，素仰台端热心茶务，指导周详，大可为吾业臂助，钦佩莫名。鄙人业此四十余年，容有一知半解，谨将管见所及，略述于下：（一）华茶产自高山，饱经霜露，消烦解渴，益气提神。红茶以祁门为最优，宜昌、安化、桃源次之，制造虽属旧法，但屡经改良，已十分洁净，用手搓，不用足揉，用炭焙，不用薪炙。昔英国著名医士恩都加乐，恒向人宣传，推华茶为饮料第一，纯净无杂质，至公无私，可为标准。（二）绿茶以产自安徽之婺源、屯溪，浙江之湖州与平水为最优，纯是本色，毫不加料。（三）华茶迟迟之不能发达者，因乏铁路运输，工巨款绌，诚属可惜。（四）顾客恒称，华茶虽佳，惟价嫌昂，实则因成本太巨之故，非故抬价格也。以上所言，均系实事，不凭理想。嗣后当频加考虑，益事精研，以副需要者之雅意。尚望台端，以互助之精神，发扬光大，将华茶之特点，切实揄扬。俾吾茶业得凭贵报，而享盛名，推行尽利，其为感荷匪可言宣，祝贵报万岁。云云。

《申报》1926年6月4日

# 国内洋庄茶业之产销概况

洋庄茶叶，为吾国出口大宗，质味之纯正，优于世界产茶各国，故在欧美之销场历史久，而能至今弗替。盖恃天然之美胜也，自欧战起，俄销停截，英法美相继缩减，市面一蹶不振，业中无不竭资丧志，坐让他人专美。于是，日、印、锡兰产茶之国，乘机崛起，对外推销，突飞猛进，骎骎乎驾吾而上之，致各国需茶，年有六百八十兆磅，华茶仅占二十分之一。欧美之华茶市遂降，而退居其四。至近年，外人研究，深知华茶非他国所能及，为饮料中之无上品，加意辨择，并敦促茶商改良，因是华茶之名，不全为奸商搀伪所蒙蔽。前去两载，销路果渐转机，旧岁茶商稍沾微利，此即华茶幸运萌芽之佳兆，然此不能遽认为乐观。十数年来，茶商之亏

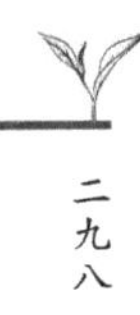

折，所得尚不能偿前之所失。本年市面，虽无特殊发展，而洋商开出市盘，则未见十分低落，销路亦尚有可观。预料欧美销场，将有增无减。惟此后对外之如何扩充，基本之如何巩固，是在茶商好自为之。政府提倡保护，如取消关税不平等，设立茶叶试验场，奖励出品，减轻内地税率，合植制售三者，组织强有力公司，改良装潢与制法，注意广告宣传，诸大端均为推销华茶，所刻不容缓者。且各地茶商团体涣散，大都各不相谋。譬如，今年生意亏折，翌年则斤斤于山价之靳抑，人工开支之减少。今岁获利，明岁新号，又复如春笋之怒生，高抬山价，人工开支，随之俱涨。甚至土庄茶叶之草率制法，简工陋料，茶类杂异者。此种混乱无步骤，无团结之经营，必至于失败而后已。今岁洋庄之不能获利，亦由于产地茶号之过盛，因盛而竞争过烈，山价开支，在在加大，成本既巨，获利自难，诚可惜也。兹将国内茶叶概况，略记如次。

两湖。湘省，向称产茶最盛之区。有洋庄与店庄之区别，店庄如毛尖、青茶、雨前、龙井。洋庄则统称为红茶、茶砖两种。店庄茶叶，以岳州之君山所产为最佳，次如宁乡、常宁、江华、安东，再次，如衡阳、浏阳、湘乡、湘阴。红茶则多产于宜昌、安化、五都、东坪及高桥宁远洞等。初为晋商设庄，于恰克图采办红茶茶砖，运销俄之内地。自乾嘉至道光年间，销路渐畅。及光绪十五六年，俄商自行到汉采办，晋商营业遂不支。每年此项红茶茶砖，运汉销俄，年有百余万箱，为全国之冠。此为两湖洋庄茶鼎盛时期。民国七年来，俄国政局分裂，各种商务随之败落，东俄交通滞塞，西俄又为英法所封锁。我国国际贸易，惟茶首当其冲，驻汉俄庄新泰。阜昌等行，相继停办。两湖红茶衰敝，则自兹始。近俄恢复兴商，茶市贸易移沪，而销路遂式微矣。前去两载，产额仍有五十余万箱，去岁营业渐欣欣向荣，而今岁又不如昔。虽各茶商寄样来沪，终无大宗成交，故各庄红茶，宁囤汉不装沪，有相机改售本庄之意。因其店庄销路甚宏，如甘陕新疆苏直等省茶号，采办颇多，以其价廉易合，普通销路不似路庄茶之专销洋庄制法也。且业茶者均多与汉钱庄往来甚少，贷资于茶栈，因每家茶号，至少每帮有茶数千箱，茶栈亦无如此厚资，贷放于各茶号也。此其与洋庄各帮不同之点。现闻该省政府，颇注意于实业，移茶业讲习所于安化后乡一都，切实整顿，并设分所于产茶各县，调查各商通禁伪造，此皆根本要图。如能循是改进，洋庄销路，不难恢复旧观也。

安徽。安徽为中国北派产茶最大部分，皖南北又分店庄与洋庄两种。皖北，如六安、亳州等处，所产之青茶，多销于直鲁、奉沪店庄。皖南，如徽属之婺源、祁门、屯溪、歙县及秋浦等县所产，则尽制销于洋庄。绿茶以婺产为最优，红茶以祁

产为最优，国内制销洋庄者，当推婺祁红绿茶为上乘（即总名为高庄货）。因其地居高位，土质不同，且丛山峻岭，气候温和，而多雪雾，茶叶饱受朝露，及清洁空气，质味另发优香，远非他国茶所能及。皖省业茶者以婺帮为最早，当清康熙中叶，即西历一六六四年，英人开茶市于粤东，婺商即与交易。春去夏来，获利倍蓰。斯时南派华茶，粤闽滇等省洋庄，销路最盛。美国直接运华茶，当自此始。迨咸同以还，北派茶兴，皖茶遂占重要地位。红茶渐移市于汉口，绿茶则属上海，而闽粤滇茶，遂式微。

先是，华茶半属俄庄。一八七一年，英美华茶市渐畅，徽茶销路尤充，如屯溪歙县业茶者，相继勃兴。红茶首办于秋浦，继移于祁门。至近年，祁门红茶可称为最盛时代。前之婺帮往宁州业茶者，今均趋重于祁、浮梁、秋浦，虽号称产茶区，而总名均称祁红。如浙之遂安、温州，赣之德兴等处，绿茶箱面大字，均称为婺东、婺北某茶，假其名贵，而召外人之重视。屯溪茶，地近低庄，间亦有高庄货，如名家绿茶，可与婺茶并驾。歙县逊之，幸强半多业店庄，经营亏折，比洋庄较有把握。去岁徽属洋庄茶业，大概均佳。本年市面，亦可波平渡过，似无不良结果。至近年茶叶产量，较昔见增，合全徽红绿茶产额，岁有二十余万箱。以后富有加无减，盖由山户贪代价丰，有茶者，无不力加培植，业茶者又能忍耐奋斗，虽经过种种艰危，屡起屡仆，并不因此而灰。其世业遂成今日茶业中之砥柱，将来发展，可预卜也。

江西。江西亦为长江流域中，南派产茶区之一部分。其植茶之地，如饶属之浮梁、德兴、余干，广信属之河口、玉山，南昌属之宁州、武宁、铜鼓、漫江等处，所产之茶，均多制销洋庄。余干、德兴、玉山均制珍眉、贡熙绿茶，武宁、漫江、宁州均制红茶。清光绪中叶，宁州红茶至为蓬勃，沪上各茶栈，均于州城设庄放汇。武宁、铜鼓、婺粤两帮茶号，几于星罗棋布，每年产额，恒在十余万箱以上。该地土商及山户，对于茶商倍极重视，栽培茶木亦至勤，莫不认为农产大宗。厥后，俄销顿绝，茶商裹足不前，山户悟于茶产之不可恃，且多斫除，易植他种产品。至近年，该地各产茶之区，出额日减，宁红市面，不绝如缕。去今两载，虽有婺粤赣等帮，进山采制，已无复往年之盛矣。除沪粤商陈翊周创设之宁茶制植公司，较有生气外，余均趋于不振。至玉山、河口茶市，民国初年，营业亦觉有可观。去岁本婺帮茶号，颇多获利。今岁复有兴起之势，德兴茶业与皖之婺源，唇齿相依，市面之冷暖，视婺源茶号之衰减为转移。近年产额，亦有三万余箱，惟赣省地广肥沃，杂粮出产至多，农民均视茶为副产品，不加培植，遑言改良，茶业之不能蒸蒸日上者，富基于此。

浙江。浙省产茶之区至广，如湖州之平水，温州、邵武之红茶，亦为沪上洋庄茶市之中坚，平水以湖州之蚁目、蚕目为上，每年产额不下二三十万箱。本埠震和、谦益、谦和、怡泰均营平水，贸易殊不弱。销路以英美法为多，历年营业，以去今两载为最佳。因洋商不喜有色茶，平水多本色，且价较廉，正合洋庄贵滞贱销胃口，故年来业平水者，俱有盈无绌，且驾湖皖赣而上之，前途佳境，亦未可限量也。至其他诸省茶业之可记述者尚多，容于下篇再详述之。

《申报》1926年9月6日

# 茶业同人公宴记

四日晚七时，茶业同人在大东酒楼公宴新泰洋行搭客，俄国茶业托辣斯宾边思夫君，并延该国著名大商十六人作陪宾。君到申两年，购运华茶最多，与华商感情綦厚，交易一本公平主义。于十二号返国，闻将赴英，有称大任务，各茶商因公饯之，以留纪念。入席后，主席陈翊周起言：今夕吾等同人，□具杯酒公饯宾边思夫君并延诸君作陪。溯宾君莅沪两年，与吾等交易往来，水乳相融。今归国有期，行将赴英，吾等都具有一种依依不舍之情。夫吾华乃农产国，茶叶乃农产之大宗，向销欧美，为吾华独有之品。近年欧洲多销印度、锡兰、爪哇茶，美州多销日本茶，吾华反瞠乎其后。惟俄国则尚重视华茶，一线生机，端赖于此。深望君返国后，鼎力宣扬华茶之优点，明年重莅申江，推广办运。红茶中祁门、宁州、安化、桃源，绿茶中屯溪、婺源、湖州诸上品，闻贵国上流社会甚嗜之，虽价重连城，尚珍如拱璧，果能实力赞助，定复十数载前之旧观。不独俄等同人之幸，实吾华全国之幸，亦贵国茶商之幸。矧饮料中，以茶为有益卫生，亦贵国人民之幸，深冀明春重临敝地，预留此地点以作欢迎何如？祝君一路福星，诸位来宾康健。继由卓禧白译述英文，俄国协助会协理葛所雷波君译述俄文，全体掌声雷动。

旋由宾吾起立答云：鄙人行将回国，承诸君厚意，赐以盛筵，非常荣幸。适间主席赞美，何以克当，惟贵团体应注意之点，于种植栽培、采摘制造，一一宜特加注意改良。鄙人到莫斯科时，自应广为宣传，用冀两方发达。遂由葛所雷波译述英文，卓禧伯再译述华文，全体茶商鼓掌。主席答云：谨如命通告山内茶商、茶户，

愿双方勉力行之。旋畅谈十时半散会。

《申报》1926年12月6日

## 茶（五月廿二日）

本星期内，洋庄新茶，仍未畅销，祁门红茶昨日已到二万箱左右，宁红亦到千箱，均下星期一布样，温红抵沪多天，仅沽一额，价三十六两，较上年虽高五两。据闻毫无沾润，土庄新珍眉亦沽出一额，价七十三两，比旧岁开盘时亦高十两，无奈成本太大，亦难获利。温州针眉沽价仍五十两，虾目六十二两，贡珠四十六七两，土庄贡珠亦沽四十三两五钱，市面平稳，惜不能畅销，刻闻孟买来电，红茶发动，需货应市，但限价仍低，白头行家见新茶价格高大，故将陈温红办进五百余箱，价自十九两五钱至二十二两，祁红开盘如何，吾人拭目待之。

《银行周报》1926年第10卷第19期

## 茶（五月廿九日）

本周祁门红茶，连日续到二万余箱，共计已到四万三千箱之谱。本星期一各栈布样，洋商品评货色，比旧见优，还盘亦高十两，无奈号客血本浩大，又因山内产额歉收，所谈之价，均相差十余两，多不愿开盘，洋商比即去电前途斟酌，各行回电，均嫌价高，宜暂缓办，故相持至星期四，双方始让步开盘，自八十三两至一百二十六两，而英行仅办二十九额，统计沽出二千一百余箱。宁红亦到三千箱沽出五额，计五百六十箱，价自四十八两至七十五两，较旧高五两，九红沽四十四两，河红沽四十八两，均无沾润。而俄商仍坐守观望，不卜将来如何。路庄绿茶，遂安珍眉，已到埠，开盘八十六两，比上年高十六两，土庄虾目沽价自五十二两五钱至七十六两，珍眉贡珠价无涨落云。

《银行周报》1926年第10卷第20期

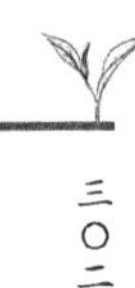

## 茶（八月七日）

本周期内洋庄红茶交易寥寥，祁红沽出七百余箱，宁红八百箱，温红三百箱，价均与上周相仿，祁宁片末仍然随到随沽，价亦稳固。查祁红春茶较旧出产少四千箱之谱。历来仔茶销行北地店庄，今庚战事不靖，转运艰难，故各号改制洋庄刻已到六千余箱。比上超出半数，俄商若不畅办，难免搁滞之忧。绿茶平水大帮春茶来源不广。美商消悉仍好。售价坚硬，路庄大帮所到不多。客号见平水之俏，希望涨价，不愿松放，故难成交。针秀眉依然畅旺，价亦平定，路庄虾目业已关盘，价七十两左右，高庄货九十两至百两，贡熙销路最大，价称平稳，惜乎高庄珍眉不易得盘。中庄货价自九十一两至一百〇五两，屯溪遂安价自八十两至九十六两，土庄货五十两至六十五两，仍不畅销。业此者难抱乐观耳。

《银行周报》1926年第10卷第30期

## 祁门红茶市价暴涨

祁门红茶，自本月半开盘，每担由七十七元至五十四元，近日因天气寒冷，茶芽缓发，山户尚未正式做涌庄，近更因各茶号竞买，分庄星罗棋布，每担由七十七元暴涨至九十四元，一般茶号，鉴此市价过昂，不敢多办，故观望者均落后无茶办进，市面已成混乱之象，大有只知争办，不顾价昂云。

《大同》1926年第1卷第18期

# 一九二七

# 今年新茶产额不过一二成说

产额锐减之理由市面有转机望。

路庄绿茶，近日销路稍活动，市盘虽不见高尚坚定，据业中人云，目前市面不无希望。其主要原因，系预测今年产额行将锐减之故，盖（一）徽地军事未定，金融不易恢复，而（二）茶商去年亏折甚巨，大部裹足不前，且（三）栈家搁款太多，无意放做。因此种种情形，今年产额，较之去年，预料不过十成之一二。即如祁门红茶，转瞬已届采制之期，而各号现急于售脱陈茶，多未能兼顾。今年路庄红茶绝迹，亦意中事云。

《申报》1927年3月1日

# 今岁皖赣茶业之概况

茶号较往年见减——出产优良历来罕有。

开价红绿茶俱廉——金融竭营业难臻。

我国茶叶向为出口大宗，中外所注目，现已由萌芽转届活动期矣。全国茶商，亦咸视线于发轫期中，以觇各方情势，定取舍以备进行。其抱消极者，因旧岁年头结果失利，今岁更觉无把握。值此时局不宁，工潮迭起，在在恐蹈危险之机，态度观望。其抱积极者，谓今岁新旧茶号，较旧见减，营业上已少竞争，山价、人工定可随之减少，成本既轻，不问外销之畅钝，可不致受损，故前途颇觉乐观。但一审茶业之环境，及内外情形，今庚茶栈不滥放汇，山价低廉，茶号减少，出产茶质优良。惟惜乎交通阻碍，运输困难，银根奇紧，现洋缺乏。俄庄某洋行有停办之讯。凡此种种，均足为茶商进止靡定，失却营业标准也。兹将今岁皖赣两省红绿茶之概况，以作客观的，叙述如下。

茶号。红茶产地，首居祁门、秋浦、浮梁、修水，次之绿茶产地，婺源为冠，屯溪、歙县、德兴、广信等属次之。红茶现已开始采办，祁门新旧茶号，前经军队屯驻，刻下已告肃清，故茶号并未减少。盖因祁邑土产，茶为大宗，全邑人民生计所系也。秋浦、浮梁茶号，一经挫折，咸慎重经营。修水则因赣局多故，运输困

难，婺粤两帮，多裹足不前，婺帮进山者，只谦益、益源两家。绿茶虽届发动，惟因气候迟早，多数尚未开园。屯溪为绿茶号集中之区，一究其实停办者，尚鲜多半，咸存观望。如将来山价低廉，未尝不重整旗鼓，婺源素以业茶奋勇称著，原有茶号，大抵继续。德兴确已减少十分之三，广信、玉山、河口以工潮澎湃，外帮停办，旧岁雇聘之婺帮茶司，今均一律辞退，故本外帮茶号，俱较旧见减。就号数言之，减少者悉为低庄，婺源、祁门之高庄茶号，固依然未减也。

市价。祁浮各处新茶，已于四月二十八日开秤，初价浮属每担五十元，祁属五十七八元。头帮开价较旧，每担见减二十余元不等，刻因各号无款进办，已趋跌二十余元。修水市价，初盘三十元零，大势有落无涨。绿茶始届开园，尚未采竣，约本月半后，方可开盘。市价之增减，此时殊难臆断。山户亦无奢求，但非够敷成本不售，茶号以银根紧迫，已不若往年付洋定货之热烈，市面颇沉寂，将来开盘，总在五十元左右。总之，红绿茶价，俱较旧岁减去十之一二，可为茶商减轻一分之担负，此亦不无小补焉（未完）。

《申报》1927年5月21日

## 今岁皖赣茶业之概况（续昨）

各项开支□省——成本不减往年。

时局多故不宁——运输阻滞延缓。

（一）经济。今岁茶号之不能臻于蓬勃者，感受金融枯竭之影响。茶栈放汇虽初紧中宽，然有申票，莫售于事，以济急祁浮茶款，全持景镇来源。日前浮号赴镇传票解款，在途被抢者，计十七家（婺帮一家，浮帮十余家），损失不下数万。受此重创，镇庄虽有现洋，茶号咸具戒心，不敢冒险解款。婺帮驻祁浮茶号，近复星夜赶婺，罗掘现洋，运庄接济，冀谋多办，故祁浮号数，外观虽未减少，实则因无现款接济，不能动办，首字高庄货，悉为有款者捷足收买。绿茶各号亦因经济竭蹶，发生困难，将来难筹现洋，或竟因而停办者不免。盖红绿茶款，全持景镇、乐平、河口、屯溪等处。今以时局不靖，该处各庄咸少存现，以免危险。绿茶各号经济，现已处四方壁立，枯涩之境，纵有涓滴来源，亦属杯水车薪，无济于事。就经济言之，今岁茶号诚受莫大之打击，无发展之可能，大有对此珍馐，莫能染指之概。

（二）叶质。今岁红绿茶开采时，因天气寒暖晴匀，无暴冷暴热之酝酿，能使茶芽自然发育，性味优香，为数十年来所罕见。盖茶叶未受雨侵，少含水量，且易于采焙，今岁茶质色香味三者，诚不可多得之出品。

（三）成本。祁浮茶价，虽较旧见减。惟因茶身半湿，焙干仅对拆成数，每担茶收入，统扯四十元，成干则需八十元。加之，各项开支杂费，如箱板、炭、锅、罐、人工等等，尚未随之减少。将来运输费用加大，成本总须七八十两。绿茶复头较佳，以每担盘价五十元论，亦须六十两。就成本言，已不见减于往年，试以物价、人工、生活程度之压迫，在增加于成本统计，仍无多大减少。

（四）运输。徽赣两省茶叶出口，除屯溪、歙县由新安江运杭转沪外，余悉由长江装申。现浔沪间，航行艰阻，于运输上颇感困难。祁浮红茶，转瞬首字告成，本月中旬，可成堆启运，将来能否限期装出，实一问题也。惟祁门接壤休宁，各茶号多有拟由旱道挑运屯溪转沪，避免鄱湖长江之阻误。如长江航行，未能即日恢复，势必悉由屯溪出口。所可虑者，旱道较远之处，担夫是否不至缺乏，挑价之贱昂，亦一极难之事。就运输言之，已实多费踌躇矣。

以上缕述各情形，今岁茶业之概况，可以略见一斑矣。至俄庄某行停办，若果成实，则今岁茶叶之销场，顿失一大主顾。而其他各国，英法美进茶胃量，是否扩大前途，尚无把握。若俄销停滞，关系吾国茶业销路至巨，而以红茶影响尤大。记者所希望，愿吾茶商力除依赖之性，进而谋直接运销外洋之专卖权，勿常任间接办茶，洋商所操纵，系为刻不容缓之事，亦为切身根本之要图也。

《申报》1927年5月22日

# 祁浮红茶仍走长江

由屯溪出口之议已作罢。

祁浮红茶首字告成，因鄱湖浔沪间航路艰阻，纷纷议由屯溪出口。兹复因该路有种种艰难情形，难成实事。如祁门至渔亭，每担茶挑价需二元，余此外道远者，需五元至七八元不等。是每担茶运费上，另加成本二三两。最难者，旱运茶箱，外须编竹篓，以防损坏，天雨又须油布箱套。浮茶由屯者，须在浮茶厘局请引、秤箱

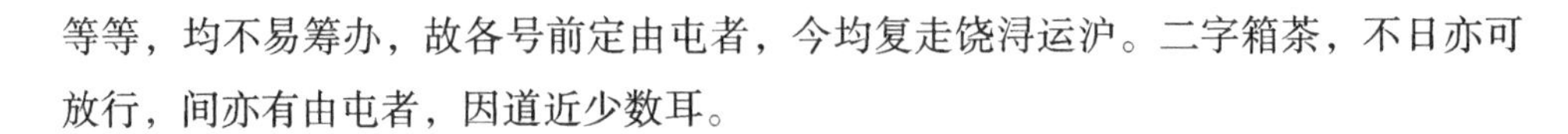
等等，均不易筹办，故各号前定由屯者，今均复走饶浔运沪。二字箱茶，不日亦可放行，间亦有由屯者，因道近少数耳。

《申报》1927年6月3日

## 改良红茶山户制法之提议

祁浮红茶，年来产额逐增，外销颇畅。其产销及质味之优良，为全国之冠，世界各国莫不知有祁门红茶，惟因山户制法简陋，致销路难期猛晋。今浮属锦江、婺帮吉泰祥茶号主单君，特函浮梁茶业协会，谋山户根本改良（函从略），已得浮邑茶商全体赞许，提议实行，茶业前途，颇可乐观也。

《申报》1927年6月5日

## 徽　茶

毕卓君

徽州出产以茶为最，茶之销路，无远弗届。吾国对外贸易之大宗物品，除丝经以外，厥惟茶叶。吾国产茶之地，固不仅徽州，但民间日用之茶，大都为徽茶。在江浙两省，尤以徽茶为最盛行。即京汉、津粤各大埠茶叶店肆，类皆徽州茶商所设。兹于详述徽茶之前，谨将吾国产茶区城，摘示如次。

以福建省而论，则闽侯县、南平县、崇安县、建安县、政和县、松溪县、建阳县、建宁县、瓯宁县、邵武县、光泽县、沙县、永安县、顺昌县、将乐县、尤溪县、霞鼎县、福建县、霞浦县、寿宁县、宁德县、罗源县、古田县、屏南县、安溪县、漳平县、宁洋县，各县无不产茶。以浙江省而论，则绍兴府属八县，杭州、宁波、台州、温州、严州各府旧属之各县，莫不有茶之出产。以湖北而论，则崇阳、通山、咸宁、蒲圻等十余县，县县有茶之出产。以湖南而论。则安化、石门、平江、益阳、湘阴等数十县，亦莫不产茶。以江西而论，则吉安、龙泉、武宁、宁州、铅山、崇山各县，均出产茶叶。以四川而论，则濯县、开县、达县、渠县、平武县、合江县等三十余县，产茶亦丰。其余如鲁、苏、粤、黔、滇、秦各省，亦有茶之出产，惟为数不巨。准此以观，吾国为产茶之国家，顾产茶之最著声誉者，则当推徽州。

徽州僻处皖之东西隅，山峰绵亘，而产茶特丰。徽州府旧属六县，曰绩溪、曰歙县、曰祁门、曰婺源、曰休宁、曰黟县，六县均产茶，但绩溪所产较少，而黟县所产者又劣于婺、歙、祁、休之茶。休宁一县，田园独多，以资植树稻谷者什之九，故所产茶叶虽优，其产额远不及祁、歙、婺三县之巨。然祁门毗连江西鄱阳，所产悉为红茶、绿茶之源薮，在婺、歙两邑。查六邑所产之茶叶，除祁门红茶集中九江外，余皆集中屯溪，然后运往杭沪。徽州人民生计，什九藉茶叶之所得，而为挹注。故徽茶实为徽州出产之王，茶业之衰盛，与民生关系至为密切。兹更不惮烦琐，分述如次。

## 一、徽茶在中国茶业上之重要

我国对外贸易，茶为大宗。按中国茶叶之出口，在一八九六年、一八九七年间，共二四〇一〇六二二六磅。在一九〇一年、一九〇二年间，共一六二一〇五三三磅。在一九〇六年、一九〇七年间，共一八八三七〇六六七磅。在一九一〇年、一九一一年间，共一九五〇四〇四〇〇磅。在一九一二年、一九一三年间，共一九六五六〇〇〇〇磅。一九一四年、一九一五年间，共一九八九九六九三三磅。其间虽不无退步之可征，顾输出额，不可谓不巨。自一九一四年，欧战发生以后，茶业颇形不振。故自一九一五年后，输出颇为减少。按一九一五年之输出，为一七八二三五三担。一九一六年，为一五四二六三三担。一九一七年，为一一二五五三担。一九一八年，为四〇四二一七担。一九一九年，为六九〇一五五担。一九二〇年，为三〇五九〇六担。一九二一年，为四三〇三二八担。一九二二年，为五七八〇七三担。欧战发生后，我国茶业受有极大之影响。但自一九二四年后，茶业又有起色。故一九二五年时，我国茶业颇有发皇之象，惟是欧美各邦，向中国采运之茶叶，欢迎徽茶特甚。我国产茶区域虽广，徽州所产者，几占全国产茶额四分之一。徽州地处温带，又有崇珍岭，得雨露之滋润独厚，其茶质之佳，较他方所产者尤佳。六邑产茶额，每年无虑四十万担。即遭气候有极烈变化之年岁，亦不止三十万担。每担以最低山价之三十元计算，每年可值三四百万元之巨。且上海茶商与夫对外之茶贸易，除浙江平水茶以外，首推徽茶，准此可觇徽茶在中国茶业上之地位，颇关重要。

## 二、茶户制茶经济之一班

徽州六邑，除绩溪、黟县产茶较少外，余如歙、休、婺、祁四邑乡民，无不藉茶叶，为弥补生计，故在产茶区域内，几至无家无茶园、茶场。一至立夏节，家家筹备摘茶，茶户产额之最多者，或三五千斤，少者亦一二百斤。产额多者，往往雇工采摘，产额较少者，由其自己人工摘制，可不具论。若雇工则每人每天摘下生叶，平均不过十六斤，十六斤生叶只能制成干茶四斤。故一担茶叶，至少须二十人之工力，方克告成。在鼎革以前，人工甚廉，近年以来，人工昂贵。每工除供给膳食外，须大洋三角，膳食以大洋二角算，每天每工非大洋五角不办，则一担茶之人工费用，至少亦在十元以上。此外有燃料，其一切用具之消费，每担茶应加三元左右。平时除草、施肥等等消费，尚在其外。毛茶制造，每担须在二十元以上之成本，倘茶号、茶行加以运工精制，银利等项，则每百斤之普通茶，亦在于山价外，加上十五元或至二十元之成本。如山价为每担三十元，则茶号方面，每担要在五十元左右矣。

## 三、茶号与茶行

徽茶之集中区，在屯溪、深渡、祁门仁里等处。因徽茶由茶户制出者曰毛茶，茶贩往各地收买，而转售与茶号。故茶号之开设，多在屯溪、深渡、仁里等处。歙南之茶，多集中于深渡。歙北、歙西之茶，多集中于屯溪，休宁、黟县之茶，亦系集中于屯溪。惟祁门以产红茶之故，又以交通上之故，大都集中于仁里，或祁城等处，然后分运于九江。婺源茶叶最为出名，而其集中之点，亦在于屯溪，是故屯溪不啻为徽茶之总区，其市面尤视徽茶之上落，为至有关系。茶号、茶行当以在屯溪者为最多。茶号之使命，在依自己之计算，买入大批茶叶，而再从事精制，以出卖于当地之茶行。或派员来沪来浔，委托茶栈售于外国行家。

茶行较茶号规模较大，即其经济之力，较为浑厚。山价之上落，往往受制裁于茶行。盖茶行直接于上海各茶栈，而茶号则颇有自己筹划经济，而为茶叶之买卖。屯溪一镇在民五、民四之时，极为繁盛，数以百计，诚前所未有。民八以后，茶商叠遭挫折。就屯溪而言，茶号减至三十余家。民国十四年，茶叶生意顿然通畅，茶商获利颇丰。故至民国十五年，忽又增加百家之多。但十五年份，茶商半多亏负，经济失其活动。故今年屯镇之茶市，不及前年。此乃关乎中国全部茶业之关系，恕不论。

总之，茶号、茶行为精制茶叶之机关。其一切设备，亦甚复杂，顾其精制之方术，亦纯粹属乎人工。若印度、锡兰、日本之利赖机器，盖迥乎有别。茶业今后之改良，固须敦促茶户之注意，而于茶号、茶行之改良，亦不可忽。

兹就茶号、茶行精制茶叶之名目，录之如后。同一红茶，可以精制八种，曰白毫、曰彩花白毫，曰橙花白毫，曰花香白毫，曰双毫，曰珠兰。绿茶可以精制为四种，曰小珠茶，曰大珠茶，曰熙春茶，曰雨前茶。但小珠茶，犹有麻珠、赛珠、芝珠之别，麻珠又名蚤目一号，赛珠又名蚁目二号，芝珠又名蝇目三号。大珠茶亦有珍珠、元珠、熙珠之别，珍珠为蝶目一号，圆珠为虾目二号，熙珠为蛾目三号。熙春茶亦有眉熙、正熙、副熙之别，正熙、副熙得统名之贡熙。雨前茶区为五等，曰眉雨，曰蛾雨，曰蚁雨，曰芽雨，曰熙雨。除此五等外，仍有凤眉、秀眉、针眉、凤眉之称。名目虽异，要皆从毛茶中所拣出，以故茶号、茶行中，每届茶叶登场，必有拣茶场之设备。余如燥炒场、筛场、装箱场等等，莫不一一先为布置。但以上各种茶叶，可名之曰路茶。路茶者即于生产地制造完竣，而后运往上海、九江者之谓。

## 四、徽茶改良之过去与现在

徽茶在茶业上占有相当之位置，而徽茶之改良，又乌可缓。徽茶历史至为深远，群亦知夫改良之不可缓，而以补救徽茶之缺憾。徽茶之改良，始于民国五年。当其时，适安徽特派实业观察员俞去尘氏，自新大陆归，乃创省立茶务讲习所。民六开学，所址设于屯溪之高枧，采购制茶机器四五事，若炒茶机器、滚茶机器、扇茶机器，利用机器制茶，并又租赁高枧茶园可百十亩，以便试习种植方法。且由俞去尘氏编纂各种讲义，更延茶商巨子吴庭槐氏等，担任技术指导，招学员百余名，都由乡间而来。翌年，俞氏接美国某茶商函，乃倡改用罐装法，每罐一磅，并以破除茶号用靛加色之弊，分发美国各界。一时推为盛举，第一届毕业生，由省择尤津贴赴日调查日本茶业之状况。但至民九，俞氏以事去职，茶务讲习所改为省立工厂，茶叶改良益难有所希望。最近徽茶茶商领袖吴永柏氏，亦感改良之未可忽，但改良从何着手，未易与言。加之，茶户制茶，太嫌粗简，或以限于人工，采摘失时，或以限于技术，茶色失宜。若云利赖机器，则又事实上所难办到。吾国茶业在今日，已属替微时期，印度、锡兰、日本之茶骎骎乎，有驾吾国而上之势。所以攘我国茶叶之对外输出利益者，至巨且大，倘不再策改进，其何以自免于淘汰之危险

乎？然则茶之改良，又岂独徽茶耶？

《申报》1927年6月27日

## 今岁祁门红茶产额之统计

祁浮红茶，已采制工竣，各号均先后收庄运沪，茶额共有五万余箱。三帮制万余箱，亦于前月底，完全运出。惟祁南路南塘、闪里、潘村及锦江等号，制四帮并续做子茶者，尚未完场。兹调查祁浮两处今岁红茶箱额，统计共七万三千余箱左右，祁占十之六，浮占十之四。子茶产额多寡，因未成箱，不及预算。总计今年收成，较旧九折，现至沪售出之茶，已去其大半，销胃之畅速，为近年所未有。若两湖、温宁红茶，来源终欠，所余祁茶箱额，已呈供不敷求，以后价格，或将因而步涨，亦未可知。

《申报》1927年7月11日

## 今岁宁州红茶产额之统计

赣属宁州红茶，向称繁盛，自茶市移注祁门，宁茶市面，日落不振。今岁因赣局不靖，外帮进办殊鲜，如固本公司蔡广记等，办茶最多之号，因去岁结果亏折甚巨，相继停业。即南昌省帮店庄茶号，因现洋缺乏，进山收青者亦不多。故今岁山价，自动步跌，每斤仅售三百文，为自来未有之低价，成本既轻于祁门，结果获利亦较优。惟茶叶箱额比旧视减，统计各号制成箱茶，约仅一万余箱，物稀为贵，有此极佳之市面，当不至如去年之疲滞云。

《申报》1927年7月26日

## 茶（六月十一日）

祁门红茶星期一布样，比即开盘，高庄货开出一百十三两，与上年相仿，中庄者百两关内，低货沽出六十两外洋，商品评香味叶底均较向年占优，兼前途需货应市，纷纷来电讯问。故各行抢办，百两以内货非常之俏，比上年均高十余两，只有名牌高货仍难增高。本周期内共到二万二千余箱，已沽出一万六千余箱，宁红仅到千余箱，沽出六百箱，价亦高二三两，数年来未有如此之畅销，而且此时上茶过磅报关装船，准下星期一放洋，再看头船开后如何情形，方有把握。绿茶平水大帮比到比沽价五十一两至五十五两，较上关盘虽高二三两。闻山价因店庄提高，各项开支浩大，亦无占润，屯溪遂安绿茶闻二十后该有抵埠，温州及陈珍眉沽出一千三百余箱，价无涨落，针秀眉无大交易，独虾目最俏，洋商需货甚急，故土庄号日夜制造，贡熙非俟屯溪货到，俄商方肯举手开办耳。

《银行周报》1927年第11卷第22期

# 茶（六月廿五日）

近日以来，祁门交易较前稍逊，价亦跌一二两，本周共沽出一万二千余箱，价自五十八两至一百二十两为止。中低货销数最多，宁红英德商行不甚注意，全恃俄国销路，故难得俏。温红味淡，向来白头行家销路，近因英俄经济断交，航路阻滞，暂停观望，幸出产不广，亦无大碍。两湖红茶现已抵汉，咋有样来申，评看货色较上年粗老，闻成本又不能廉，将来开盘恐难得善价。绿茶平水大帮，源源而来，美商未接回电缓缓提选，沽价恐难站定。屯溪婺源绿茶近日亦有到埠，屯珍开出九十九两至一百〇二两，婺珍开出一百五十一两，与上年相仿，屯针沽出六十二两，较上低十余两，虾目到货不广，价仍坚硬，贡熙俄商开出婺源高庄七十三两，七溪高庄六十六两，遂安五十五两，均与旧仿佛，再看大宗到后，如何方能定格耳。

《银行周报》1927年第11卷第24期

一九二八

# 今岁皖赣红茶业之盛况

祁邑添设新号十余家——秋浦二十家——浮梁十三家——宁州七家。

婺粤帮派员上山开办——本埠茶栈前往放汇者四家。皖赣两省洋庄红茶，年占华茶贸易输出之大宗。计去年份合祁。浮、建、宁武红茶产额，约共十四万余箱，售价之高俏，市面之坚挺，行销之畅达，尤为近年所仅见。故旧岁经营皖赣红茶者，大都有盈无绌，其中沾利最巨，仍首推秋浦与宁州，祁浮次之。余如温州及两湖红茶，因系低庄，英俄销场始终不振，洋庄市面不及皖赣之佳，各号结束，均有亏折。流光如驶，今岁红茶，又届发轫时期，各号无不重整旗鼓，筹备登场。宁州、祁浮建新旧茶号之踊跃，比之前去两年，尤形热闹。虽英伦存底丰厚，销路呆疲，俄商今岁继续办茶与否，销胃能否如昔，茶商均不之顾，一致勇往直前，咸视为大好良机，于此可见今岁皖赣红茶之盛况。兹将两地茶号情形，分述如下。

祁门。祁邑向产红茶著称，年来洋商购选高庄，市面更较前为盛，产额亦年有加增。去岁计有八万箱左右，为自来所未所，各号结束，虽成本不轻，大概均有余利。今岁祁邑原有茶号，既多继续，并闻高塘、闪里、芦溪、文堂、塔坊、历口、店牌滩等处，且有新号添设，较旧已增十余家。沪上茶栈驻祁放汇者，有恒记、洪源永等栈，新旧各号，均早预办箱板、柴炭，期待开场。

秋浦。秋浦旧名建德，亦为皖省产茶之区，叶质逊祁门。近年该邑商人经营茶业者渐多，且地接皖垣，运输甚便。旧岁秋邑茶号较少，山价特廉，运沪脱售颇速，获利优于祁浮。今岁该邑除原有旧号，不更动外，计新添者已有二十余家之多。沪上源丰润茶栈，以秋属红茶市面扩大，特将驻浮大江村分栈，移设秋属饶□，待俾资接洽放汇。

浮梁。浮梁茶市，与祁门□□相依。前去两年，计有茶号七十余家，大江村为浮梁茶号集中处，有茶号十余家。今岁婺帮往浮办茶者，现有九家。其余四乡，如含滩、峙滩、榆林、北斗、沽演等处，新设庄号，计有十三家。婺帮各号已定本月初旬，派员至景镇，办洋进山，预为开场。

宁州。宁州今改名修水，为赣省产茶区之大部分。民国初元，红茶产额年有三

十万箱。至近岁而衰落，去岁婺粤本省三帮□宁办茶者，仍属寥寥。兼之该地匪患蜂起，茶商裹足，故山价异常低廉。各号进茶，每家至少二三千箱，成本既轻，获利尤巨。今岁各号，虽慑于匪患，视为畏途，惟利之所在，仍多冒险前进。闻宁地今岁茶号，亦较旧增加七八家。婺帮谦益裕源等号茶司人员，均于前月二十七前往开场。粤帮广记、广兴降、宁茶制植公司等，亦均继续营办，声势较旧为盛。沪永盛昌茶栈，今岁特设分栈于修水县城，由金某经理放汇，其他本省各帮，正在筹备发动中，亦足见今岁红茶声势之盛矣。

《申报》1928年3月30日

# 皖赣红茶最近之新讯

祁门红茶开始采制。

修水新红茶收青踊跃。

各号输入茶款不下二百万元。

祁浮建。徽属祁门、秋浦，赣属浮梁，地界接壤，均为产茶最富之区。今岁天时温暖雨少，茶芽发育颇速，日来又见微雨，更易滋长。除谷雨白毫，日前已采制外，头字新红茶，前日（二十日）已开始采摘。一俟故晴，茶园均可正式开摘。连日安庆、太湖做茶工人，纷纷赶至，总计不下三千人，均由各茶户雇用帮采。茶号向上海、杭州、屯溪、景镇采办现洋，约在二百万左右、近日屯景洋厘市面。因茶款用洋孔殷，较上月每千两票价，已提高十余元。幸沪杭浔赣来源尚充，不至如往年之告竭，亦为今岁茶市之一大助力。兼之收成颇佳，祁浮建各洲山园茶树，稍加施肥培壅者，均勃发异常，将来产额，可卜有增无减。

修铜武。修水、铜鼓、武宁三县，均为赣省茶产要区。去岁因匪风甚炽，茶商裹足不前，本外帮进山设庄办茶者，异常寥落，故山价甚低廉。今岁天时调匀，茶产甚佳，且立夏在迩，茶叶均将采制，顷得该地水客电讯云。修铜武白毫毛峰，已在采售，店庄省帮进山收青者亦甚踊跃。惟市盘尚未标出，并闻该处已自组地方保卫团，分驻三县茶区防守，匪患已告肃清，茶市可无妨碍。粤婺两帮进山设庄者，亦较旧见多，茶司人员旬日前，均已齐到，各号由九江、南昌、吴城办进现洋，亦经运入庄内。立夏节前，一律可大帮开秤云。

《申报》1928年4月29日



## 浮南新绿茶被虫蚀无收

浮梁茶叶向分红绿两种，东北乡与祁门毗连，所产茶叶，多随祁庄制红茶。南乡与婺源接壤，所产则随婺庄制绿茶。今岁东北乡新茶业已开园，收成尚佳，南乡洲山园茶树，当前旬发青时，芽嘴为山虫蚀耗，尽成焦点，不复发青。头茶可采者，无几收成，几至全无，只待立夏后，重发子茶，稍补万一。查此路年产茶叶，均为婺屯庄客所搜买，本地无设庄自制者。今忽减少巨大之产额，将来绿茶山价，或因此欠收，而抬高趋俏，亦未可知云。

《申报》1928年5月6日

## 反对饶州箱茶抽捐

徽属洋庄箱茶，为我国对外贸易输出大宗，历年政府恤商减税，维护不遗余力。惟箱茶出口，须经浙赣达沪。屯溪、歙县均由严杭，婺源、祁门则由饶州、九江过载，除产地纳正税及海关税外，向无其他杂捐。前年景德教育局，于浮梁红茶过境，由茶商公会带抽每箱教育捐二分。当时徽婺帮在浮业茶者，以茶号设在其地，茶叶又为浮属所产，未加反对，祁门箱茶未入收捐之列。今岁饶州鄱阳县教育局，近因筹办义务教育，拟在瓷、茶、煤炭三项，抽收过载捐，箱茶每箱抽洋二分。日前曾函知婺源茶业协会查照，该会接函后，即开常务会讨论，签以此项抽捐，若加承认，恐沿途各埠援例，行将捐不胜捐，全体一致反对，并即函覆鄱阳县政府、商会、教育局，加以否认。原函略谓：茶稍未可与瓷煤相提，无论每箱抽捐洋二分，碍难认可。绿茶为我国挽回外洋利权之特产，非减轻成本，难期畅销，故自前清以来，皆特设征税机关，而不附属百货卡，诚以百货可以任意加捐，茶则无论从前之北政府，迄今国民政府，莫不加意维持。虽北伐军兴，需款孔亟，对于茶税，并未增加分毫，非惟未增，而且免出口税，减内地税。即去岁浔关，偶然加征二五，不旋踵而亦消灭，其明证也云云。

《申报》1928年6月22日

## 大批箱茶阻滞饶州

婺源、德兴等路庄，绿茶首字珍眉、贡熙，拣焙人工充足者，早经运沪卖出，拣焙工不足而迟者，始于本月初七八装运，各号赶制大帮花色，亦多在此时纷纷启运。总计运出箱茶，约有二万箱之谱，其中以婺源各号箱茶最多。昨据部茶水客自饶来电，谓赣军四师回防，小轮借用载兵，致茶被阻在饶。现团积饶州箱茶，总数已有一万三千余箱。连日婺德大批珍眉，仍陆续装出。祁门、浮梁末帮红茶，亦续有到，势将愈积愈多，沿河堆如山积，几无空处，各茶商因赶行市，且恐受潮，惶急万分。刻已由九江茶栈，积极设法，商之浔怡和行，调拨小轮洋驳，至开装载。闻兹已得该行同意，不日派轮驶饶拖运矣。（七月八日）

《申报》1928年7月16日

## 华茶概略并最近三年出洋状况

陈兆焘

茶为饮料中第一佳品，本为吾国所独有，三十年来，为印度、锡兰、爪哇、日本□夺殆尽，华茶反居末位。查印锡爪日出产之丰美，其茶种悉购自吾华，各该国之政府，知其为唯一之大利也。出其财，竭其力，以资助之，维护之，宣传之，免其出口税，减其运脚，助其广告费，提倡广设大公司，遂成今日兴旺之象，百分之中，洋茶得八十分，华茶仅得二十分，尚侥幸俄国商人喜购华茶，苟独靠英美，则不绝如缕之生机早绝矣。民国八年冬，北京政府准寿等请求全免出洋茶税，减内地厘税之半，以两年为期。时孙公宝琦为税务督办，以后屡次展限，以迄于今。去冬复蒙国民政府财政部长明令援案免税，仍减厘金之半，得以勉强支持于风雨飘摇之

中，仅赖此而已。至于广告费、船运费、路运费，大公司则政府与茶商力量都谈不到，而天然失败者，各产茶地，无一处有铁路。既无铁路，则凡百救济，都不能大发达。今请言最有益而力量所能办者，厥为禁卖潮茶，只须县知事出一严示，派人侦查，除禁其售卖外，从重处罚，茶身一潮，根本先坏，制成必乏香味，无香味曷由沾得善价。此理甚明，人人悉解，进一步言，从根本救济。查各产地茶户，多不整理山头茶抹，任其荒芜不治，须官为之督促，协同各产地茶公会，妥筹整理之法。如犁土耘草下肥，年年举行，能集资以助茶户尤妙，容当呈请当道试行之。今请言三年来真实状况。

民国十五年。（红茶类）（一）祁门茶八万八千箱，每箱约五十斤，共四万四千担，扯八十两，共三百五十二万两。（二）宁州五万三千箱，每箱约五十斤，共二万六千五百担，扯四十两共一百零六万两。（三）两湖各埠申汉两处，共计二十四万箱，扯四十六斤，共十一万零四百担，扯二十八两，共三百零九万一千二百两。（绿茶类）（一）安徽三十三万六千箱，扯五十斤，共十六万八千担，扯五十五两，共九百二十四万两。（二）温州、杭州、湖州共八万三千箱，扯五十斤，共四万一千五百担，扯四十两，共一百六十六万两。（三）平水二十二万箱，扯九十斤，共十一万担，扯四十五两，共四百九十五万两。是年约亏折三百万两。

民国十六年。（红茶类）（一）祁门九万一千箱，扯五十斤共四万五千五百担，扯八十三两，共三百八十六万七千五百两。（二）宁州四万箱，扯五十斤共二万担，扯四十五两，共九十万两。（三）两湖申汉两处十七万三千箱，扯四十六斤，共七万九千五百八十担，扯三十二两，共二百五十四万六千五百六十两。（绿茶类）（一）安徽二十八万四千箱，扯五十斤，共十四万二千担，扯五十八两，共八百二十三万六千两。（二）温州、湖州、杭州三万三千箱，扯五十斤，共一万六千五百担，扯四十五两，共十四万二千五百两。（三）平水十五万五千箱，扯五十斤，共七万七千五百担，扯五十二两，共四百零三万两。是年赚一百五十万两。

民国十七年。（红茶类）（一）祁门十万箱，扯五十斤，共五万担，扯六十两，共三百万两。（二）宁州五万箱，扯五十斤，共二万五千担，扯三十八两，共九十五万两。（三）两湖二十二万箱，扯四十六斤，共十万零一百二十担，扯二十八两，共二百八十三万三千六百两。（绿茶类）（一）安徽三十二万箱，扯五十斤，共十六万担，扯六十两，共九百六十万两。（二）温杭湖州五万箱，扯五十斤，共二万五千担，扯四十五两，共一百十二万五千两。（三）平水十四万五千箱，扯五十斤，

共七万二千五百担，扯四十四两，共三百十九万两。本年约亏一百万两，是三年较亏折二百五十万两。

《申报》1928年9月24日

## 茶（四月二十八日）

祁门红茶开秤实信，昨日始到。据报祁南路二十一日开秤，每百斤洋六十元为标准，祁西一带迟一二天亦开秤，货色干燥，故价目较高七八元不等。山内天时颇好，出货比上年优美，该路新号仅添九家，山价尚未闹大，浮梁一带，叶质本属中庄，而开秤价格亦要五十七八元，皆因新号无把握之故。独建德方面，制造向不研究，历来出产，洋商均不注意，成本减轻，仍难得利。不意去年恰遇两湖桃源安化等处混乱之时，春茶多未采摘，箱茶缺额，洋商需货，于是建德一路，随到随沽，价目始终不落，各号均满载而归。去岁只三十六家，今竟新增三十家，茶少号多，开秤价目标至五十元之外，似此情形，该路恐难战胜。温州红茶亦闻开秤，价稍高，想上年均无沾润，将来成本，该不见高。宁武两湖等处，不日谅亦有信，所存绿茶秀眉英行办进千余箱，无论好歹，扯价七两，近十年未见如此之低价也。

《银行周报》1928年第12卷第16期

## 祁门新红茶正式开秤

今岁祁门红茶，谷雨节边，各山户业已全体开始采摘，制茶庄号，如恒馨祥、亿同昌、同春祥等数家著名牌号，均预先搜买头青白毫，专制贡茶，以备英人之需要，扯价约在一百八十五元左右。惟此项白毫，系属少数，未能作为标准。兹据祁庄电讯，祁茶已于二十一日正式开秤，祁西高庄茶，开盘九十一元，祁南及浮梁等路货，亦须七十四五元，加之人工货物昂贵，成本之巨，大致与前年相仿。惟幸天时晴朗，色质极佳，各庄号为赶制头帮起见，纷纷抢办，且本年庄号骤增，银根松动，人心兴奋，不可遏抑，该地茶价，颇有继续看涨之趋势云。

《银行周报》1928年第12卷第16期

## 祁浮新茶号之崛起

总计新添五十余家。

今岁祁浮茶号除旧有者不更动外，最近又新设二十余家，合计两处新号，已增至五十余家之多，为自来未有之盛况。各号连日由屯溪景镇办洋运山，不绝于途，头字新茶，月底可一齐开园，月初正式开秤，但因新旧茶号之过盛，现洋之充足，茶栈放汇之踊跃，将来开盘山价，定将较旧见增，成本亦自加重，一般审慎之茶号对此热闹市势，颇有悬崖勒马之思云。

《银行周报》1928年第12卷第16期

## 两湖新开茶号之纷起

两湖为我国产茶之主要区域，自俄销复活以来，每年产额，不下三四十万箱，去年茶商多数歇业，产额大为减折（上年产额只二十万箱）。自西征军克复长沙后，两湖局势，渐趋平静，该地茶商均纷纷重整旗鼓，且因去年两湖陈茶，全数售清，英俄两庄，去路不弱，多竭其实力，预备作大规模之买卖。最近如安化、桃源、长寿街、浏阳等处，新开制茶庄号七十余家之多，均已布置齐全，专候山户开摘，即行兴工赶制，以便运汉销售云。

《银行周报》1928年第12卷第16期

## 茶（五月二十六日）

祁门红茶源源而来，本周期共到三万余箱，星期一布样洋商品评货色较旧稍逊。不料英汇先令骤长三便士，故洋商还盘作八五折合，成本与去年相仿，而华商血本较上年加一，相隔二十余两，磋商四天，双方让步。正式开盘三天，仅沽出三千八百箱之谱，价自七十七两至一百十两，比上年均低七八两不等，而特别贡茶沽

价百十五两至百四十二两，与上年相仿，此宗货色今庚稀少。宁红共到二千余箱，货亦欠佳，布样均未谈盘，须候前途回电方能开盘。温州绿茶珍眉开盘价五十四两五钱至五十七两五钱，比上年低四五两，针眉沽出数字价二十七两至三十一两，亦低二三两。闻婺源毛茶开秤均要六十二三元合成本七十余两，照现下英汇水而论，危险之极，各栈均去电止办，再看将来如何。

《银行周报》1928年第12卷第20期

## 茶（六月廿三日）

近日以来，祁红交易，仅沽出一千八百余箱，价目之低，可想而知。闻俄商预算将近满额，英美各行，均寄样前途，须俟来电加办，方肯举手。七八年来未有如此之疲滞，而宁红胃口仍大，因市上无人竞争，沽价较前已跌十八两。汉埠两湖各路红茶，已到五万余箱，仍未开盘寄样，此间洋商亦不谈盘，因前途尚未发动，祁宁片末随到随沽，价亦平稳，系俄商压砖茶销场。绿茶平水大帮，初开盘仍无大宗交易，似非佳兆，珍眉英法及白头行，销路颇好，价亦平定。近日屯婺涌到，洋商选货，较前认真，提做工水叶条子，不似前星，期见货抢办，针秀眉沽价亦低二三两，虾目来货不廉，价目平定，贡熙白头行先行开盘，办进七百箱之谱，价与前相仿，现已运出，俄商昨亦开盘办进一千五百箱，价自六十二两至六十六两，较前低二三两。

《银行周报》1928年第12卷第24期

## 茶（七月十四日）

本周俄商见高庄祁红价目跌至极地，复举手选进三千箱之谱，英美各商前途亦有回电需货，共挑选二千箱左右。宁红俄商办进三千余箱，价尚平定。近日英商亦开手办进千余箱，仅稍转硬祁，宁片末将近到齐，市上所存无几。汉埠两湖红茶俄商业已开办，市面转动，而售价仍难提高，绿茶平水大帮跌价二三两，美商仍不畅

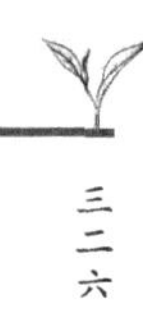

销，婺源大帮日前仅到数字。布样谈盘较旧低八九两，号客因亏折甚巨，不易成交，纷纷去电山内改制珍贡花色免受美商一家宰割之忧。婺源珠眉，近日涌到洋商齐心抑价，顶好高庄货还盘均低十五六两。屯溪遂安等处珍眉亦跌六七两，针秀眉虽畅销而沽价亦不高。虾目售价亦低，贡熙俄商近日还盘亦低二三两，如愿畅销，即幸甚矣。

《银行周报》1928年第12卷第27期

## 茶（九月一日）

本周洋庄绿茶交易仍然畅旺，祁红亦有转机之象，首二堆货价自五十两至七十两，尾堆粗货沽价三十两起码，比上周涨一二两。惜俄商停手，无大涨希望。宁红仍是俄商提选，价亦平定。两湖粗红英美来电需货，近日申市沽出三千余箱，价在二十三四者最俏。而桃源安化高庄货仍无人问津。绿茶平水大帮疲滞至今。现美商见婺源所到之茶均无大帮，前途迭年销数不易办满，只得将平水大帮办进作抵，沽价自三十两到三十六两，较前亦涨一二两。高庄珍眉回电无效，客心坚固不肯松价，低货最俏。本埠土庄号乘机日夜改造，均获利益，针秀眉沽价稍低，虾目因无好货不得搜罗，低货四十两左右者供不应求，均向土庄号定制贡熙，俄商已进六万余箱，市上约存二万箱，来源未断，难免搁滞之忧云。

《银行周报》1928年第12卷第34期

## 茶（九月八日）

近日以来，祁门红茶，英伦因货价相宜，来电加办，昨今两日，选进三千零箱，价自三十两至四十两，较前见高一二两，惜号客此时求沽心急，争先恐后，无坚持能力。除沽出者仍存二万零箱，故沽价终难涨起。宁红本周俄商亦停手观望，查市上仍存一万五千箱之谱。两湖粗红仍俏，价亦稳固。绿茶平水大帮，近日畅销，价已涨一二两。婺源大帮来货甚少，布样即沽。价涨二三两。高庄珍眉来电嫌

贵缓办，而客心坚硬，不肯松放。屯溪遂安珍眉，各行因报关运出，不暇提选，闻各路来源日短，客心不急于求售，故交易寥寥。针秀眉好货日少，洋商亦存抑价之心，目下不易成交，虾目货缺，非定造不可。贡熙俄商因高货将近到齐，恐白头行竞争，故先放价搜罗，而中低货市存充足，又无人竞争，近日还盘，步步紧扣，如前途畅销，可免搁滞之忧耳。

《银行周报》1928 年第 12 卷第 35 期

# 茶（九月十五日）

自上周来祁门红茶交易颇旺，系英法美各处来电。因锡兰、爪哇等处红茶价与祁红相仿水味大相悬远。故加办速运和堆出脱可获厚利。闻此消息本可涨价，而各号因市上仍有二万箱不敢攀盘还价即沽，故难起色。俄商见祁红活动亦开手挑选宁红，英商亦办进数额，价只三十两。非俄商大肚皮搜罗，不易售出。绿茶平水大帮，美商因婺源无货只得提选运出应市，价亦略起。珍眉今庚出产较上年增添不少，英法销数照向章将满。故本周交易不广，洋商叠叠去电均无回音。针秀眉沽价已低三五两，仍无大宗交易，俄商见高庄贡熙来路日少，放价搜罗仍未满额，中低贡熙挑选非常苛刻，还盘一律低四五两，非便宜不买。查市上仍有二万箱，各路尚未到齐难免搁滞置之忧耳。

《银行周报》1928 年第 12 卷第 36 期

# 茶（九月廿二日）

本周祁门红茶英美销场仍旺，沽价稍高。查市上祁红约存一万二千余箱，均是中庄货色，高低庄一律脱清，观此情形，祁红无搁滞之忧。再查宁红约存二万之谱，英美及白头行销路最小，仍望俄商销场，闻前途来电如价跌至二十五六两，再行提选，否即停办，而业此者因亏折甚巨不忍就范，故无大宗交易。两湖红茶亦现停顿之象。绿茶平水大帮交易颇旺，沽价仍无涨落。婺源大帮各号后帮完全不做，

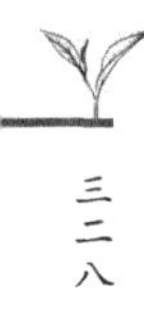

可谓齐心。高庄珍眉价在一百二十两外者依旧不动。屯溪遂安等处珍眉近日沽价较前低二三两，低庄货仍俏。针秀眉存货最多，沽价日跌，仍不畅销。虾目来路货少，土庄包造者价均四十两内无利可图，多不愿做。贡熙高庄水叶者仍俏，沽价仍有八九十两，中庄贡熙已跌下五六两，低货无人问及，奈何奈何。

《银行周报》1928年第12卷第37期

# 茶（十月六日）

本周祁门红茶，英商仍旧搜买，价尚平稳，照此情形，阳历年内，可望脱清，闻占润者十分之二，保本者一，亏折者有半数。宁红仍然无人问及，俄商亦坐守观望，非就其范围不办。两湖红茶，更无市面。绿茶平水大帮，因价低来源亦少，美商来电需货，故挑选数额价仍三十两左右。高庄珍眉沽价已跌下五六两，屯溪珍眉英法销数将满，齐心抑价，概不谈盘，故交易寥寥。针秀眉好货日少，沽价恶不次货市上约存二万箱，真不易谋盘。虾目低货仍俏，贡熙俄商进数较旧超出一万箱，目下非高庄水叶者不谈盘，而低庄粗货难免搁滞之忧耳。

《银行周报》1928年第12卷第39期

# 茶（十月十三日）

本周祁红交易虽不畅旺，而售价已涨一二两，因英美来电加办，号客见存底不厚，多不愿迁就，洋商有利可图，亦不过于杀价，可谓大跌必有小回头。宁红仍无人问津，两湖亦然，独宜昌一路随到随沽，该处今岁只有三家出产，尖嫩兼制造，特大改良，赛过祁红，总共不满六千箱，英商预先议定评货订价。据闻可沽润十两一担，业此者可称第一。绿茶平水大帮刻已到齐算，统不足向年三分之一，无奈美商始终限价进货，久攀无益，只得随市脱手。高庄珍眉因屡电无效，号客回想久存暗亏匪浅，只得松价，近日沽出数百箱，自百十两至百二十一两，较前低七八两不等。屯溪珍眉俄商中选者价仍百两左右，惜美法商行停手观望，难于起色。针眉摩

洛哥因货价廉宜来电加办，各号欲早日结束急于脱手，洋商趁此杀价，所沽者均低十两之谱。贡熙俄商提高杀低仍未满额，中庄货可望脱清，低货无法可施耳。

《银行周报》1928年第12卷第40期

## 茶（十月十日）

本周洋庄祁门红茶英商胃口仍大，沽价稳固，查市上共存不上五千箱，观此情形，秋赛时该可脱清。宁红因无问及，有运往北方内地托店庄分销，价尚颇好，总之存货太多，非俄商大肚皮搜罗，不易销脱，只得待时而动，非人力所能为也。两湖红茶幸各号见市面不振，专电进山止办，后手多不制造洋庄，故汉市存货亦只七万箱之谱。绿茶平水大帮沽二十八两五钱，号客因存货不广均不愿放手，故交易寥寥。屯溪大帮近年来均不制造，今因缺货专电山内做来三额，售价四十三两，顶高者沽六十二两五钱，较制造贡熙占优。珍眉交易非电往来二三次不能成盘，洋商此时进货非廉不办。针秀眉近日沽出者均跌下十两至十七八两不等。因存货太多，人人愿沽，争先恐后，洋商乘机杀价，竟一落千丈，贡熙俄商胃口将满，上中水叶者无大碍，低庄粗货难免搁滞之忧耳。

《银行周报》1928年第12卷第41期

## 茶（十一月三日）

本周祁门红茶沽出二千八百箱，价与上期相仿，所存者不上三千箱，该无大碍。查宁红茶除装内地外仍有万余箱，只望英美发展方可走动。再汉埠两湖红茶约存六万余箱，俄行茶师昨日来申回国想大主顾停办，年内万难售清。绿茶平水大帮来源已罄，市上所存不上万箱，而美商此时可有可无之间，号客睹此情形，只得随市放手，价尚平定。婺源高庄珍眉叠叠电讯洋商均嫌价高，故成交者少，而号客思想好货不上千箱，年内仍有百天，不急求脱。屯溪方面不然，提尖珍眉前沽百四十两外，今沽百二十五两，因久存无益，内盘受亏自愿降下二十两脱出，中庄货亦只九十两左右放手。查市上路庄珍眉所存不上五千箱，无大风险，针秀蕊约存一万五千箱，均欲结束见盘即沽。故现江河日下之势，贡熙约存七千余箱，俄商行均不中选，近日闻有停办之说，再看下星期如何。

《银行周报》1928年第12卷第43期

一九二九

# 安徽省立第一模范茶场章程

第一条：本场直隶于安徽省政府建设厅办理茶业改良及推广事宜。

第二条：场范本园以祁门茶场为本部，秋浦茶场为分区。

第三条：本场因作业之支配，设置左列各科：制造科、贸易科。

第四条：本场设场长一人，综理场务，由建设厅任免之。

第五条：本场设技师二人，受场长之指挥监督，办理技术上一切事物，由建设厅任免之。

第六条：本场设事务员一人，受场长之指挥监督，办理事务上一切事物，由场长呈请建设厅核准任用之。

第七条：场长常驻本部，但至少每月应至每分区巡视一次。

第八条：本场分区应有一技师常驻负责 。

第九条：本场为提倡起见，在技术上遇有人民之请求指导者，应予以相当之帮助。

第十条：本场每周应开场务会议一次，讨论一切进行事宜，其规则另订之。

第十一条：本场服务规则由建设厅另订之。

第十二条：本场办事细则另订之。

第十三条：本章程如有未尽事宜，由建设厅随时修改之。

第十四条：本章程自建设厅公布之日施行。

《安徽建设》1929年第2期

# 对于改良安徽茶业之意见

陈序鹏

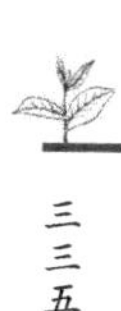

## 总论

中国以农立国，早已驰名世界，茶系农产之一，为我国天然特产，更为海外贸易出口大宗，是茶务之宜讲求，在中国尤为当务之急。数十年前，欧美各国，概为华茶销售之场，每岁不下三百万箱之多。嗣因日本继起于前，印锡直追于后，卅余年来，美国销路，被夺于日本，英国销路，被夺于印锡。查每年进项，竟有二千八百余万元之多！回顾吾产茶素负盛名之祖国，反居日印之下，俯首而思，能不愧憾？究其原因，固由吾国茶农、茶商，墨守陈规，不知研究，栽培制造，悉依旧例，然亦由我国茶业人才缺乏之所致。以此见摒他邦，固其宜也。为今之计：如欲求民生主义实现，拾实业弗克奏其功。茶叶为我国实业之一部，苟欲改良，必先研究茶叶优美之成因，非实地试验，焉得有效。彼徒纸上空谈，斤斤曰改良者，究何济于事实？况业茶农工，既不知精求，国家又乏机关研究，以天然之品质，听奸商之假冒（如绿茶着色和淀粉加水分红茶以足搓揉等事），不能制造清洁，以投社会之欢迎，而且污秽将事，实有碍于卫生。自问如此，又何怪华茶一落千丈，几有不可挽回之势？现当局有鉴于斯，恢复各茶业机关，以图挽救。兹就管见所及，拟订整顿及改良方法如下：

## 一、茶业之调查

调查国内各省县产茶区域年出额之比较，及价值之多寡，则茶业之盛衰情形可知窳劣、制造、装潢等项，得随时宣传改良。至各省县及国外茶籽（如印度、锡兰、爪哇、日本等处）须多设法购置，试验优劣。将研究最好结果，广传民间，一律改良种植。他如土壤气候等调查，亦不可少。国内外各商埠，须设华茶分销处，俾更零星趸发，以期销路扩充。并设调查员多人，专事调查各销路之情形，随时报告政府，转达各实业机关以便运输，而广销路。

## 二、茶事之宣传

宣传种类，不外用文字、商标（即装潢）及口头上说明而已，三者相较，文字、商标宣传当可远播。然对于目不识丁之徒，未云有益。每年茶季，各茶业机关，应派讲演员若干人，至产茶各地，宣传改良茶业种植方法，并须联络各茶号，及茶行主人，讨论具体办法，组织制茶公司，购买制茶机器，收买茶菁，从事根本改良。为乡人模范，久之自能普及，利益实非浅鲜！

## 三、茶农之指导

皖省产茶素负盛名，惟乏该项机关学习，故此等专门人才缺乏，茶势日趋愈下，谁曰不宜？为改良皖省茶业前途计，应多设茶务讲习所，招收实习者若干名，从事研究专门技术，卒业后以便分往各产茶区域，指导农民，或共同组织公司，以期茶业改良与普及。否则，片面改良，恐最短期间，难于发展。



## 四、茶事之试验

试验名称繁多，不及备载，其重要者，不外肥料、土壤、化学、气候、病虫害等。惟值此财政支绌时期，试验当不能完备，应择其不可缓者，提先试办，如苗圃繁殖、移植、剪枝、条播、轮播、压穗及其他改良制法，均依步骤，先后仿效日印有成绩之试验。

## 五、改良之方法

（1）栽培法之改良

我国茶农素不注意栽培法，查皖北六安、霍山、舒城等县之种茶，每年耕耘一次，施肥一次，间有不耕耘，不施肥，简直与野生无异。皖南之秋浦、祁门、婺源等处，亦与皖北相同。且山高之区，不事整理，一经雨水，则土中养分流出，遂致茶树早衰，生叶减少，所以茶园管理，必须注意。于坡形地势，宜多用条播法，因适合茶树生育，且可保留土中养分，易于畅达，既便工作，又便管理，平原悉划为苗圃区，以备移置，及他场征集之用。

（2）制造法之改良

红绿茶之制造，以前纯用足揉法，今须革除净尽，红茶借日光萎凋与发酵，不甚良好，因热度过强，用沸水泡时，不免生日光臭味，且乏香气，须改用屋内萎凋法。绿茶制造，所用机械，因经费困难，一时不便购置，暂拟仿效日本手揉作法，用蒸气蒸菁，蒸毕，置冷却台，使水分稍减后，将揉床内置炭火，上面置揉床，取冷却后之叶于上揉之，其手续有：露切轻回，转揉重回，转揉块解诸法，干燥后，形状色泽香味，极其优美。

（3）装潢法之改良

皖北以篾篓内簝叶，粗劣难堪，久之于色泽香味，均大有影响。皖南之茶号，虽知用木箱装置，而内用铅罐，外用篾包，亦不能引起外人之美感，且箱板极薄，海关上下，每多破裂，外人欲购，自费踌躇。属场装潢，拟制彩色铁瓶半磅，一磅，五磅罐头多种，以投社会之欢迎，及旅行携带之便，至海外出品，采用五十磅富丽坚固木箱，以便运销。

## 六、销路之推广

（1）发行茶业杂志

华茶之所以弗振，半由茶农不知改良，半由茶商不知推广销路。如欲销路推广，须仿效日本、印度、锡兰、爪哇等处，多派调查员，调查海外各国茶市之消长，及外人之嗜好，贸易之方法，金融之状况，并将调查所有心得，发行一种茶业杂志，随时刊布之，讨论之，俾国内茶商，及茶农，有所借鉴。

（2）组织中华茶业交易所

国库丰裕时，可提出若干金，联络汉、沪、闽各处茶商，及茶栈，组织中华茶业交易所，以为华茶出口统一机关，作整个计划，以挽回利权，则安徽茶业前途，或有大放光明之一日。

（3）广设海外茶叶分销处

吾国业茶者，少习外国语言文字，且乏国际贸易知识，故与外人交易之事，不得不仰茶栈之鼻息，听通事之指挥，外受洋商之垄断，内受茶栈之欺弄，种种痛苦，不可胜言。如能于外国各埠，广设分销处，零售趸发，直接运销，则挽回茶商损失，数当甚巨。

## 七、整顿之步骤

（1）宜多设植制分场

茶务发达后，宜多设植制分场，譬如皖北产茶各县，仅一机关研究，欲骤普及，势所难能，须早训练专门人才，将来各县农场成立，可附设茶业部，使该员前往指导一切，久之自能普及。

（2）宜组织茶业有限公司

目的系共同营业，扩充海外市场，俾茶业有所归积，不致贱买贱卖，以折股本，惟基金甚巨，非联络各茶商，积雄厚资本，不克奏效。

（3）宜筹设茶业银行

吾国茶商资本微薄，多则数万元，少则数千元，且多仰给于茶栈，茶栈又多转假于茶庄，反复假贷，利息非轻，茶商因借债在身，虽不得价，亦不能不急于出售，影响市价，实匪浅鲜！

（4）宜设茶业检查所

吾国茶业之所以衰颓，固由制造之不良，亦由奸商假冒。杂羼劣货，以致失外

人信用，销路停滞，岌岌不可终日。治标之法，惟在海关设定检查所，严定取缔法规，庶奸商不致舞弊。则恶劣之茶，亦无由输出，海外之声誉，自日有起色。

（5）宜拨茶税专为改良茶业用途

欲研究茶务，首在多设茶业机关，而后方有练习之地。然设种种机关，必须金钱，似宜于本省茶税项下，每年提拨若干，专为改良推广茶业之用，庶官厅不致因款绌棘手，所有一切计划，得以次第实行。

——于省立第二模范茶场。

《安徽建设》1929年第2期

# 茶商经营红茶之猛进

茶号增设二十余家。

祁门、浮梁、建德等路茶号，去年营业结果，虽多亏折，然元气尚未受大创，加之上海茶栈，一部分对于款项大肆竞放，金融殊形活泼。因之各路茶号大张旗鼓，新开字号增至二十余家之多。

《工商半月刊》1929年第7期

# 去年洋庄茶业之概况

茶栈稍沾微利——茶号多数亏蚀。

红绿茶产额达九十余万箱——沪存仅万箱左右。

去年洋庄茶业大局，尚无何等佳象。就上海一埠市情观之，绿茶似较红茶为稳，然路庄平水各路号家，受亏折者几占十分之七八。其原因实由于茶价过高，成本巨大之故。盖华茶对外贸易，首推俄国为重心，惟是俄国协助会所办红绿茶，系属专利性质，茶价由其限制，而英商行家，又复乘机压抑，以致市盘步跌。查去年红绿茶产额，路庄绿茶共计三十一万余箱，平水十六七万箱，土庄十二万余箱。祁门红茶，共计九万余箱，宁州三万余箱，两湖二十余万箱，温州万余箱，总额不下九十余万箱。现下市上存底，路庄、土庄绿供茶统计，不过八千余箱，红茶二千余

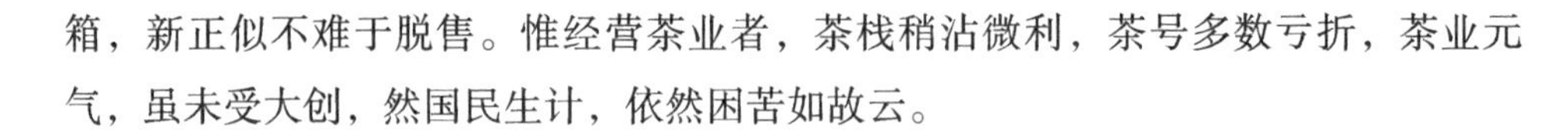

箱，新正似不难于脱售。惟经营茶业者，茶栈稍沾微利，茶号多数亏折，茶业元气，虽未受大创，然国民生计，依然困苦如故云。

《申报》1929年2月18日

## 俄茶商在华采办茶种

中国茶商宜特别注意。

华茶销俄，年来已渐恢复，出口总额，比各国为巨，茶叶销场，亦赖此一线生机。祁门、婺源、屯溪高庄红绿茶，尤为俄商重视。近闻俄政府提倡种植茶树，电令在华俄商，分向中国各产茶地采办茶子茶秧，运俄种植。为积极发展越茶事业，去冬曾由俄商密向湘赣皖等省采办，湘政府已通令全省各县严禁，安徽婺源茶业协会，亦因此事曾开紧急会议，佥以关系华茶命脉，自绝在外销场，特印布警告书，通告各茶商山户，一体查禁。上月，沪栈粤商代俄商，在祁门采办茶子一百四十箱运沪。由祁茶商承办，因船运在鄱阳湖受湿，密在九江开晒，事始暴露。此消息传布后，各地茶商无不大起恐慌，奔走骇告。刻正查究来源，各地茶商公会，对此卖业举动，闻将有严重之表示云。

《申报》1929年2月25日

## 皖属匪患影响茶务

皖省祁门、屯溪等处，均为产茶重要区域。当此宁汉军事期内，皖南大股土匪，乘时大肆猖獗。祁门城乡各茶号，遭劫数十家，损失二十余万，资本短绌茶号，因之未能营业，并闻该股土匪，现正向屯溪前进，情势异常危急云。

《申报》1929年4月5日

## 祁浮茶市已届登场

祁浮红茶已由发轫而届登场时期，各茶号无不纷纷布置开场，异常忙碌。虽祁屯匪警频惊，但茶商以势成骑虎，欲罢不能。近鉴两湖、修武红茶受时局影响停顿，群将趁此良好时机，大举动办，异操独胜。故近日茶商态度乐观，惟祁浮两处各号办茶，需款甚巨。除本月初陆续在屯溪景德买定大批现洋外，刻屯市各庄存洋渐稀，票价由一千四百十五元，激涨至一千三百二十元，仍无大宗成交。景镇市上现洋，既不迨屯溪充裕，所恃来源之南昌、九江，已无轮入。饶州乐平两处，涓滴有限，杯水车薪，无济于事。一般未备现洋之茶号，莫不焦急万分，已备现洋之茶号，亦不敷办头帮茶之需。故今后屯景金融来源之充竭，影响茶市匪细云。（九日祁门发）

《申报》1929年4月13日

## 祁浮匪警中之茶讯

祁浮新茶，已届发轫，沪上红茶外销市势，几视此市面兴衰为转移。兹将最近市况，探述如下。

茶号。今岁祁浮茶号，春正尚未十分发动。上月来，茶商始临时纷纷赁择庄址，截至本月中旬止，计祁门添增新号八家，已在组织将成立者二家。浮梁计增七家，以后续增者，尚难预计。浮属大江村一处，今岁共有茶号十二家，较旧增四家，潘村增两家。本年最短期间，新茶号有如许之增加，实出意料之外。

气候。春正气候颇寒，但晴雨时匀，茶树有益无损。本月初，天忽暴热兼雨，茶树均迨发青嘴。幸旬日来又转寒，茶芽发出稍缓。据茶师言，如天气寒暖有恒，茶质出产自优，则以现在茶芽器试，香味确较旧良好。

金融。祁浮茶号需款，均恃屯溪景镇为来源。今春屯景两□，现□充足。上旬屯市票价，每千两可买一千四百元，景镇一千三百八十元。连日，祁浮婺各帮茶号，在景议定现洋，约在三十万左右。刻因长江形势紧张，洋厘票价，由松转紧，金融市面，不无受其影响。

匪警。自方志敏盘踞饶广后，浮属南北乡，时有少数匪徒窜人滋扰，于茶号进行，尚无大碍。昨得祁讯，云在皖殷家汇镇洗劫之朱富润股匪，已窜入祁门，风声鹤唳，警讯频传，茶商兴致，为之减去不少。

茶商态度。匪既窜入祁门，声势浩大，一般茶商态度，似立岐途，稔慎者固存观望，相机进止，识勇者则言正宜趁此匪警，易贬山价，获利之机，在此一举。故日来在景茶号主多，积极运洋入山者有之，暂止缓进者亦有之。此后茶号之增减，与茶市之兴衰，将于此匪患之炽靖而定耳。（四日自景德镇发）

《申报》1929年4月17日

# 祁浮匪患后之茶讯

茶号损失甚巨——银根奇紧——收货价昂。

景德镇祁浮红茶，今岁气候较早，采摘自宜提先，故各号于二月中旬，即纷纷预备，届时开场。嗣因祁门突遭匪患，历口茶号被焚者，计有六家，其余各号、亦几波及。故祁邑四乡茶号，此时均不敢开场。沪上某茶栈，适于斯时运到大批现洋，预备在祁放汇，尽数为匪劫夺，损失甚巨，茶号银根，亦因之大受影响。浮梁方家坞、中坪等处，匪虽经其地，但匆匆即去，不遑搜掠，其他茶号亦未损丝毫，惟各号现洋多不充实。盖各茶栈进山初期，无不特放，号家银根，固呈活跃。距宁汉战起，沪上金融县紧，票汇不行，兼之屯溪被毁，来源一阻。景镇虽有少许现洋，备需维持本市，不愿收买茶票。现祁浮茶号，现洋未充者，未能大举搜办。连日各山户已齐帮开园，出货甚涌。茶号以现洋昂贵，欲谋抑价。浮茶每担约五十元，祁门高五六元。山户以成本关系，每担非五十七八元不售，刻在相持未决中。惟祁西高庄货，已有新盘开出，价为六十元，较旧低减十元左右。其他各乡，日内亦可正式开秤云。（四月二十七日）

《申报》1929年5月6日

# 祁门茶号设法办洋

祁浮红茶自开盘迄今，各茶号进茶，头二字均已满额，有现洋者续办三批。日来未充备现洋之号，鉴于茶优价跌，无不设法搜办现洋。景镇钱庄，近以时局平息，沪上银根特松，九江、南昌现洋来源见畅，故茶款较前略活。祁西高庄货，最初开盘曾提高至七十元，今日已逐渐趋跌。浮属货每担自五十七八元，已趋跌三十元。各号以成本较旧，减轻八折，兼之复头佳，茶质美，莫不喜形于色。（五月四日祁门发）

《申报》1929年5月13日

# 安徽茶业之概况

王兴序

## 一、徽茶之由来

皖省为产茶最富之区，大江南北，几无县不产：江北所产者，统名曰“北茶”；江南所产者，统名曰“南茶”。皖北六霍之绿茶，名振国内，皖南秋祁之红茶，驰誉海外。所谓“徽六名茶”，由来久矣。考其历史，绿茶始于魏晋，而盛行于唐宋，红茶肇于秋浦。当民国纪元前三十七年，有黟人余姓，在秋浦尧渡街设红茶庄，试制红茶。翌年，旋往祁门设子庄，勤导园户酿色，遏红诸治。第三年，即在祁门西乡开设红茶庄。同时，祁门南乡有大园户胡仰儒者，特自制园茶以为之倡。此为徽茶改制红茶之始。此后遂年增加红茶庄。秋祁两县，遂为皖省产制红茶之区矣。兹将皖省茶业概况产茶地点，茶之种类及产额，与夫南北红绿茶制法，及其行销情形，分述如下。

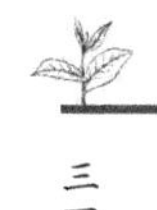

## 二、产地种类及其产额

皖省产茶区域甚广，产量最富，计有十七县之多。皖北专制绿茶，皖南红绿茶参半，间有制青茶者，至各县之产额，向无统计可考，行销海外者，尚有海关统计出口可凭。行销国内者，大都出口分歧，更难得精密之统计。兹将最近所调查者，列表于次：

| 区域 | 县名（项别） | 种类 | 产额（单位千担） | 备注 |
|---|---|---|---|---|
| 皖南 | 祁门 | 红茶绿茶 | 31500 | 皖省产茶以六安、祁门两县为最多，而茶之品质以祁门之红茶，六安、霍山、休宁、婺源等县之绿茶为最优等。惟皖省南北红绿茶之造种植均沿用旧法，以致行销不旺，俱待改良。 |
| | 婺源 | 绿茶 | 25000 | |
| | 歙县 | 同 | 24000 | |
| | 休宁 | 同 | 20000 | |
| | 绩溪 | 同 | 3000 | |
| | 秋浦 | 红茶绿茶 | 8600 | |
| | 泾县 | 绿茶 | 8200 | |
| | 太平 | 同 | 7500 | |
| | 铜陵 | 同 | 4300 | |
| | 石埭 | 同 | 5700 | |
| | 宣城 | 同 | 5200 | |
| | 郎溪 | 同 | 3000 | |
| | 广德 | 同 | 3400 | |
| 皖北 | 六安 | 同 | 36300 | |
| | 霍山 | 同 | 23500 | |
| | 舒城 | 同 | 4000 | |
| | 霍邱 | 同 | 3400 | |
| 合计 | | 红茶绿茶 | 216600 | |

据上表所列，全省产额，计共二十一万六千六百担。此外：如皖南之青阳、贵池、旌德、宁国，皖北之英山、潜山、太湖、宿松、桐城等县，虽皆产茶，但品质较次，产量无多，除自给外，输出甚少。又表内所列额数，系专指箱数、瓶数、篓数出口数量而言，其间零星小贩，运往邻省出售者，当在十分之一以上。

## 三、红绿茶之制法

皖省南北茶叶采摘法，虽各有不同，然大致则一：惟制法迥异。兹分别述之如下：

**（甲）皖南红茶之制法**

皖南产茶，较皖北为多，但能精制红茶，仅秋浦祁门两县，余皆制绿茶。虽茶质不无区别，然亦各地习性使然，兹述红茶制法：

（A）萎凋

乡户采下之青叶，用竹簟铺于地面，薄摊青叶于其上，晒于日光，旋即翻晒三次，使热度均匀，至叶变深青，茶梗柔软为合度。一遇天雨，则晾青叶于空气流通之处，仍酷候日光摊晒。故俗有“天阴不制红茶”之说，其拘泥不知变通有如此。

（B）搓揉

青叶已经萎凋适度，即行揉搓。揉搓之法有二：一用手揉；一用足揉。用足比手，较为迅速，惟不洁之说，早已腾播于外：适足为人对华茶借口。极应改用价廉工省机械扬揉，以资挽救也。

（C）发酵

发酵云者，使茶味变厚，茶色变红之谓也。其法：将揉成茶条，置于竹筐或木桶内，用布覆之，移至日光之下。亦有将茶盛于竹篓内，上覆以布，就日光蒸晒下面，以炭火温之，则发酵更速。

（D）焙烘

茶经发酵适度后，即用烘罩烘焙，随烘随翻，（烘罩以竹编成拆腰形，空通其中，内有一活动烘顶，置茶顶上，下置炭火烘之）。初次烘焙，谓之毛火；二次，谓之足火——又名老火。最末，在装箱之前，尚有一次烘焙，谓之补火——又名清火。火茶三次烘焙，火候均宜注意，毋太过，毋不及，则茶叶烘焙之法得矣。

（E）筛分

茶经补火之后，除人工拣择外，用各号茶筛，分别粗细，并用风扇去其灰末。使之整齐一致，而红茶制成矣。

**（乙）皖南绿茶之制法**

皖南绿茶之制法，与红茶不同，先采摘青叶，不用日晒（晒则茶色不鲜绿），乃入热锅内，用手翻炒，即俗谓“炒青”是也。炒软后取去，用手在竹簾上旋转搓揉，至成条后，摊于筐内。旋用焙笼烘之，名曰“烘胚”。经此次烘焙后，复又下锅炒之，以干为度，是为毛茶。节制时，又用毛火将茶焰一点半钟左右，起锅分

筛，筛后复加以拣工去其梗朴，再用火焙之。如是者数次，而绿茶制造之工竣矣。

**（丙）皖北绿茶之制法**

皖北绿茶之制法，与皖南手揉制法不同。其法：以尺五寸许之木柄，柄端用竹丝俗名竹椏子（捆扎）箒小圆，（俗呼为茶）柔韧有力，先将茶锅火力烧匀，入青叶四两或四五两不等，用箒运力，向茶锅内周围拨动，则青叶亦随之大覆旋转。俟茶成条后，仍视茶之火候如何，取出烘焙。自此次烘焙后，茶户出售于茶号，茶号收入烘焙二次，加以拣择，去其梗朴，使茶枝整齐一致，复烘焙三次。候多数茶装入茶篓后，乃补足火，（俗称上大炕），此次补火，亟宜注意，过与不及，茶味均不佳。亦有于茶火补足时，连梗叶打成为茶末装入洋瓶者，此皖北制茶之大概情形也。

## 四、茶叶行销之情形

**（甲）皖南红绿茶行销情形**

皖南红绿茶制成后，概用枫木箱装运。每箱净茶四十八斤，多由九江运至上海，亦有运至杭州或广东者。其运至上海之茶，皆归茶栈，发小样于买茶各洋行，由茶师看定，再由通事与洋商订盘，然后发大样秤对，发大帮过磅。行销之国：俄占多数，英美次之。

**（乙）皖北绿茶行销情形**

皖北茶商，当地人经营甚少，向有“京行”“广行”之别，京行系山东省人，每居茶季，各挟大资本入山采办，枝茶制成后，用小篓装载（篓用竹制内围以竹皮）。由淠河运至正阳关蚌埠，再由津浦路而达山东。广行系湖北河南小茶商，每居茶季，络绎道路，遍地皆是。其购办茶叶，制成后即打成茶末，装入洋瓶，雇工挑运，取道英山罗田等处。至本省行销茶叶，枝茶较多，并制成瓜片梅片等种种名色，而茶末则内地亦盛行销售也。

《安徽建设》1929年第5期



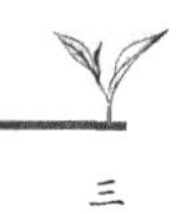

# 安徽秋浦祁门两县茶业状况调查

王兴序

## 沿革

中国红茶，始于福建，西人称福建红茶，为南方功夫茶，厥后传至西湖及江西之武宁、义宁二州。安徽自昔向制青绿茶，改制红茶，实肇于秋浦。当民国纪元前三十七年，有黟人余姓，在秋浦尧渡街地方，设红茶庄，试制红茶。翌年，旋往祁门设子庄，劝导园户酿色遏红诸法，出高价收买红茶（指毛茶）。第三年，即在祁门西乡闪里，开设红茶庄。祁门南乡并有大园户胡仰儒者，特自制园茶，以为之倡，此为徽茶改制红茶之始。当是时，红茶出产极少，运赴九江、汉口（其时洋商在九江买茶尚未全移汉口），与洋商贸易，往往利市三倍，后有宁波人李姓，开设茶栈，派人放款，此为秋祁红茶用茶栈款项之始。厥后，秋祁各园户因毛红茶获利，亦遂竞种新茶，改制红茶，从此逐年增加红茶庄，秋祁两县，遂为红茶产制之区域矣。兹将秋祁两县茶业状况，分类调查，列举于下：

## 甲、产地与产额

### A. 产地

秋祁虽皆为产茶最富之区，但多零星散种，大段荒山，所在多有。兹将秋祁两县产茶最著之地，分别列表于次：

秋浦县：金家村——内分流——外分流——梅山冲——西参保——沙滩
四都保——葛公保——云峰山——柴坑保——梨树岭——马坑
抄溪保——抄溪山——历山保——南北冲——河西保
葛源保——畲狮保——小梅保——何家山——陈家保
金村保——金村胡——东参保——南安坂——官港

祁门县：新安州——闪里——历口街——彭龙——箬坑——高塘
陈田坑——伦坑——石门桥——桃源——伊坑——许村

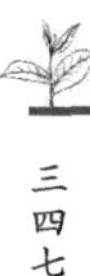

良禾口——赵家——张坑口——石墅——贵溪——溶口
千佛桥——平里——余坑口——周村——查湾——店埠滩
程村碣——芦溪——石谷里——奇岭——双河口——筱路口
板桥山——塔坊——坳下桥——汊口——奇岭口——渚口
宏公桥——舟溪——月山下——倒湖——白桃村——景里石

查祁门茶以西乡新株较多，如历口、闪里等处，多以雨前、白毫为牌名，得价较高。南乡近大河之山老树过多，又不制白毫，故得价较低。其实土壤之肥美一也。至秋浦以内山茶佳，外山近河者，茶质较次，其实皆不知施肥添种之故。如果劝加培植，不断施肥，则外山运转便利，栽培容易，茶树则较内山更佳。

**B. 产额**

秋祁两县茶叶产额，向无统计可考，兹仅据去年茶税局调查：（本年茶税局调查统计尚未汇齐）祁门二万二千四百五十余石；秋浦五千八百三十余石。查此项额数，系专指装箱红茶而言，至青绿各种茶叶，为数亦不过三分之一云。

## 乙、种植栽培法

**A. 栽培**

辟茶园者，必先采集种子，预备翌年下种。茶树结子，每在阳历十月、十一月之间成熟，即于此时采摘，储藏室内，至明年春季解冻后，适值阳历三月初旬，即须播种。种时将地掘成小穴，置茶子五六粒至十余粒不等，以土覆之。若所植者全活，则有茶树五六株至十余株，成为一丛，相隔约四五尺，种后第一年，茶树高约五寸许，第四年高约二尺余，此时可稍行采摘。至第七年，则茶树已蔚然可观，此后可实行采摘。此为普通乡人种植茶树之法也。但祁门等处于茶树栽种之后，对于耕耘、施肥两事，漠不关心，纯取放任主义。至于种地整理，尤欠讲究。新辟之土，不用肥料，尚无大碍。而耕耘一事，无论土之新旧，应一律行之，方于茶树有益。乡民无知，毫不请求培植方法，虽有子种，不知改良，虽有土地，难求增产，良可惜也！

**B. 种植适宜之地方**

种茶最适宜之地，恒在纬线二十六度至三十度之间。查秋浦、祁门与英属印度之大吉岭阿萨姆，皆同此纬度，可知中外能产最佳之地，其相合之点，不外乎土地、气候相同也。而产茶之佳否，亦视乎其位置。最佳者高山，次为平地，再次则近水之地。如祁门之历山，高达三千余尺，所产之茶，每担恒售百余两。盖因该处之茶味香而色浓，外人乐购之，与锡兰七千尺高山之茶，并驾驰名。又印度北部临近一万二千尺，世界最高之喜马拉亚山之大吉岭，所产之茶为无上品。由是观之，茶之佳者，无不产自高山也。



C.**土壤**

土壤所含之物质成分，关系茶树之生育，至为重要，印度大吉岭、阿萨姆等处，种茶土壤，养分丰富，且多窒素，故为有名之产茶地。日本静岗县之小笠郡，土壤系深厚之黏质土，且富磷酸，土中含有机物，成份极多，故茶树繁茂，而香味浓厚。祁门土壤所含磷酸极富，铁分又多，故制造红茶，有特殊之色味。秋浦土壤所含磷酸虽多，惟铁分较少，故秋浦所产之红茶，还不及祁门，可知土壤之有关于茶树也，明矣。

D.**栽培**

栽培之法，土人绝不讲求，其稍能留心可得而言者，则每年当春季约阳历三月间，茶叶开始萌芽之前，以铁锄行第一次耕地，将园土壤耕松，除去野草。至秋季约阳历八九月之交，茶业已经采摘，茶叶正当结实之期，又行第二次耕地。查秋祁等处种茶，所犯最大毛病，多视为副业，故于栽培两字，每不留心，以致茶叶日形退化，茶质因以不良。更有土人种茶，于茶树间空处，每新植油菜、大豆之类，大多则种玉蜀黍。土人种此，盖以茶叶为附属品，而以种植粮食为主体，故土中养分，昔日之专供给茶树者，今则有玉蜀黍之分润，养料既减，无怪乎出叶减少，茶质较劣也。至于种油菜、大豆于茶园内，虽不甚适宜，然较玉蜀黍为佳。何则？油菜与大豆虽分吸养料，然此二物，皆能吸收空中之淡气。夫淡气亦养料也，若能于收获后，将其根茎埋入茶地中，作为肥料，则土壤之肥沃可增加，亦不无小补云。

E.**肥料**

肥料一物，乡农对之，亦如培植之不知研究。其有一种能用普通肥料者，百分中不过二三。兹就秋祁本地便利，试言用肥料方法，饷业茶各户。秋祁两县，都种油菜，菜子本用以制食油，油既榨出，所余之滓，用作肥料，颇为适宜。施肥之

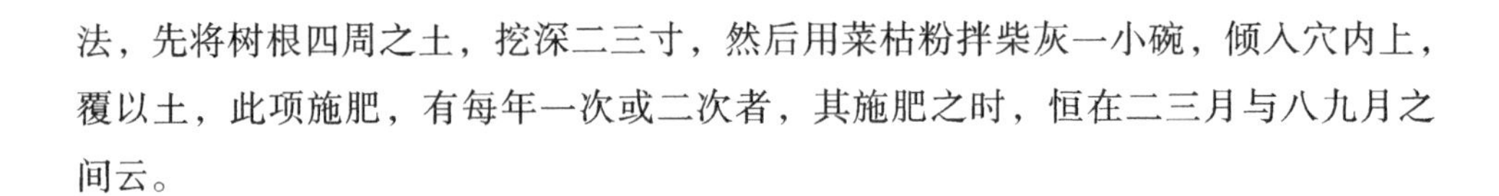

法，先将树根四周之土，挖深二三寸，然后用菜枯粉拌柴灰一小碗，倾入穴内上，覆以土，此项施肥，有每年一次或二次者，其施肥之时，恒在二三月与八九月之间云。

**F.修剪**

欲树木生长茂盛，树体健康，则须剪枝，此于果树之效果，已彰明较著者；而于茶树，何独不然？但乡农以树一加修剪，则茶叶收获将少。不知树木一经剪过，发达更盛，出叶更多。盖树剪过，则阳光能于全树放射，空气亦易流通。而剪过之枝，又能多产新枝，至叶量收获多，乡民未知其利，以致枯枝蔓叶，剪不假修其所以然者，或因爱惜太过，或因惰懒性成，故二三十茶树从未有修剪一次也。

**G.采摘**

采摘之习惯，乡农恒将每年新出之叶，连同枝梗，于首次摘茶时，全行摘下，因而枝茎受伤，为害不少。且叶与枝之间所出之芽药，因无大叶掩蔽，遂致萎谢，而受害于无形，因之全年拥护之枝叶，亦渐稀少。故经此等不良摘法后，第二次再发出新叶，能供采摘之时，当在第一次采摘后四十日，而此后采摘之茶叶，即谓子茶。二次采摘子茶，因枝叶芽药，经首次采摘太苛，茶苗老干，硬茎发生，其质不能柔嫩，如春茶，查此种茶，茶号以之制红茶者甚少，殊可惜也。

## 丙、制造法

茶叶自茶园采入后，即裂成干茶，防质味之变坏也，红茶之制法，须经五种必不可少之手续，经此制造后，始成一最佳之饮料，名曰红茶。制法若何，试详述于下：

红茶晾青、搓揉、发酵三种手续而成之茶，名曰红茶，为种茶园户所制者。毛茶有干湿之不同，而价格亦有贵贱之别，园户制毛茶售于茶号，将此毛茶再行烘焙筛分之，始成净茶，盖烘焙筛分，手续綦叶，制造不良，难得佳品。且大批烘筛，非有资本，不易举行。故种茶之小园户，未敢率尔操觚也。茶号制成红茶，须再经打堆装箱，运往沪上，须由茶栈转售与洋行，此秋祁红茶制造之大概情形也。兹更分别列举于后：

A.晾青

晾青者，自茶园采下之青叶，须经晾干之谓也。其法：先置竹簾或竹叶于日光之下，散置青蓆于蓆□之上，务使摊匀，成为簿层，时以手翻之。其晾晒至如何程度始为适宜，有如下述之以法验之方：

园户之晒茶也，俟青叶变深青色，质变柔软，然后择一茶之带梗者，持其梗而屈曲之。若以达适宜之度，则梗柔而不断，若断，尚未可也。查晾青一事，颇极重要，过与不及，于茶叶皆蒙莫大之影响。据一般乡人云，晾青须在太阳之下，然后茶叶之干湿，始得平均，其言具有至理。盖曝于太阳者，一则令青叶之晾干颇速，事半而功倍。二则茶叶成绩，又比别法晾青者为佳。虽然，未可一概而论也。在阴雨之时，晾青之法，则须将青叶置于光线极足之室，将风扇放开，令炉火之热气，扇于青叶之上。如此得光线之作用，又借热气之效力，晾青极速法甚良也。其青叶收下稍迟，已近簿暮，不能再置日光下以事晾晒者，则将青叶撤开于空气流通之处，待至翌晨，已略干晾于太阳中，亦事半而功倍也。

B.搓揉

搓揉青叶既经晒至合度，其次则行搓揉之法，搓揉者，系将已晾萎之叶搓揉之，使其叶成紧细之条缘。茶叶内含之细胞，因搓揉而破裂，胞内液汁流出，而复使收入叶条内，将来泡茶时，茶味必浓厚。若使叶内之流液不出，纵泡而味亦不浓。搓揉之法，不止一端，乡农有用手搓于竹篾之上，颇为合法，惜稍嫌迟缓。又有置茶于大桶之中，人入桶内，用足搓揉者，此比手搓较为有力。惟足踢不洁之说，日久腾播于外，适足为反对借口，亟应改良，用一种价廉工省之搓揉机器，以资挽救也。

C.发酵

发酵者，将搓成条之茶，用法使之发出热力，而令茶味变厚之谓也。其法：置揉成茶叶于竹□上，或木桶内，用布覆之，置于日光之下；亦有先备一竹篓，竹篓之下，置小炭炉，将茶叶倾入篓内，用布盖之。仍移至于太阳之下，二法均皆可行，不过用后法成功较速，故乡人因而多行此法。发酵时间，大约以一时半至二时为度，间有延长至五六时者。盖视天气之寒暖，与夫该处离海平线之高低，以为转移也。

D. 烘焙

烘焙云者，系将已发酵之茶，用火烘之，使干之谓也。其中所含水分太多，故须设法令其干燥，方为合度，前述制茶手续三种，自采摘以至发酵，皆由乡人理之。盖其中手续浅而易行，无须大资本，乡人为之无不可也。查烘茶之法，甚为重要，茶质良窳，全视烘制之得宜与否为衡。茶号之购入茶，其干湿之程度至不一，茶师将购入之茶，随购随烘，先烘一次，谓之“毛火”——因火候甚微，不过将茶湿气烘去，以待随时筛制耳。既而茶叶之收集渐多，便将前次已经毛火之茶，合一炉而烘之，谓之“老火”——此次之烘焙，即至筛制地步，最宜郑重，茶叶之良否，售价之高下，悉系于此。既经老火之后，在装箱运出之前，尚有一次焙烘，谓之“清火”——此次之焙烘，全使香气不走，至将来开箱时，气味芬郁之作用，恒以此次火候之重轻，有莫大关系在焉。按祁秋两县烘茶，系盛茶于烘罩烘之：

烘罩以竹编成，系折腰圆形，罩内空通其中，间有一活动之烘顶，亦系竹制，用以盛茶。预备烘焙者，乃掘地为穴，内炽木炭，烘罩即置其上，此时看护最宜小心，烘火太烈，则有伤茶质，而茶味亦不佳；更有宜注意者，切勿令茶叶坠落炉内，叶入火中，致起熏烟，而茶得焦灼之味，此应慎之又慎也。且乡人制茶，殊不一致，作伪之事，时有所闻。当其将茶发酵之后，略为一晒，便售茶号，因乡人利茶之湿，而分量重，欲借此多博微利，是以屡请地方官禁止湿茶，无如禁者自禁，售者自售，收效甚微。推原其故：盖由于商人无团结力，虽屡请禁止湿茶，奈其中有少数商人，惟恐将来收茶不能定额，特放盘争收，贪多务得，即湿茶亦迁就收下；如茶销路尚畅，更不惜以重价购买湿茶。由是园户、茶贩，有恃无恐，所售悉湿茶，村而大多数茶商，睹此情形，苟不收湿茶，将无茶可售，不得不相率而买湿茶云。

E. 筛分

茶经足火之后，除用人工拣去梗朴外，用各号茶筛，分别粗头尾末，并用风扇，去其灰末，使茶形整齐一致而红茶制成矣。

## 丁、装潢法

秋浦、祁门两县装潢，概用木箱铅铂，外糊花纸。木箱用本山枫木，长汉尺一尺四寸，广一尺一寸二分，高一尺二寸五分，木板纸二分厚，此项原料，于半年前，即将枫树砍伐。俟干透后，锯板片，合制成箱。每箱外糊皮纸，一层再糊花纸一层。铅铂用新金山条，计每铂用铅四斤，点铜锡三两熔入，先打成簿片十八张，用松香焊合成铂，每铂外糊表芯纸一层，花边纸一层，内覆毛边纸二层。用九江所制之花纸，每箱裱五张，每张加印牌号、牌名于上，如上品红茶套，用箱者，多用花纸一层。

按印锡茶箱，异常坚厚，并不用纸糊。吾华商人，但能将裱纸之费省去，将箱板加厚，则茶栈、洋行复免钉裱修箱诸费，一举两得，计无有善于此者也。

## 戊、运输与贩卖情形

### A. 运输

祁门、秋浦红茶，于地势上，以至江西为度便，故多经九江而集于上海。祁门茶系用小船（俗名饶划子），约每船装六十箱，运至江西之饶州，由饶州改装大船（俗称抚州船），每船装二三千箱，用小轮拖至九江，再由江轮装运至沪。秋浦输运，较祁门便利，河水大时，在尧渡街用大船装至东流，出江口，即径赴九江，改由江轮，输运至沪销售云。

### B. 贩卖

秋祁红茶，均运输于上海，到上海后，皆归茶栈，发小样于买茶各洋行，由茶楼茶师看定，再由通事与洋商定盘，然后发大样评对，发大帮过磅。茶商售茶，如用某栈之款，即属居某茶栈待售云。

## 己、茶号及资本

秋浦、祁门红茶号，数年前共有一百四五十家，近则因匪患频仍，银根奇紧，不过百家，实本金十万左右，无须集股者，寥寥无几。其大多数均系集股而成者，每家以三四千两至六七千两为固定资本，其余流动资本，均向茶栈挪用。至近年则固定资本，亦多向茶栈通融矣。

## 庚、销售国别与价格

秋祁红茶销售之地，俄国最多，英美次之，价格祁门较高，八十两至一百五十两。秋浦最多，不过五六十两至一百两，已成惯例云。

## 辛、厘税

皖南茶税总局，设立屯溪。前清向归两江总督管辖，每年征收库平银三十三万余两。光复后，改归本省财政厅派员征收，改为引（百斤为一引）征收银二元，民国二年复改为每引征收银二元二角五分，此则以出口税而言。至销售青岛等茶，并不一律。兹将安徽全省茶税局区域名称暨茶税比额列表于下：

| 区域 | 名称／项别 | 茶税比额(千) | 茶税局经费(千) | 设立地点 | 备注 |
|---|---|---|---|---|---|
| 皖南 | 婺源茶税局 | 40000 | 4520 | 婺开城内 | |
| | 祁门茶税局 | 36600 | 3274 | 祁门城内 | |
| | 歙县茶税局 | 51000 | 2700 | 歙县城内 | |
| | 休黟茶税局 | 56000 | 2568 | 休宁合溪 | |
| | 街口查验局 | | 990 | 歙县街口 | |
| | 饶州查验局 | | 1332 | 江西饶州 | 以上茶税局四所，查验局二所，茶税比额共洋十八万三千六百元，经费计共洋一万五千三百八十四元 |
| 皖中 | 秋浦茶税局 | 11000 | 3738 | 秋浦尧渡街 | |
| | 铜石茶税局 | 21000 | 3486 | 铜陵大通 | |
| | 泾太茶税局 | 33000 | 3014 | 泾县马头镇 | |
| | 宣郎广茶税局 | 23600 | 3440 | 宣城城内 | |
| | 南陵查验局 | | 600 | | 以上茶税局四所，查验局一所，茶税比额计共洋八万八千六百元，经费计共洋一万四千二百七十八元 |
| 皖北 | 麻埠兼流波矿茶税局 | 73000 | 5292 | 六安麻埠 | |
| | 毛坦厂兼与儿街茶税局 | 34000 | 3486 | 六安毛坦厂 | |
| | 两河口茶税局 | 12200 | 2328 | 六安两河口 | |

续 表

| 区域 | 名称 / 项别 | 茶税比额(千) | 茶税局经费(千) | 设立地点 | 备注 |
|---|---|---|---|---|---|
| | 霍山兼诸佛庵茶税局 | 34400 | 4220 | 霍山城内 | |
| | 管驾波兼舜旗河茶税局 | 29000 | 2634 | 霍山管驾渡 | |
| | 黄栗秒茶税局 | 5800 | 1820 | 霍山西镇黄之秒 | |
| | 七里河茶税局 | 11000 | 3240 | 舒城七里河 | |
| | 八里滩茶税局 | 12000 | 2934 | 霍邱八里滩 | |
| | 怀远查验局 | | 528 | | |
| | 黎家集查验局 | | 528 | | 以上茶税局八所,查验局二所,茶税比额计共洋二十一万一千四百元,经费计共洋二万七千零十元。 |
| 合计 | 茶税局十六所<br>查验局五所 | 483600 | 56672 | | |
| 附记 | (一)南茶以百斤为一引,行销外省者,每引征税洋二元二角五分,行销本省者,每引征税洋二元,洋装箱均除皮按净货,每引征税洋一元一角二分五厘。<br>(二)北茶无分远近,春茶每篓计重十斤,征税洋四角,子茶每篓征税洋二角八分,茶末拣片征税洋二角,老茶每百斤征税洋四角。 | | | | |

《安徽建设》1929年第6期

# 茶(七月十六日)

洋庄祁门红茶随到随沽,各行均未满额,尾椎粗货沽价仍有六十余两,自通商以来,未有如此之俏,查市上仅存二千零箱,系百两左右之货,客心仍望增高,方肯放手,宁红所存不上千箱,价亦见涨。祁宁仔红不日该可抵埠。照此市面定获大利。两湖安红因军事阻碍,多未抵汉,洋商不能久待,太迟恐难得力,温红沽出者均无沾润,皆由地连不佳,非人力所能为也。绿茶平水大帮,仍旧不动,婺源大帮布样数天,洋商因前途限价不易接近,再侯名牌到埠,如何开盘,婺源珍眉陆续

到，申英商开盘自一百十两竞标至一百四十五两。专选颜色做工，再看水叶稍逊者沽价二三十两，据老于茶务者所谈，亦莫名其妙，屯溪珍眉俄商看中者沽价均百两左右，中低珍眉法商有胃口，亦不肯畅办，实因存底太多之故，虾目价无上下，针秀价低仍不畅销，贡熙俄商价平，如不中选者，竟无人问津，观今庚绿茶中低货色凶多吉少矣。

《银行周报》1929年第11卷第27期

## 茶（五月廿五日）

本周祁红开盘时，仅到七千余箱，英德商行，品看色味，非常中意，兼之汇水与上年比较，合八八折，故议价开盘一百十两，各行抢办，竞标至一百三十余两，最优特别贡茶一百五十六十两，比即过磅运出，此项高价，为从来所未有。据号客谈，沽出者均可沾润二三十两一担，不意昨前两日，祁茶涌到，共进口三万余箱。头船已开，英德洋商，均候回电，不敢多办，仅沽出八千余箱，而俄商大主顾，见开盘价高，去电报告，闻回电限价百两内进货，如高缓办，故未动手。按祁红迭年俄销，占三分之一，各栈家见此情形，双方再三磋商，昨始开盘，将中庄货松价十余两，想下星期交易，定见畅旺。宁红亦已到埠，英商提选一额，价八十八两，较上年高十两，河红开盘价七十二两至七十六两，亦高十两，湖州珍眉，好货价仍俏，屯溪珍眉开盘一百三十两，抽身货沽一百六十八两，比旧高十余两，平水珠茶自六十两至八十七两，亦较上年高十余两，但愿英商汇水不动，则本年业茶者，当能大获厚利也。

《银行周报》1929年第13卷第20期

## 茶（六月廿二日）

本周洋庄祁红，俄商因前途来电较旧减办，只得停手不谈。英德各行，因番市不佳，无利可图，亦存心抑价，故祁红交易，日见冷淡。宁红货色颇佳，而价又廉，俄商收买仍涌，价尚平稳。闻汉埠两湖红茶已到五万余箱，英商仅进千余箱，价三十七两，与上年相仿。俄商仍坐守观望，恐非佳兆。绿茶平水大帮，开盘价自三十九两至四十四两，较上年高一二两。婺源东乡珍眉，沽价一百三十两左右，系色气多不合英法庄销路，故不甚俏。北乡珍眉仅到一额，布样即沽，价一百八十两，候多数抵埠沽出，方可作为标准。抽身珍眉，标价二百三十五两，亦是奇事。屯溪遂安及土庄珍眉，销路颇旺，价亦平定。针秀眉亦俏，价较上优，虾目珠茶，来货稀少，非定制不可。贡熙近日俄商评看，尚未谈盘，白头行家亦无胃口，观此情形，难得善价矣。

《银行周报》1929年第13卷第24期

# 茶（七月六日）

本周洋庄祁红，英商共进二千余箱，价五六十两左右，较前已低四五两，仍存抑价之心，查祁红以俄商为大主顾，今见价格跌下，似有就办之意。宁红全靠俄销，停顿一星期之久，号客自愿降价，想不日应有交易，汉埠两湖红茶，依然不动，该路业茶者，殊为悲观。绿茶平水大帮，近亦停顿。婺源高庄珍省，到埠布样即沽，价自一百二十两至一百六十五两，销场颇旺。屯溪珍眉一百十两左右者最俏。昨日英商协和洋行一家，办进三千余箱，市价转硬针秀眉各行，提办价亦稳固。虾目珠茶缺货，贡熙俄商提选，非常苛求，稍有茶子者，概不谈盘，所沽均比上年低三五两不等。闻各栈已专电进山关照各号，改良制造，少做贡熙，预早防避，如果实行，或无大碍矣。

《银行周报》1929年第13卷第26期

# 茶（七月二十一日）

本周祁红俄商提选千余箱，英美亦办进千余箱，价目仍无起色。宁红沽出二千箱，价亦步跌，祁末已跌至十八九两。幸流源告齐，查汉埠两湖花香俄商仍未开办，业此者有亏无赢。绿茶平水大帮，美商停手两星期，各号无法可施，只得让步。近日沽出六千余箱，较前已跌四五两不等，婺源大帮陆续到埠沽出者六十二三两，不卜后去如何。婺源珍眉，随到随沽价自一百十两至一百六十两，颇称稳固。



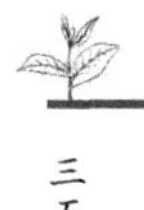

屯溪珍眉销场亦畅，价较上稍硬一二两，土庄制造珍眉价跌二三十两，仍不行销，针秀眉来路货最俏，布样即沽，价亦平定。贡熙沽出四千余箱，价又低二三两，不料因中俄绝交关系，俄商停手不谈，现闻茶商吁请竭力维持，俾俄商得照常交易云。

《银行周报》1929年第13卷第28期

## 茶（八月廿四日）

本周洋庄祁红，英伦来电限价，各行提选千余家，合扯五十两。内多数系中庄二堆，据各号所谈如此低价均吃亏二十余两一担，宁红仍无人问及。两湖粗红茶近日此间稍有交易，申价二十一二两，亦是亏本。绿茶平水大帮沽出万箱左右，价较前又跌二三两，幸山内各号少做，或无大碍。婺源大帮好水叶加工精制者，布样即沽，价无涨落，如货次者则不易谋盘。高庄珍眉，仍沽一百五六十两，如无腊光者低沽二三十两一担，因不合销路之故也，屯溪抽身珍眉沽价已跌下二十两左右，普通珍眉不及以前行销，市上约存二万余箱，非松价不易走货，针秀眉销路仍旺，价亦站定，虾目缺洋，贡熙白头行胃口太小，市上约存五万箱，各路尚未到齐，目下无法可施矣。

《银行周报》1929年第13卷第33期

一九三〇

## 俄庄开办祁宁红茶

上海通信：自俄庄开办遂安珍眉后，英庄行家，纷起动办，市面顿呈沽跃之象。连日珍眉、贡熙两项，交易均颇为旺。婺源大帮，怡和洋行亦有零星拆进。俄庄办进之贡熙，顶盘业已开至七十八两。祁门红茶，俄行亦诚意搜办，对于市盘，较前已大为放松，未始非华茶商坚持之力云。

《农业周报》1930年第53期

## 祁浮茶号衰减

因旧岁受亏过重。

祁门、浮梁两县红茶，产量日增，外销亦颇畅达。国内经营红茶者，近年均趋于两路，故山价、人工开支，逐年加重。去岁自协助会宣告停办后，红茶销场大形不振，各号结束，亏蚀居多。今岁祁浮两路原有茶号，因遭去年之打击，大半观望。兹据该地茶业中人调查，祁门茶号因受亏较轻，资本充实，已有预备开场。浮路茶号受亏过巨，各号动办与否，尚寂然无问。婺帮茶号，现有六家决定进山，已在祁浮赁号址。截止近日止，祁路茶号较旧约减十三之三，浮路约减十分之五。兼之景镇内地银根不畅，茶栈为持稳慎计，放汇多抱缩紧，不似往年之竞争滥放云。

《申报》1930年3月11日

## 皖赣茶讯近闻

祁门红茶已开园。旬日来天气转暖，雨量频增，芽叶发育甚速。早者近日可开园，各山户以茶长过度，深恐采制不及。幸昨日气候转冷，茶叶受寒撳住，不致老草。刻婺浮祁茶号在景镇采办□米，因该市禁运出境，不准启运，各号为此滞留景埠，异常焦灼，佥以茶叶采制届期，急不容缓，群请市党部浮梁县政府设法救济。

闻县府已允予设法，一俟准运，即可进山开场云。

安仁茶不日开秤。安仁为赣省产茶重要区域，产额之丰富，不亚于玉山、德兴。该地茶叶春夏采后即发，能连摘三四次制售，至秋始不茁芽。德兴、河口、玉山，洋庄茶号，常派员至安采办。近年因外销不畅，洋庄各号销路日减，虽国内店庄去胃仍殷，而售价低落，山户无甚得利。今岁该地茶叶发育颇早，山户为谋茶叶嫩头，均赶先采制。近日已有少数开园，本省帮茶店茶贩，已纷纷派伙进山搜买。大约一星期后，可望开秤。（十三日）

《申报》1930年4月22日

## 婺祁新茶汇闻

祁浮缺乏制茶茶司工人。祁浮红茶转瞬即届开场，故各号茶司工人买手，内纷纷人山预备，惟祁浮制茶茶司工人，向由河口包制。今岁河玉等处，因匪患不靖，茶司人工，大半不能进山做工。旧之订定包制者，今为匪扰难离乡里，刻祁门缺制茶司之号，颇为焦急，并有赶至婺源长滩延聘茶师及茶工订定期限。自红茶开筛始，至绿茶登场止，薪资特别从优，聘定各茶师茶工，准本月二十八齐集赴祁开工云。

婺源山茶嘴因雨勃发。婺源绿茶，正届发育时期，除洲园茶茁芽颇长外，山茶因近日气候转暖，兼春雨时降茶嘴异常勃发。据山户云，去冬多雪，洲园当风之茶树受损较多，山茶树因山木遮蔽，尚未受雪压寒侵，故生产量可望增加，兼之地润天暖，茶质滋长浓厚，香味亦随之倍优云。

《申报》1930年4月25日

## 俄庄采办华茶之方针

自俄国茶师勿既洛夫到沪后，在此茶市一蹶不振声中，华茶商对于该商态度，异常重视。兹据俄方传出消息，谓自去年停办以来，俄国存茶已不甚多，此来自属重整旗鼓。惟现下祁门红茶价钱太贵，未能合销，路庄珍眉、贡熙，颇有相当需要，容俟整理就绪，即行开办。但对于盘价一层，仍抱定非廉不购之宗旨，贡熙中有茶子者，亦在摈弃之列云。

《申报》1930年6月13日



## 致赈务委员会函

关字第一〇二九三号

径复者准。

贵会函以祁门旅沪同乡会在上海购运赈米肆百担，转运安徽祁门放赈，请填发护照，并令饬各关免税放行等因，除分令沿途各关免税验放外，相应检同护照一张送请。

查收转发为荷此致。

赈务委员会

附护照一张

中华民国十九年七月　日

《财政日刊》1930年第800期

## 祁门县教育局呈报十八年度预算

祁门县教育局长郑文，近遵令将该县十八年岁入岁出预算表呈报到厅。当经本厅查核该县十八年度教育预算，除城区及东南西北各乡园户茶捐七千八百二十元，均由各该乡教育委员会保管收支外，余悉根据十七年度成案办理。在岁入方面，仅增加田赋附加一千八百元，合共不过五千六百〇九元二角。在岁出方面，仅添设实验民众学校洋二百元阅报所八十元讲演所四十元，合共只有五千四百八十八元。当此训政伊始，教育为立国根本，该县教育进行，如此纡缓，殊无成绩可言！况厉行义务教育，业已公布规程，确定实施年限及程序，该局长应即转呈县政府查照迭令，实行带征牲屠牙帖不动产登记等附加，并将田赋附加照原案百分之十征收，以为普及教育基础……以后应遵照定章，先行提交教育经费稽核委员会审核后，再呈

由该县县长核明转报。已指令该局长遵照办理矣。

此外，城区园户茶捐每年可收一〇〇元，东乡园户茶捐可收六〇〇元，南乡园户茶捐收二五〇〇元，西乡园户茶捐可收四五〇〇元，北乡园户茶捐可收一二〇元，均由各乡教育委员会保管收支，遵照去年教育经费清理委员会议决，统一办法办理。

《安徽教育行政周刊》1930年第3卷第2期

## 安徽省政府教育厅训令第一七号

令祁门县县长：

为令遵事：案据省督学叶明辉呈送视察该县教育报告并附表册，到厅。

查该县自军兴以来，迭遭纷扰，民生疾苦，教育退化。此次该督学前往该县视察时，遭值军事结束之际，全县教育均归停顿。兹仅就该督学视察所及，分别指示于下：

1.教育行政：

教育局长郑文，办理全县教育甚为勤恳，于厅令亦能切实奉行，上年派遣男女学生分赴各处肄习幼稚、民众、乡村各种教育，以期学成回里服务。具见对于上列各种教育，尚知注重。县督学胡凌云办事切实，其余各职员亦能悉心供职。民众教育委员会、义务教育委员会均已组织成立，该局行政整饬，殊堪嘉许。惟教育经费稽核委员会、学区委员会应从速组织，以利进行，至该局长所拟祁门教育建设意见书，应专案呈厅察核。该县教育值此衰敝之余，应一面积极恢复旧观，一面努力新的发展，以图振兴，而免落后。

2.教育经费：

该县教育经费，以茶捐一项占数最巨，各乡茶捐概由地方自行征收，分配本区学校，徒有县款之名，实背教费统一之旨。应由教育局妥拟改善办法，以期统归教育局经管。该县教育局长既有祁门教育建设之拟议，对于教费之增筹，宜积极进行，并拟定具体计划，呈厅核夺。

3.学校教育：

（1）县立小学。

该校设立已二十余年，规模甚好，编制合式。校长李家骍，任事勤恳，校务取分担办法，由各教员兼任，各项事务甚为妥善，惟校舍破坏，亟应修理，操场亦应筹款收买。该校学生课外活动，并无组织，宜及筹设学校市，教师并须参加指导。

(2) 县立女子小学。

该校校舍合用，编制亦合，惟合校学生六级，仅有四十四名，人数未免太少，下学期应设法添招。该校基础甚佳，校长胡清泰，学有专长，应积极经营，以期造成一完善之女学。

社会教育：

县立图书馆，办理成绩尚属可取，附设通俗讲演所，由各校教员轮流讲演，亦无不合。惟社会一般心理，对于从前所为小户子弟，仍存贱视之心。此种不平等观念，应由该县长教育局，以及各教育机关，痛加革除。

民众教育：

实验民众学校，办理合法，成绩甚佳，民众阅报处办理亦无不合，惟民众体育场，应积极筹备，以期早日成立。

教务教育：

该县义教四项附加，除田亩附加外，均未举办，于实施义教进行，不无阻碍，亟应实行征收，以裕学款。

以上所指各点，应饬切实办理，除将该督学报告表存查外，合行抄录报告书，令仰该县长即饬教育局遵照，并分别转行遵照。此令。(一月八日)

附省督学报告一份。

《安徽教育行政周刊》1930年第3卷第8期

# 茶　市

上月本埠洋庄茶市祁门红茶自开盘以来，市面颇有江河日下之势，盖因本年产额，较旧增加万余箱，而号家又多得盘即售，致茶价逐渐减跌至五六十元。兹以英伦祁茶，新货业已开盘，英茶商不无沾润，而法庄永兴洋行，又复开始搜办，预备运往法国试销，因之市面转趋活跃，市盘回涨四五元。嗣后在沪办茶之俄国协助会，近来鉴于祁门红茶售价低廉，业经取得总行同意，开始搜办。惟所进之货，多属中低庄，售价五六十元，如能缓期付款，将来该庄销路或可较往年见大云。至绿茶市面，形势尤为稳固，屯溪歙县遂安等路之珍眉、针眉、虾目等绿茶，仍随到随销，平水大帮，亦极为俏丽，其中高庄抽芯珍眉，市盘业已回涨至二百一十五元，

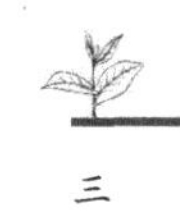

虾目亦抬高至一百六十元，较前均提高十元云。全月共计成交红绿茶四万四千二百余箱，分类列表如次。

| 祁红 | 13597 | 宁红 | 552 | 河红 | 98 | 珍眉 | 14680 |
|---|---|---|---|---|---|---|---|
| 针眉 | 6482 | 平水 | 3920 | 虾目 | 1301 | 珠举 | 263 |
| 贡熙 | 1095 | 麻珠 | 1242 | 蕊眉 | 492 | 秀眉 | 528 |
| 凤眉 | 61 | | | | | | |

《钱业月报》1930年第13卷第7期

# 安徽全省茶叶产销状况调查统计表

十九年十月制（单位：担）

| 县名 | 种类 | | 产额 | | |
|---|---|---|---|---|---|
| | 红茶 | 绿茶 | 总额 | 出口量 | 本省需用量 |
| 祁门 | 19505 | 2700 | 22205 | 22205 | |
| 婺源 | | 28000 | 28000 | 20000 | 8000 |
| 歙县 | 400 | 32000 | 32400 | 20400 | 12000 |
| 霍山 | | 35000 | 35000 | 20000 | 15000 |
| 庐江 | | 840 | 840 | | 840 |
| 黟县 | | 3450 | 3450 | 2450 | 1000 |
| 绩溪 | | 300 | 300 | | 300 |
| 南陵 | | 50 | 50 | | 50 |
| 太平 | | 10000 | 10000 | 6500 | 3500 |
| 广德 | | 1584 | 1584 | 1000 | 584 |
| 舒城 | | 7540 | 7540 | 2514 | 5026 |
| 潜山 | | 28 | 28 | | 28 |
| 太湖 | | 800 | 800 | | 800 |
| 繁昌 | | 80 | 80 | | 80 |
| 秋浦 | 11745 | 2080 | 13825 | 12825 | 1000 |
| 宣城 | | 4500 | 4500 | 2250 | 2250 |

续 表

| 县名 | 种类 | | 产额 | | |
|---|---|---|---|---|---|
| | 红茶 | 绿茶 | 总额 | 出口量 | 本省需用量 |
| 休宁 | | 20000 | 20000 | 10000 | 10000 |
| 泾县 | | 8200 | 8200 | 4100 | 4100 |
| 铜陵 | | 4300 | 4300 | | 4300 |
| 石埭 | | 5700 | 5700 | | 5700 |
| 郎溪 | | 3000 | 3000 | | 3000 |
| 六安 | | 36300 | 36300 | 26000 | 10300 |
| 霍邱 | | 3400 | 3400 | | 3400 |
| 合计 | 31650 | 209852 | 241502 | 150244 | 91258 |

《安徽建设》1930年第10期

# 祁门茶讯

祁浮春茶，近日因天气转暖，洲园茶树，均露青嘴，早在清明后可以采摘，各乡茶号，均纷纷预备开场，连日在景德、屯溪收洋解山者，络绎于途。屯景钱庄所储现洋，经各号搜运，顿形竭蹶，故近日屯溪票价，每千两涨至一千三百七十三元，景镇由一千三百九十元涨至一千三百七十八元，幸今岁茶号锐减，所需茶洋较少，头字茶款，尚可数用，浮地原有庄号，因遭去年重创，茶栈放汇缩紧，多数尚未开场云。

《银行周报》1930年第14卷第13期

# 茶业经营之年中行事

松　安

一月：

移植茶苗：择云天无风之日，移植优良品种之茶苗，茶园普通地味瘦薄，故要施堆肥或烧土。

栽植防风林：茶园之防风林，最好是相思树，可能栽植于遮风之间，每十畦要栽植一列为宜。

二月：

施肥：茶树渐吸取养分之时期，故须深耕其根元，施入堆肥及大豆粕等之迟效性肥料，以图增收。

深耕：将茶畦中央之土，犁还于茶株之元，此时用铁耙为宜。

三月：

制茶用具修理及设备：春茶期要用之筛垒茶袋灶等，须修理或购入以便春茶期之用。

四月：

制造春茶：春茶制造之初期大概多雨，故制茶工场要广阔，须设茶业架，不可用湿叶制造。

播绿肥之种：落花生、苜蓿、金花菜等最适当之绿肥，此期间作为宜。

五月：

春茶后中耕除草：采叶之时踏坚之土，此期要耕耘，然夏季多骤雨，表土恐被流失，故畦间适当之处，要设贮土窟。

除驱害虫：若发生二点钩蛾之时，须立刻捕杀。

六月：

制造夏茶：此期为产出优良茶叶之时，故须注意摘采，励行摘采二叶为要。

七月：

制造白毫：白毫外观虽美，而茶叶多含水分，故须研究制造法，以图制造优良之茶。

中耕除草：杂草繁茂须急除之，表土若坚，恐生旱害，须急中耕，同时要掘贮土窟。

八月：

制造秋叶：此期为产出优茶叶之时，故不可误摘采之时期。

收刈绿肥：以前所种之绿肥，到此以达收获之期，即宜收刈其茎叶，敷于茶株之下，而后覆土其上。

九月：

制造白露茶：须观看茶况，制造各种茶叶。

十月：

制造冬叶：因春茶以来十数次之摘采，故树势衰弱，此期休摘为宜，虽树势旺盛，茶芽伸育之株，亦不可摘采一回以上。

深耕：须注意耕耘，不可损伤主根及枝根，近来废止牛耕用铁耙深耕者渐多。

客土：茶园之周围，肥沃之土较多，故须客土以图增收。

银合欢：倾斜地之茶园，每七畦要植银合欢，以防园土之流失。

十一月：

制茶机器之修理及扫除：器械要时常扫除或修理，制茶终了之时，又要扫整清洁，工场亦要整顿。

十二月：

补茶苗：普通于春茶后补茶苗，但要选强健之苗，以供更新用及补植之用。

收支决算：茶叶经营之利益虽薄，然亦要收支决算，以明损益，亦要反省经营法之巧拙，以为来年之参考。

《农话》1930年第24期

一九三一

# 红茶业经营之秘诀

俞鹤岩

吾徽土产以茶叶为大宗，而茶叶有红绿两种，予对于绿茶一业，缺乏经营，不敢妄道。惟于红茶一项，经营已有十余年之久，深知其中秘诀。兹特详述于后，俾商界诸君明乎是业之经营。兹分述如下。

## 一、茶场组织法

总茶庄之组织。总茶庄有内部、外部之分。外部则收货、晒货，内部则堆货、烘货、制货。内部须有广屋，有广屋则不但堆货有余地，便于进货，且烘货、制货亦便于工作。外部须有广场，有广场则晒货以补救烘货之不及，免其发霉。凡总茶庄用经理一人，会计二人，品货一人，掌秤一人，收包一人，杂务二人或三人。

分茶庄之组织。分茶庄者，即货品收买处是也。如欲制成货品满五百箱者，则在各产茶地设六七分庄，欲制成货品满一千箱者，则在各产茶地设十余分庄。每分庄用会计一人，买茶兼掌秤一人，打包二人，一方买茶，一方打包。雇挑脚或船只运入总庄，以资烘造（凡分庄不另租屋，择园户中有势力而投之，谓之主家。如有凶恶园户以劣货强卖，则由主家出而交涉。）

烘茶厂之组织。大屋一间，泥地上分造十余畦，畦须平而坚固，其上盘成若干圆窟，每圆窟深二尺，宽一尺三四寸，以石炭炭其内围及上层，则经火不裂，烘叶时间，木炭燃其中，竹笼置其上，而茶香出矣。惟新编之竹笼，须先行焙梗，而后烘茶，则不染竹气。出烟之木炭，须先行择火，而后烘茶，茶则不带烟味。凡烘茶厂用烘茶手三人，一系看火色，二系上笼、下笼。

制茶厂之组织。大屋数间，地下铺木板壁，下置长木架，架上摊十余竹盘，盘中各置一竹筛，筛沿制一甩，以穿绳，一端悬壁上，另持竹筛，一端或推之或挽之。此为抖茶地点，空处或壁下置长木架，架上摊十竹盘，盘中置筛，筛分一二三四五六七八九十号。例如一号筛筛落盘中者，则由二号筛取而筛之，二号筛筛落盘中者，则由三号筛取而筛之，其余各号筛筛落盘中者，其筛法依次而同，此为分茶地点。空处或壁下置风车数架，架下置三竹箩，一就风车肚口，一就风车外面正

口，一就风车外面副口。此为扇茶地点（此外，尚有蹈茶、撼茶、打茶诸务，详制茶法）。凡制茶厂工人，由工头所雇，大抵上手十余人，下手三十余人。

拣梗厂之组织。大楼一间，排长橙百余条，长棹数十方，摊毛茶于棹面，用女工二三百人而工作者，即拣梗厂是也。拣梗厂除女工工作外，尚需男工三人，一为给拣梗钱，一为收拣，一为发拣。发拣者系司未拣梗之茶，收拣者系司已拣梗之茶（此三人之责任均属重要，须少年老成之辈。否则与少数女工发生暧昧情事，对于茶务上必舞弊多端，庄家成本暗遭损失）。

## 二、茶之鉴别法

真茶之鉴别。鉴别真茶，乃有二法。一为复杂之鉴别，一则完全之鉴别也。完全之鉴别，不外乎三点：一曰色；二曰香；三曰味。至于复杂之鉴别，则不外乎四点：一曰细嫩；二曰干燥；三曰粗老；四曰潮湿。四者之中，要以细嫩干燥者为上，细嫩潮湿者次之，粗老干燥者又次之，粗老潮湿者，斯为下矣。

假茶之鉴别。近来园户及贩商多有作假之弊，往往以黄荆蒸熟晒干或焙干，制成细叶，混入茶中，以盘盘之，则真者浮于上，假者沉于下。若不留心鉴别则上当非浅。鉴别之法，以手将上面红茶扫去二三层，则假茶立现，嗅之虽不无真茶香气，然他气味居其多数，固不难辨出其真假也。

染色茶之鉴别。红茶老而必黄，黄者价贱，园户贩商往往利用其染料，其染料有二种：一为皂香，一为煤烟。而一经染色，则与本色好茶无少异。鉴别之法，须嗅其气味，如气味不同，则须冲水，以观其叶之面背，立现无数灰点，汤以昏暗，则染色茶无疑也。

## 三、收茶法

择地收茶：

何谓择地收茶，例如江西之浮梁一带，货源虽涌，而货品优良者绝少。吾徽之祁门一带，货源既涌，而货品优良者亦多。则设庄买茶，以祁门一带为适宜。若在浮梁一带设庄，则所买之茶，十分之七八为低下货品。一旦售于市场，欲得高盘，良非易易。

择时收茶：

何谓择时收茶，则清明以后、谷雨以前，所出之货，香色味兼全，而又细嫩。其价虽昂，其货可取，固无妨多多收买也。立夏以后，叶已粗老而黄，其价虽低，其货不足取焉。

择人收茶：

何谓择人收茶，则以收茶之人能辨出货品之真伪，及染色与否，尤能辨出出茶之山头。例如义宁内山也，武宁外山也。外山茶与内山茶比较，香色虽无少异，却有不同之点。内山叶稍厚，价亦稍高，外山叶稍薄，价亦稍低。而武宁贩子往往以本处所产者运至义宁，冒充内山货品。若收茶人缺乏经验，则不能辨出何者为外山，何者为内山。故设庄收茶，不可不择富有经验之人也。

## 四、烘茶法

红茶未经制造者，谓之粗茶，又曰毛茶。其叶大半松而杂软而潮。盖即收买园户及贩商者是也，欲为之制造，须先行干燥。干燥之法，烘以文火两度，然后开筛。第一度火候，谓之打毛火，须七分干燥；第二度火候，谓之打复火，须十分干燥。质言之，毛火火候不宜老而宜嫩，嫩则化去叶中绿素，而茶得其红色矣。至于复火火候，则视叶中之梗为标准，将其梗拗断，如见其中带黄色者，火候已到十分，带白色者火候尚未到也。火候到矣，制造毕矣。再以文火焙之，是为第三度火候，谓之补火。补火者，因制造之时，茶中略受润气，未能十分干燥，故以文火补之也。尤宜留意者，各火窟所需木炭必须平均，则火候齐而香色味兼足。

## 五、制茶法

红茶之总名曰乌龙，乌龙未经制造，未入均堆以前，其名不一而足，如经过一二三号筛者，谓之一二三号茶，又谓之上身。经过四五六号筛者，谓之四五六号茶，又谓之中身。经过七八九号筛者，谓之七八九号茶，又谓之下身（其经过十号筛者，系为茶末）。既别三等，复分七般。七般之茶，或优或劣。三等之品，有细有粗，务须择其善者而从之，其不善者而去之，则成完全之乌龙矣。兹将七般茶之名称及其制法，开列于后，以资研究。

白豪。系一种细嫩之叶，叶上有小毫，其色白，故名之曰白豪。为红茶中之无上上品，古人称雀舌莲心，盖即指此。按白豪一物，修水园户，系单方采摘（园户采摘此茶为之藏贮，以待宾友）。祁门园户，系双方采摘。其双方采摘者，茶中白豪颇多；其单方采摘者，茶中白豪颇少。故修水之成箱红茶，多有不及祁门者，此亦一原因也。

红袍。是茶开汤时，汤与叶皆鲜红可爱，且娇艳如红袍，故有红袍之称。为茶

中之优品也。按天公阴雨，则茶中宿青多，红袍绝少，天公放晴，则茶中宿青少，红袍多。盖红袍一茶，全赖于艳阳天气，成其红色。业此者，宜于此时多收此品。

珠子。珠子者系上身茶筛上一种粗大之叶所制造者也。制造之法，先置其茶于地板上或竹盘中，以双足蹈之，然犹有粗叶存乎其间，再盛其茶于布囊中。以两手执于囊口，向石板上猛击，则囊中粗茶虽小半成为粗末，而大半则成为细叶矣。然后以相当之筛筛去叶中粗末，则其叶皆作圆形，故名之曰珠子。珠子有一二三等之分，较诸他茶为量略重耳。

花青。花青者，系茶中一种半红半绿之叶也。其病原由于园户制造之时，对于所晒之生叶未及凋萎，即为之搓揉。搓揉既毕，又未经使之发酵，如是种种，遂成花青。然花青之病，却易疗治。疗治之方，则注意于第一度火候至七分干燥时，宜堆积于木板仓中，使之发酵。则一刹那间，其半绿半红者，悉成全红色矣。间亦有经火之茶，其花青尚存者，则由第一度火候太深之故。盖火候太深，则失其发酵之效力，致茶中绿素仍存乎其中也。

…………

## 六、拣梗法

绿茶百斤，其中茶梗不过一二斤，而红茶百斤，其中茶梗辄有七八斤之多。盖园户对于开园时间，往往带叶连枝而采摘之，茶中以是多梗也。然梗与茶之分离手续，虽属于女工之拣择，而亦属于男工之筛法焉。筛法之轻重而得诀，则茶梗多数浮于筛面之中心。中心之梗，固不难去之（以两手捧之而出），苟筛法之轻重不得其诀者，其梗多数由筛眼走入盘中，盘中之梗，散而不聚，则不免多用女工拣择矣。

…………

## 七、装茶法

红茶号所用之罐，均悉铅皮制成，其内以毛纸围之，其外则裱以皮纸套。因装茶木箱不甚坚厚，罐亦软薄，载运之时，手续过重，则箱罐多受损坏，不但走漏货品，即罐中原有者，亦易侵润潮气，曩予服务某茶庄时，别出心裁，劝股东用白铁及马口铁制罐，罐价虽较铅皮者昂，然载运时从无走漏泛润之弊。嗣以价昂之故，忽得一法，将箱罐原样概行放大，每罐多装货品二十余斤，所用箱罐较前减少，而其价则仍然与前相等也。

## 八、销茶法

销茶关于时限者。茶叶一物，非他项货品所可比。他项货品，在本月或本年遇市价涨落时间，可以售则售，可以不售则不售，而茶叶则无论品质之优劣，价格之高低，务须本年销售净尽。若待明年而沽，则新货上市，旧货市价愈趋愈下，东坡有言："墨以古为佳，茶以新为贵。"绿茶如此，红茶亦未尝不如此。销售红绿茶，总以本年为限，否则营业上必大遭失败。

销茶关于资本方面者。每见多数茶庄不难于买茶，而难于卖茶。盖卖茶之权，大都操于开设茶栈者之手，庄家资本雄厚者不多，多由栈家移来之款项为之营业。其实栈家放出之款项，又多由银行、钱庄移来，言明夏季及秋季陆续归还，而栈家唯恐失信于银行、钱庄，故不准庄家另投他栈，独行销售。因此，市价之涨落，关于可售不可售之时间，庄家不能干预，是以欲求销售货品而无损失于利益者，非有单独资本经营不可。如无单独资本，则非合伙及招股不可。

销茶关于制法方面者。红茶之得善价而沽者，虽由于品质之优良，要亦因其制法之精巧，有以致之。若徒求品质，而不研究制法，则其茶销售较他庄研究制法者，必逊一筹，予已将制法详述于前矣。而制法中之要点，则在于入堆时间，多拌正货，少拌副货（副货可另售于做店帮者），则茶叶长短相配，粗细相匀，而无头尾不称之弊，不独易于销售，且不难得高盘也。

《商业杂志》1931年第5卷第11期

# 茶　市

本埠洋庄茶市，月初祁门高庄红茶，英庄进意尚浓，顶盘售二百二十两，市势颇挺秀，惟不久即趋沉寂，盖因汇市变动剧烈，行家意存观望也。绿茶交易寥寥，最占重要之珍眉，一项各庄亦均冷淡视之，在此新交上市旺盛之时，市况如此，殊足寒心。入后更形一蹶不振之势，各茶俱乏成交。月半后，婺源珍眉于十六上市开盘一百七十五两，较去年见高十余两，英商需要颇殷。至中旬末时，更有十两之涨风，查现下各路绿茶，到数已有三万余箱，走销甚属呆滞。此次婺源珍眉，独见畅销，良以制法精良物稀为贵所致，茶市大势呈高货畅销，低货呆滞之局，下旬来婺

源珍眉仍在续畅之中，而平水大帮亦于是时开盘价站四十五六两，较去年无甚高下英美两庄颇有需要，惟对于货质选择甚严，盖恐掺有杂色也。总之今年茶市，当此旺令，且现萧条之状，前途殊难乐观也。综计上月共成交三万四千五百余箱分类如下表。

| 品别 | 祁红 | 祁末 | 宁红 | 宁片 | 温红 | 河红 | 平水 | 珍眉 | 针眉 | 秀眉 | 蕊眉 | 虾眉 | 贡熙 | 贡珠 | 麻珠 | 凤眉 |
|---|---|---|---|---|---|---|---|---|---|---|---|---|---|---|---|---|
| 箱数 | 15833 | 322 | 308 | 129 | 135 | 92 | 6456 | 3352 | 3715 | 1143 | 301 | 1143 | 475 | 431 | 657 | 14 |

《钱业月报》1931年第11卷第5期

## 茶栈经营红绿茶之趋势

本埠路庄平水各茶栈，为洋庄茶业对内对外之重要机关，年来茶价增高，成本加重，营业范围，因之益形扩大。年来洋庄销路，异常疲滞，仅一部分高庄祁门红茶，多有获利外，余均大受亏折，是以本年各茶栈，对于祁门红茶，群趋争办，现下放出款项，已有七八十万之巨，惟对于屯溪婺源各路绿茶，多持慎重态度云。

《钱业月报》1931年第11卷第5期

## 祁门红茶已开秤

祁门红茶，自十五日以来，各山户已有开始采摘，幸天气晴朗，香味质料极佳，但本年祁浮制茶庄号，骤增四五十家，茶栈经营，又异常踊耀，以致山户方面，索价颇高。连日高塘历口各路制茶庄号，所收门茶庄嫩尖，每担扯价，均须一百四五十元，较上年高二三十元，将来运到沪埠，每担成本约在二百两开外云。

《钱业月报》1931年第11卷第5期

# 代电上海商品检验局总字第四三号

电令就祁门茶场拟具整理办法意见呈候核夺由。

上海商品检验局邹局长览，查前农矿部管有安徽祁门茶场，其经营现状亟须考查，该局方事筹备茶业检验于茶场办理计划书有成就，合亟电令该局即便调查祁门茶场情形，拟具整理意见呈候核夺，勿延为要，部宥印。

《安徽公报》1931年第1期

# 实业部批农字第八二二号

原具呈人前安徽祁门茶业试验场场长陆溁。

折呈一件，缕陈我国茶叶衰败各情及亟应改革数事请鉴核施行由。

呈悉，查该前场长对于茶叶学术经验均尚丰富，所陈我国茶叶衰败情形及亟应改革事项颇能洞识症结，深堪嘉许，应准留备参考，仰即知照。此批。

中华民国二十年九月七日

部长孔祥熙

《实业公报》1931年第36期

# 实业部批农字第八二三号

原具呈人前安徽茶叶试验场场长陆溁。

折呈一件，陈述创办安徽祁门茶叶试验场经过情形暨衰落状况现拟请派员接管续办以期挽救茶业请鉴核施行由。

呈悉，查安徽茶叶试验场亟应恢复，早经本部电令上海商品检验局派员前往调查，拟具整理进行计划，并将该场经费列入二十年度预算，汇送主计处查核在案，一俟经费核定，即行按照预定计划，切实整理，仰即知照。此批。

中华民国二十年九月七日

部长孔祥熙

《实业公报》1931年第36期

## 整理祁门县地方教育计划大纲

### 甲、关于局务事项

（1）改建教育局大门及办公房舍；

（2）组织办公室，规定办公时间；

（3）改善公文归卷方法；

（4）调制各种行政图表及册簿。

### 乙、关于教育经费事项

（1）统一全县茶捐，划一捐率。

（说明）查红茶为本县出口大宗，年约二百万元之巨，而教育捐款亦以此项为唯一之来源，全境年约八九千元之谱。惟以乡区各校多就地自征，教育行政机关向不闻问。收入支出既无考核，浸蚀滥用，更势所难免。教育失信仰于社会，此为最大之原因。兹拟由教育局划一捐率，厘定征收办法，呈请省府备案，自二十年度起任何学校不得自行征收，及扣抵捐款，以资整理。

（2）整理东山书院息金。

（说明）查东山书院息金，为洪杨乱时曾国藩由祁门班师，遗有军米若干石，捐给东山书院，变价折银共计八千余两，分拨五乡文约祠会具领。年息六厘，作为该书院宾兴膏火之费。改革后，此项经费收归教育局充为教育基金。近年以来，各乡文约祠会多未按季缴纳，以致积欠共计有两千余元之巨，教费颇受影响。兹已由教育局拟定整顿步骤，从事严追矣。

### 丙、关于学校教育事项

（1）改组县立男女两校为县立中心小学校。

（说明）按县立男女两校，校址毗连，男校既患人多屋少，而女校又嫌室空屋多。过犹不及之弊，俱于学校行政感受困难。兹为增进教学效率，节省经费起见，自二十年度起，将男女两校实行合并。

（2）严令各区私立学校遵照部颁私立学校规程办理并另刊钤记。

（3）严令各乡区私立学校自二十年度起应编制收支预算，呈局□核。

### 丁、关于社会教育事项

（1）筹设民众教育馆。

（2）限令各县区立学校附设民众夜校及阅报问字等处。

### 戊、关于义务教育事项

（1）按照自治区划分学区，并遴选区教育委员，办理区教育行政之事宜。

（2）继续调查学龄儿童。

（3）督促义教委员会实行筹划一县义教事宜。

（4）严厉取缔私塾。

《安徽教育行政周刊》1931年第4卷第34期

## 太平祁门两县二十年度教费入出概算

太平祁门两县前呈送二十年度地方经费入出概算经本应察核准予备案，其不合之处，亦一一指令饬遵，兹抄录指令原文及该两县教费入出概算表于下。

…………

安徽省政府教育厅指令第三五七三号

令祁门县教育教育局局长张正春：

呈一件，呈送二十年度县教育经费岁入岁出概算书请核示由。

呈暨概算书均悉。查该县二十度教育概算，依照滕前局长统一茶捐会议办法，将西南东北各乡教育茶捐，一律划归教育局保管支配。借谋教费统一，尚无不合！既已根据原案，尽量发展各乡教育，而各该乡学校名称，学生班次，及资费标准，均漏未填注，无从查考！亟应另列该县各乡小学校经常费一览表补送来厅，以备

查核。

至义务教育经费，全年度收入四千三百五十元，自厅悉数拨作义务教育之用；何以动支义教专款，只有二百元？殊于各县义务教育附税征收保管及支配规程第十六条内载："各项义务教育附税，专为办理地方义务之款，其他任何机关，不得动用"之规定不符！着即查照励行安徽义务教育暂行规程，积极推进，以为实施义务教育之准绳。

再原书内有其他杂项支出，共三百七十元，但置办及预备费两款，均属临时性质，应即移列临时门内，不得作为经常支出，以重计数。仰并遵照！

此令。

《安徽教育行政周刊》1931年第4卷第43期

## 派员调查祁门茶场情形

本局奉实业部电令开，前农广部管有安徽祁门茶场，其经营现状，亟须考查。该局方事筹备茶叶检验，于茶场办理计划，当有成就，合亟电令该局，即使调查祁门茶场情形，拟具整理意见，呈侯核夺勿延为要等因。本局奉电后遵即委派皖籍职员农学士程天绶，前赴祁门，详细调查该茶场情形及该县茶业状况，并将调查结果编具报告呈核，并令本局茶叶检验筹备员吴觉农详拟改良全国茶叶及祁门茶场计划云。

《国际贸易导报》1931年第2卷第2期

## 祁门茶市蓬勃气象

祁邑红茶，向著盛名，质味之优，中外无与伦比。年来徽商经营红茶者，大都趋重于祁，去岁沪市红茶，虽见销滞价低，惟祁货去胃，尚称不恶。间有因成本过大，成箱过迟者，稍受亏折，其中获得厚利者，仍不在少数，尤以南路各号居多。今岁祁地茶号，曾遭去年亏蚀者，现多迁入南路，据近日调查所得，全邑茶号开庄者，不但未见减少，且较上年增加三十家之多，计祁南塔坊一带，添设新号十九

家，城西两路添增十一家，仍有数家暂存观望，须临时相机开办者，刻各号以新茶届采，赶在开场运款，忙碌异常，各地茶司人员，亦将陆续齐到，其气象之蓬勃，实较盛于□年。

《国际贸易导报》1931年第2卷第6期



# 红　茶

祁门红茶之市况。

本年祁门红茶上市，因叶底香味优良，极得英人之重大注意，市面空气，异常紧张。红盘开价二百八十两，各洋行需要甚殷，依货品之高下，涨至三百两开外，其中最优良货柳绿牌，做顶盘，竟涨至三百六十两，为历来所未有之高价，市价坚挺，接连数日，继因到货甚多，行家认货苛紧，仅中低庄价较前暴跌二三十两，优货仍示坚挺，陆续成交多至一万余箱，旋以销畅，价稍见软，继复坚挺如故，又先后成交三四千箱，自后市气趋疲，成交遂稀，闻此次祁门红茶市价昂贵原因有二：

（1）本年祁门庄号，侧重提早收青，故出品精良，而颇受洋庄欢迎，此足征采茶等重要工作，苟能施以根本上改良，前途固希望无穷也。

（2）适遇英伦红茶存底空虚，亟待补充，需要正殷，乃华商初不及料之意外良机，此足征华商平日对于海外需要华茶市场市况，此后实有协力调查之必要，务使供求不生龃龉，以防意外损失。

祁门茶香红茶之市况。

是项红茶开盘二十五六两，较上年见高二三两，英商颇有采办，价趋坚俏，俄商尚在观望，无甚成交。

《国际贸易导报》1931年第2卷第7期

# 祁门子茶开盘不高

祁门子庄红茶，忠信昌、永兴隆等茶栈，均有新样布出，当经同孚怡和等行，开出新盘自八十六两至九十两，较上年无甚高下，但华商成本每担扯价在百两开

外，号家颇受亏折云。

《国际贸易导报》1931年第2卷第8期

# 调查祁门茶场报告

本局前奉部电，饬观查祁门茶场情形，拟具整理意见，呈候核夺，经即遵电派员前往调查。兹经调查完竣，祁门茶场已被安徽省建设厅接收改组为安徽省之茶业试验场，转将调查情形拟具报告，及茶叶检验技术官吴觉农所拟整理意见，呈部鉴核，分录报告及意见如下。

调查报告：

（一）前国立茶业试验场办理经过。

祁门茶场之设，系于民国四年春，由前农商部委派部员陆溁，到皖视察，调查茶务情形，并勘定设厂地址，比以皖南祁门县既为产茶名地，又当皖赣之交，遂勘定该县南乡平里为场址。先赁民房为办公处，租定民山为场地，于同年十月十日成立开办，定名为农商部安徽模范种茶场，并即令委陆溁为场长。五年二月，改名农商部茶业试验场，于江西浮梁、修水，本省秋浦、历口等处，并均设置分区。九年八月，陆溁卸职，部委邓礼寅接办。十二年二月及十四年二月，先后复改委邓奉先及许飞为场长。十六年春，党军到皖，政局变更，许飞随即去职，场务无人负责，遂因而停辍。

（二）前国立茶场原有田产房屋及设备。

祁门茶场场地，仅房基一方，系为购买，其余山地内，分平地低山高山等区，合计凡九百六十五亩七分九厘，均系承租当地章胡两姓私产，年纳租金一百十六元四角。至于房屋，原有楼房三十二间，平房七间，茅房十七间，茅亭五座，中因经时既久，加以屡次停办，失于修理，现在茅房茅亭，均已先后倾倒，只余楼平房四十一间，虽经屡次修理，但一因建筑形式不合，一因建筑材料单薄，殊不适用，尤欠坚固。设备方面，器具图书，迭次损失，或剩余无几，或荡然无存，新式农具制茶机器，及各种测验仪器等项，则向未购置，设备殊为简单。现该场正按照经济状况，分别缓急，择要添置，至于制茶机器，恐非有特别巨款，无法采办。

（三）前国立茶场过去成绩及停办原因。

祁门茶场过去成绩，一因几经停顿，一因文卷无存，时移势变，多难查考，今就默察旁咨所得，知在陆溁任内，如建筑场屋，租定场地，开关茶园（原租山场多系荒山），事业推广（于本省及赣省共设分区四处并补助奖励种茶各户），规模因以粗具，基础因以底定，及后邓礼寅邓奉先任内，或只萧规曹随，或仅维持现状，成绩欠显著，至其所以中途停顿者，则以十六年春，党军到皖，政局变更所致，前已言之，无庸再赘。

（四）安徽省立茶场之成立及接收经过。

祁门茶场停顿后，十七年春，与本省其他农林各场，统归省农林局暂时保管。同年秋，政治稳定，省建设厅遵照本场与其他农林各场，同时恢复，初定名为安徽第二茶业试验场，状委金一涵为主任兼技师。十八年二月，应令改组，并将秋浦省立第一茶业试验场，与该场合并，定名为省立第一模范茶场，调委原任第一茶场主任兼技师于兴序为场长。同年八月，当局计划变更，奉令停办，至去年冬令，建设厅长陈以茶为皖省著名特产，亟应设场倡导改进，于十二月决定先将该场恢复，以次再及他场，故比定名为安徽省立茶业试验场。

（五）安徽省立茶场进行计划。

祁门茶场，自收归省有，在前第二试验第一模范期间，进行计划如何，亦因文卷散失，无可稽考。及恢复为今场，因前场停办两年，且又无人保管，以致器具损失，房屋毁坏，茶园荒芜，颓废情形，不堪入目。接收以后，进行颇感棘手。兹将该场呈报核准之本年施业方案，撮其大纲，开列如下：（一）关于场务整理，（1）房屋之修葺与布置，（2）用具之添置，（3）章则之拟订，（4）图表之绘制。（二）关于茶园整理，（1）园地之划分，（2）剪枝，（3）耕耘，（4）施肥，（5）平治道路。（三）关于茶树栽培试验，（1）品种试验，（2）繁殖试验，（3）肥料试验，（4）剪枝试验，（5）耕耘试验。（四）关于茶叶制造之改良，（1）绿茶制法之改良，（2）红茶制法之改良，（3）制茶器具或机械之创制与仿造。（五）关于茶业之调查与征集，（1）茶树品种之调查，（2）茶叶生产消费贩卖之调查，（3）茶叶成品商标装潢之征集与陈列。（六）关于茶业之推广。（1）刊物及宣传图表之编拟，（2）推广优良苗种，（3）举行茶叶品评会，（4）合作社之提倡，（5）举办茶农夜校及讲习会。（七）其他。祁门茶场场址，设立在著名祁红之产地，原租山场九百六十余亩，现经开辟实行试验者，只当全部十分之一，设使切实经营，中不停顿，经费充裕，措施顺遂，成绩必有可观，惟惜创办之后，进益殊少，一经停辍，更趋残破，皖省接收，财力既甚支绌（上年规定本场岁出经常费六千五百二十八元，内作业费六百

元，临时费二千三百四十元），旋复加以停办，作辍不常，精华尽失，今后欲冀发展，并收实效，必须增加经费，扩充办理，采购机器，精良制造，庶能充分展布，足资矜式。若仍苟简从事，前途殊少希望，盖无米之炊，巧妇尤难，况妇未必巧乎？现该场场长，已于二十年度新预算案内，按照必须情形，增加经临两费，以期充实内容，推进场务，能否如愿以偿？尚未可卜也。

整理意见：

（一）迁移场址。

祁门虽属红茶产地，有试验改良之必要，但该地交通阻滞，对于一县之宣传感化，尚绝不易，而与婺源等处之著名路庄茶产地相隔太远，更无从收观摩感化之效。依茶叶集中及交通便利情形而论，应将该场迁至休宁屯溪附近之高枧旧有茶务讲习所地址（该处有建厅及自建房屋及茶园若干），该处水路，直达杭州，陆则芜屯公路直达芜湖，交通极为便利。且每届茶期，茶号林立，而各县茶商茶农，亦均集中于此，在此设立茶场，自易收观感之效也。

（二）恢复国立。

皖省政局，变化无常，办事者虽有主张，每难贯彻，且皖省财政支绌，捉襟见肘时，困难万分。改为国立，则主张始终一贯，经费充实，主办者自能安心从事，成效必有可观。关于国立茶业试验场之系统，前在改进全国茶业计划中，已略有说明，不再赘述。

（三）增加经费。

查十八年度农广部附属机关预算项下，曾由国民政府财政委员会，通过国立茶业试验场临时费六千元，及经常费一万二千元在案，因财政部未能照发，以致停顿，现欲迁移场址，扩充事业，对于经费方面，尚需增加临时开办费，约须十万元，内茶园五〇〇亩，购置费约五万元，机械仪器费三万元，房屋工场建筑二万元（若茶园长期租借，不必购买，只须付押租等费，约五千元至一万元，可省去四万元，乃至四万五千元）。经常费至少二万五千元，内事务费一万元，研究试验费一万二千元，调查宣传费三千元，方能有相当之发展（查茶园五〇〇亩，每亩收入，平均以三〇元计，年可得一万五千元，是政府支出，每年只须一万元）。

（四）设立分场。

为谋事务之扩展与实效，应于两湖江浙闽赣等地，分设支场，使各为栽培制造之试验，或由实业部咨请各省，令主管官厅从速筹备省立茶业试验场，或单独之制造工厂，以谋彼此互相联络。如湖南本有省立茶事试验场之设立，江浙两省，或已通过预算，或正在筹备进行，收效均易。

（五）委托试验。

病虫害之试验，茶叶品质之分析，或因人才缺少，设备费用较繁，或以距离较远，搜集材料非易。本场试验，似感不便，应斟酌情形，委托病虫及化学之专门机关，或其他之农事试验场，代为研究，可收分功合作之效。

（六）确定试验方针。

现该场试验计划，多不完备，试验方法，亦未尽善，宜妥为筹划，对于现今华茶生产最重要之问题，犹应精密设计，俾于最短期间，收获实效。

（七）讲习与宣传。

试验结果，应每年公布，对于有效方法之发见，与平时研究之成绩，尤应开班讲习，广事宣传，一方谋有效方法之扩展，一方即所以增加茶叶者之注意与兴趣也。

中国茶叶生产，极为幼稚，试验研究，不容稍缓，以上所陈，不过略举大概。如能积极进行，则我国茶业前途，定有改良进步之一日焉。

《国际贸易导报》1931年第2卷第12期

# 训令祁门等廿六县县政府奉部令据上海商品检验局呈请通令整顿茶叶采制办法仰劝导茶户茶商切实奉行

安徽省政府建设厅训令第一三七一号。

令祁门、婺源、休宁、歙县、绩溪、黟县、秋浦、青阳、石埭、宁国、宣城、郎溪、广德、泾县、旌德、太湖、太平、南陵、繁昌、六安、舒城、霍山、英山、霍邱、凤阳、潜山县县政府为令遵事案奉。

实业部商字第三一五七号训令内开为令行事案，据本部上海商品检验局呈称，窃念新茶上市在即，各产茶地正在准备采制，茶户茶商粗制滥造，着色搀伪等弊已成惯性。为厉行检政及改善华茶起见，似应先时通告茶户，将采制时期提早，免致茶芽过老，并分别茶叶老嫩，不得混采、混制、混售，以免茶质硬化，制品不良，茶商收买时，应摒除劣茶、潮茶，而于覆制时尤须充分干燥，保存固有之香味色泽，并不得有涂抹浆糊、颜料，混杂尾箱灰末杂质等弊。包装茶叶之箱板锡罐等项

亦须选用坚固之上等材料，以免中途有损破受潮等弊。如是则不仅茶质得以改善，外销得以推广，价值得以提高，即施行检验时亦不致使商民感受不告而罪之痛苦。为此拟请钧部迅予通令江浙皖赣各省主管官厅，转饬产茶各县市，恺切布告各茶户茶商，对于上述应行注意各点，切实遵行，以期茶叶对外贸易得渐图挽救等情。查吾国茶叶品质本属优良，产额又极丰富，向执国际市场之牛耳。近年销路日蹙，已有衰落之趋势，考其原因固不只一端，要以采制不得其宜，加以着色掺杂诸弊，尤为外人所摈弃。为提倡对外贸易起见，原呈所称各节自属要图。除分令外，合行抄发该省产茶各县市表一纸，令仰遵照转饬各该县市恺切劝导各茶户茶商，依照上开各点，切实遵行，以图挽救为要此令等因，附产茶各县表一份奉此，除分令外，合行令仰该县长，依照令开各点，恺切劝导各茶户茶商，切实遵行，以利茶业，此令。

中华民国二十年五月 日

厅长陈鸾书

《安徽建设公报》1931年第14期

# 安徽省立茶业试验场民国二十年之施业方案

茶叶试验场长　陈序鹏

## 一、关于场务之整理

本场设立，历有年所，中因政局变革，迭经改组停办，场务中断，两载于兹；现在奉令恢复，对于场务设施，均应积极整理，兹将场务整理方案计划列下，以为进行之准则：

（1）房屋之修葺与布置。

本场房屋，建于民国四年，自十七年秋停办以来，房屋无人负责保管，因之所有屋瓦门窗户扇，玻璃墙壁茅屋茅亭地板楹柱，经风雨之打击，及私人之窃取，颓败残缺，不堪入目，非大加修葺，难期完整。序鹏接管后，除将应行修葺各项，招工估计，造具清册，另案呈报外，兹为作业便利起见，将原有房屋，略事布置，计楼房三十二间，楼下暂分为职员住室、勤务住室、工人住室、植茶用具室、礼堂会

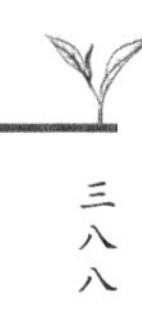

客室；楼上分陈列室、办公室、筛分室、风扇室、萎凋室、标本室、装潢室、拣别室、制茶用具室；平房七间，分为传达室、釜焙室、笼焙室、炒菁室、厨房。布置既定，并将房舍门额钉立标牌，以清眉目。兹将房屋应行修葺事项，开列于下：

A.装修门窗户扇玻璃扭扣；

B.重建门楼及围墙；

C.油漆天棚楹柱；

D.翻检全部屋瓦；

E.重装廊房地板；

F.补葺仅存茅亭。

（2）用具之添置。

查本场于十八十九两年停办期间，原有用具，除私人窃取驻军损失外；今所接收者，仅残余不整少数零乱之用具而已。今为求敷用起见，拟择要添置下列各件：

A.陈列用具；

B.普通用具；

C.植茶用具；

D.制茶用具；

E.厨房用具。

（3）章则之拟定。

查本场停办两载，原有章则，均已无存，当兹恢复伊始，若无一定规章，则权限不清，作事多有不便。兹拟制订各项章则，则工作时，自无淆乱旷废之虞。除另文呈报外，兹将所拟章则名称列后：

A.本场实测全图；

B.本场试验地区划图；

C.安徽产茶县份一览图；

D.安徽省各县茶叶生产一览表；

E.本场组织系统图；

F.本场职员履历表；

G.本场年中行事一览表；

H.祁门茶行茶商一览表。

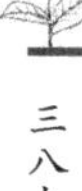

## 二、关于茶园之整理

本场自停办以来，茶园久未开挖，所有茶丛，多被杂草掩蔽，侵蚀养分，妨碍发育，若不即时整理，则茶树亏损日甚，春茶收入，势必绝望，此茶园整理，极应从速着手者也。兹将茶园整理事项，分类说明于下：

（1）园地之区划。

本场为全省茶业唯一之机关，凡园地之区划，宜以科学化艺术化支配，以故关于园地之区划，诚有研究价值，兹拟将本场园地，救其地势性质，划分入后：

A. 高山区；

B. 低山区；

C. 平地区；

D. 苗圃区。

（2）剪枝。

茶至五六年后，枝叶茂密，光线不透，空气不通，易生病虫等害，本场拟于本年采叶后，将茶丛不见日光之细弱枯枝，概行剪去，其发育不良之挺生老枝，亦应同时修剪。此法一可整理树势，二可预防病虫害，并可增加生叶收量，诚最经济之方法也。

（3）耕耘。

欲栽培之精良，必先因其利益而研究其方法，则耕耘尚矣。按茶树为深根植物，其主根常深入土中，枝根亦分散四方，因年内行几次之摘叶，是以不得不促根部之发达。即因耕耘而切断其旧根，以使新根吸肥之面积扩大，又可改良土壤，促肥料之分解，并防止杂草之繁茂，保持其适量之水分。故本场对于耕耘一事，尤当特别注意。

（4）施肥。

地力有限，生物无涯，一物栽培过久，必致养分歉乏，收获减少，故栽培茶树，须用肥料为之补助，始能发育繁茂。考茶树所需养分，以窒素为主，因其为叶类植物也。然磷酸加里，亦为茶树所必需，磷酸有关红茶之香气，绿茶之水色香味，加里则为茶树成长中所不可缺之要素。故本场今后培植茶树，对于肥料之施用，亦视为要图。

## 三、关于茶树栽培试验

我国虽为产茶祖国，然自周秦以来，数千余年，栽培方法，未尝变更，仅恃天然之长养，殊少人工之改良，以故未能与日印之利用科学者相抗衡。本场负改良茶业推广专责，关于茶树栽培试验事项，分类列后，一俟试验结果，再行编印小册，散发各地，以资指示，而期达到普遍改良目的。

（1）品种试验。

考茶事情况，各地不同，茶种强弱，各地亦异，如茶种不取严格之选择，断难获品种改良之效果。本场拟于下年度征集各省县暨国外著名产地之优良茶种，关定茶区苗圃，丛事试验，结果优良者，分散各处，随同印刷成绩概况，以作改良之张本。

（2）繁殖试验。

本试验专就播种苗圃而言，分下列四项：

A.条播区；

B.压条区；

C.插木区；

D.接木区。

（3）肥料试验。

茶需养分，窒素为多，磷酸加里，亦关重要，前已言及，欲求学理明确，自必待于试验，兹将此种试验，分下列二种：

A.三要素试验区：

甲.完全区；

乙.无窒素区；

丙.无磷酸区；

丁.无加里区；

戊.窒素区；

己.磷酸区；

庚.加里区；

辛.无肥区。

B.施肥量试验。

（4）剪枝试验。

剪枝向有一定方式，何者为宜，大概视太阳光线之强弱，地势之平坦高低以为断。本场茶业，从未剪枝一次，以致枯枝蔓叶，触目皆是，既少收入，又碍美观，兹拟仿日本剪枝新法，分下列各区，分别试验：

A. 浅刈区；

B. 深刈区；

C. 山形刈区；

D. 平刈区；

E. 南倾刈区。

（5）耕耘试验。

按茶树耕耘，利益之大，前已言之，既有深浅之别，亦有季候之分，因时制宜，不容轻忽。本场茶丛，荒废已久，亟宜从事耕耘，以利茶树生育，兹将耕耘要件举之于后：

A. 次数；

B. 时期；

C. 深度；

D. 位置。

## 四、关于茶叶制造之改良

茶质之优劣，于制法之精粗，大有关系。本场制茶试验，系就场内所种茶株，用新法采择，参照学理，试制红茶绿茶两种，借资研究。凡关于红茶之萎凋搓揉发酵焙烘，绿茶之炒菁搓揉炒焙等项，所需时间温度，均应悉心研究，详为记载，务求适当标准。兹就茶叶制造改良之点，分述于下：

（1）绿茶炒法之改良。

生叶摘采后，即行制造，实为制造中之第一要件，因为如此，可使香味佳良。然一般茶户制茶习惯，常日间摘茶，夜间始行制造，甚至将所采得之生叶，常堆积于普通室内，往往生叶起酸化而发酵，水色带红，香味亦差。本场将来制造绿茶，第一步改良者，摘采后即行制造，并将未能制完生叶，铺置竹簟上，一方注意于室内之湿度光线，以不使生叶酸化发酵为佳。第二步改良者，炒菁改用蒸菁，拟将生菁在水锅上之蒸笼内，经过短时间之蒸气，使生叶失其弹性，保持其绿色，不至于制造中再起酸化而使挥发特有之香味，然后再着手制造。

（2）红茶制法之改良。

红茶制造，揉捻发酵干燥为最重要手续。普通园户，揉捻向用脚力行之，间有用手力者，然皆不能使茶质充分压出，且不均匀，故形状水色香味，均欠佳良。至用脚力揉捻，尤于卫生不宜，外人时有烦言，而与我竞争者，尤借辞宣传以中伤之。本场试验红茶揉捻改良者，在机械未办到前，首以废除脚揉，该用手揉，保持清洁。至于发酵，普通园户，多借日光热力，如遇阴雨，不得日光发酵时，遂不得不停止制造。本场拟改于室内设发酵室，晴雨均宜。再至干燥，普通园户，红茶向无充分干燥，即在发酵后，利用日光作一度之干燥，所谓毛茶是也。此后即售之于茶庄。如在此时期内，日光干燥不充分，则常再起发酵或生霉变质者，时有所闻。本场拟于人手制造时，即使十分干燥，或用干燥器，以免上项弊害。此皆本场改良红茶制造预拟之点也。

（3）制茶器具之创制与仿造。

我国制茶，沿用旧法，器具手术，既甚笨拙，尤于卫生有碍。加以近来生活程度日高，劳动工资，有增无已，设制茶器具，不加改良，则我国茶叶永无起色之望。本场除拟计划购备机械制造，减轻人工外，更于本年度将旧有制茶器具，参用新法，从事仿造，兹将其重要者列举于下：

A. 萎凋架；

B. 揉捻床；

C. 蒸菁笼；

D. 拣茶台；

E. 发酵桶；

F. 干燥器。

## 五、关于茶叶调查与征集

欲图茶业之改良，必先经调查入手。本场现拟先从本省着手，欲再推及全国，以为改良茶业依据。兹将其要项分别述之于下：

（1）茶树品种之调查。

我国产茶省份，占全国三分之二，各地品种不同。即以皖省论，六霍之绿茶，祁秋之红茶，品质优美，早已驰誉海外。本场担负全省茶业改良之责，关于茶树品种，调查征集，分别试验，以资推广，自当视为要图。现拟自本年度就场之附近县份调查入手，以次推及各处。

（2）茶叶生产消费贩卖之调查。

茶叶为皖省产制最富之区，究竟茶叶生产消费贩卖情形如何，向无统计可考，以致每年产量与输出量之增减，营业之盛衰，真相素皆不明，一般茶商，尤属茫然。本场为本省茶业领导机关，负有重大使命，兹拟分别认真调查，以求得知确实情况，并制备表格，分送各地茶业公会，随时填明，以期周到，而免遗漏。

（3）茶叶成品商标装潢等之征集与陈列。

征集茶叶成品商标装潢陈列，事为实物学上之参考，与研究之资料，犹之授生物学不可少标本模型，理化学不可少仪器药品也。然标本模型仪器，可以购之于市场，经济充足，立行齐备，而关于各地茶叶成品商标装潢之征集，固须经济充足。尤非经长时间之调查与征集，不能完备。本场拟于秋季时广事征集，俾便陈列而供研究。

## 六、关于茶叶之推广

皖省产茶，素负盛名，惟因植法不讲，生产逐渐减少，采制不良，价值渐次低落，影响所及，大有关于国计民生。本场以改良茶业为职责，拟以研究所得，推及民间，以收普遍之效，兹将推广范围举之于次：

（1）刊物之宣传。

刊物之宣传，为推广茶业最切要事件，本场将拟编印以下改良茶业浅说，广事宣传，俾业茶者知所取法。

A.茶树栽培改良法；

B.茶树制造改良法；

C.茶树病虫害防除法；

D.制茶用具之改良与机械之使用法。

（2）推广优良种苗。

茶为国际贸易大宗输出品，只以种制墨守陈规，未能锐意求精，以致大好利权，为日印锡爪所攘夺。本场为提倡茶业挽回利权起见，除宣传改良种制新法外；现拟辟定地点，培植优良种苗，劝人领种，以期推广。

（3）举行茶叶品评会。

征集种子，研究品种，改良学上固属要图，而改良所得结果之推广，则尤为重要。盖仅致力于研究品种，虽得学术之实验，究于茶户实际上裨益甚少；即有所得，亦属盲听盲从，决不能因此而能生效。本场除种子征集外，拟于茶季后，征集各地茶叶成品，开一茶叶品评会，将各地出品，由大会审查评定，确系品质优美，堪为模范者，分别给奖，借以引起竞争心，且以增进茶户改良茶叶之兴趣。

（4）合作社之提倡。

茶之业务，纷纭复繁，殊非一手一足之力也。故欲推广销路，必须联合各茶商，组织茶业合作社，集中资本，群策群力，共谋进行，以期一致改良，而谋全力对外，将出产成茶，直接贩运于各销售国，庶免奸商之垄断，与市侩之操纵，裨益茶务，确实不少，提倡引导，责在本场。

（5）附设茶农夜校。

茶之改良栽培制造：必须有相当之学识技能，始能适应需要者之心理，而与他国相竞争。至灌输此项之才识，拟由本场附设茶农夜校，招收附近茶农，授以栽培制造等重要知识和方法，使能分别运用，而图茶业振兴。

（6）茶业讲席会。

目前华茶一落千丈，一般业茶者尤在梦中，问以失败原因，茫然弗晓，尚有自夸制造得法，訾外人不识货之谬说。本场将根据此等情形，除于茶农夜校外，并拟组织短期之茶业讲席会，招集附近茶户及专业茶商者，一方讲解现今华茶在国际市场之地位，一方说明华茶何以失败之原因，究应如何挽救，如何更张，如何应适潮流趋势，如何能与敌方争衡，均使充分讲习，俾能临事策应，实亦振导茶业之要务也。

《安徽建设月刊》1931年第5期

# 皖赣茶讯第一声

清明节过，立夏即来，向称出口大宗之皖赣新茶，又届上市时期矣。此后关于各产茶区之重要消息，颇为一般中外茶商所欲闻。兹亟探得，分别述之如下。

祁门茶市蓬勃气象。祁邑红茶，向著盛名，质味之优，中外无与伦比。年来徽商经营红茶者，大都趋重于祁。去岁沪市红茶，虽见销滞价低，惟祁货去胃，尚称不恶，间有因成本过大，成箱过迟者，稍受亏折，其中获得厚利者，仍不在少数，尤以南路各号居多。今岁祁地茶号，曾遭去年亏蚀者，现多迁入南路。据近日调查所得，全邑茶号开庄者，不但未见减少，且较上年增加三十家之多。计祁南塔坊一

带，添设新号十九家，城西两路添增十一家，仍有数家暂存观望，须临时相机开办者。刻各号以新茶届采，赶在开场运款，忙碌异常，各地茶司人员，亦将陆续齐到。其气象之蓬勃，实较盛于曩年。

浮梁茶市创重难复。浮邑亦产红茶要区，去年全县四乡庄号，不下七十余家。但因成本高昂，制法欠佳，茶身老草，洋商对此浮货，颇不重视。因是出盘苛缩，各号结束，亏折甚巨，其中血本全没者，尤居多数。今岁浮属各号，除江村、勅公、潘村等处十余村，已有少数开场外，余因受去年重创，势难重振旗鼓。截至近日至，浮路红茶庄号，非但不能增加，比较旧减少三十余家左右。去年婺源帮进山开办者，共有九家，本年婺帮进山者，仅有时利和、吉泰祥两家。兼之邻境匪氛未靖，有资本可办者，为免蹈危险，多不敢动办，市面之冷淡，实为近十年来所罕见。

修武茶市黯无生气。修水武宁，为赣省红茶最大产区。第近年屡遭匪劫，茶商损失甚巨。今岁该地新茶，虽届开采，而各乡茶号预备开庄办茶者，尚见寥寥。婺粤营口各帮，均惧于匪患未除，视为畏途。本地资本家，亦多匿迹销声，无人顾及。据浔地茶商言，本年筹进山开办者，仅婺帮一家，粤帮一家，其余均至临时观风再办。如匪患不靖，山价不低，则决无人敢冒险尝试，于此可知，修武本年茶市之黯无生气也。

《申报》1931年4月26日

## 秋浦茶市难望进展

秋浦与祁浮接壤，为皖中产茶名区，兼以交通便利，运输快捷，故该地营洋庄红茶者，日渐加多。前旧两载，因茶号过盛，山价骤涨，成本倍昂，结果多受亏折。今岁原有茶号，鉴于银根紧缩，外洋销路未见转机，本处茶叶原质，又不逮祁门为稳。慎计多半尚存观望，探其意旨，非俟山价大减，银根舒畅，不能动办。刻下筹备开场者，实寥若晨星，已不及往年之热闹，茶市前途，一时似无若何进展云。

《申报》1931年4月27日

# 祁门头茶正式开采

祁邑新茶，以立夏在近，各号因鉴去年采茶过迟，叶身老草，为洋商贬价受亏，迭促小户，提早开园。兼之近日天气晴明，极合晒坯，故西南两路早茶，昨日起已正式开采。茶身因得天时作美，受日光普晒，质味甚优，各店纷纷派员，赶赴茶区，设立支庄开秤。日内将有新盘开出，大宗新茶成交云。

《申报》1931年4月30日

# 浮梁后帮茶价趋跌

浮邑新茶，照今岁茶号减少，山价当较旧看低。不料祁门庄号林立，抬价竞进，浮虽欲抑价，而势已难能，不得不勉步后尘，随行就市，忍痛进办。故头字红茶新盘，最高者竟提至九十元零，次亦须七十元，各号□此市势趋狂，稳慎者多暂停秤止办。近日来，山户以新茶转瞬过时，茶身日劣，对前盘价，亦愿低减脱沽。连日市势，似有急转直下，各号办进二三字茶，每担山价，已由九十元已步，跌至五十元四十元左右，兼之股匪在茶区流窜图劫，远近茶号，咸具戒心，均不敢多收现洋存号。间有就此尽先收秤，冀免危险。如日内天时不晴，则茶价仍有向下之趋势。

《申报》1931年5月13日

# 祁浮茶价势难下落

祁浮新茶首字山价，经各号搜办，突破高峰，二三字茶照例价即趋下。又因前数日，天时转变，晴雨无定，山户出货稀缓，供不数求，致山价难即下落。近两日来，天气晴明，又利晒采，出货甚优，连日各路盘价，仍在九十至六十元。谨慎之

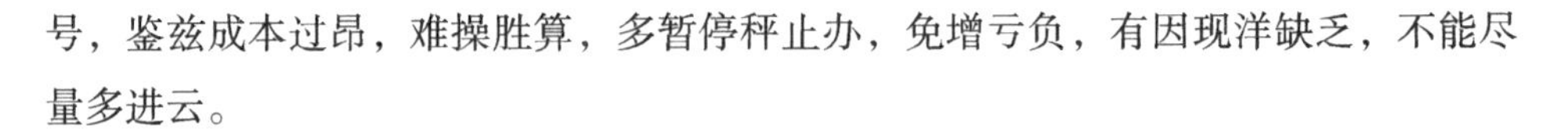
号，鉴兹成本过昂，难操胜算，多暂停秤止办，免增亏负，有因现洋缺乏，不能尽量多进云。

《申报》1931年5月13日

## 中国银行民国十九年度营业报告（续）

…………

茶叶。则因是年春初，天气寒冷，淫雨连绵，致发育上及烘制上，均受重大不良之影响。祁门红茶产额，约七万四千箱，较之上年，减少二万余箱。徽属各地绿茶产额，约四十五六万箱，与上年尚无大差，但出口数量则减百分之二七，价值则减去百分之三六。

…………

《申报》1931年5月22日

## 出洋箱茶减征营业税

按照资本额千分之五。

财政部昨复市商会电云，上海市商会览冬代电，悉查本部前据祁门茶商公会沁代电，免征出洋箱茶业营业税等情。当以该省茶叶制造业之营业税，应准核减，按照资本额千分之五等因，训令安徽财政厅遵照办理。嗣据上海洋庄茶业同业公会，电陈前由到部，亦经据案复知在卷，合即电仰知照，财政部有印。

《申报》1931年5月29日

## 祁门红茶已到沪

本埠新和昌来栈，已到有祁门新红茶五十三箱，并闻今日尚有数百箱，继续运到。据茶栈家意见，须俟长江运来之大帮到沪，方可正式布样云。

《申报》1931年5月31日

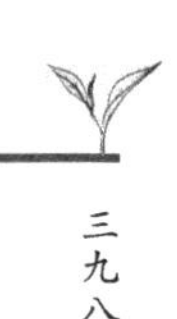

# 箱茶改征营业税

本邑出口洋庄箱茶，向由财厅派员设局专征。自裁厘实行后，各县茶税局，亦在被裁之例，所有箱茶，改征营业税，先后经祁门上海茶业公会，分电财部请免，已准予核减。刻本邑茶业同业公会，奉省转财部令，照资本额千分之五征收。该会奉令后，以事关创办，召集全体茶商会议，佥谓照资本额征收，诸多不实。拟按每箱征洋一角四分，免多寡争持，致起纠纷，驻祁黟婺营业税区专员李康民，日前已派胡某来婺着手调查，并使各茶商先行盖印登记，一俟调查完竣，即行开征。

《申报》1931年6月14日

一九三二

# 祁红茶之概况

## 一、青片价昂

祁产红茶，质味素优，近年洋商提价搜办后，徽属茶商目光，咸集视线于祁。各村茶年有增加，去年祁优青片白毫贡茶，市盘曾提高至三百数十两，实为祁茶空前未有之最高价，今岁负名茶号，更精益求精，在茶身微露银嘴时，即派员入山搜买。白毫开盘，每两八百文，青片每斤一元四角，合计每三百斤制成干茶百斤。每担成本，须扯三百余两，实为红茶中山价成本之最高盘云。

## 二、茶号乏洋

祁门红茶，开始采制，将一星期，近日洲山迟茶，因天时作美，亦露银枪，各山户为节气已届，均相继齐帮开园。月末两日，更因徽雨多晴，茶身受雨露浸润，质味增厚，日采得阳光，极利晒坯，出货颇称良好。祁西南及浮梁各村茶号，已纷纷派员出秤，设立支庄搜买。山价虽比旧稍高，但号商以本年沪上存茶售罄，不虞滞销，群竞争进，赶先成箱运沪，冀得新盘，惟天气仍寒冷，茶芽抽身不长，山户惜芽尖过嫩，恐收成缺歉，多不忍尽量采制，从容而摘。故新茶虽有上市，出货不甚踊跃。再目前号商所最感困难者，即现洋不易解运，原因景德屯溪两地，距祁浮均有百余途程，沿路盗匪充斥，虽景镇现洋充足，洋厘降低，号商为报血本计，咸不敢远道运现，纵有采运，亦辗转百般设法，煞费周章，故各号截至现在止，所有现洋不敷进办二帮茶者，比比皆是，扶摇造极之茶价，或将因现洋告乏，而即下降，亦未可知。

## 三、红茶开秤

祁门红茶，今岁因天气寒冷，茶身发育迟缓。近日天忽转暖，茶芽抽长，各山户以节令已届，纷纷提早开采，又值天气晴明，出茶甚好，各路茶号门支庄，已正式开秤。浮属□阳等处开出新盘，每担八十元，较旧提高十余元，祁属西南路开出新盘，自八十元至百二十余元，均较旧增加数元至十元，其抢办之热烈，尤以南河为甚。因今年祁庄茶号，均趋集于南路，如山户出货不旺，供不敷求，市价仍有继

续增高之趋势。又讯祁浮秋各路红茶，因天气放晴转暖，山户趁利晒坯，纷纷赶摘揉开出货甚为涌旺，各号正支庄，今日均齐帮开秤，竞相搜办，浮属白茅港一带，开出市盘，每担九十元，含滩一带，开出七十元，俱较旧见高七八元，秋属祥麟湾、英溪一带，开出七十元至八九十元，亦比去年提涨十元，祁属西南路，开出仍在百元上下，与日前市盘无增减，如连日天晴不雨，头茶新货，可以进齐云。

### 四、祁茶启运

祁门红茶，各号除首二帮陆续运沪外，三帮日内将齐堆。本月下旬，均可制竣收场，据祁庄之统计，本年各号进茶数量，俱较旧减少十分之三四，每家至多不逾三百箱，其故因采时多雨，出货不旺，迨后天气放晴，茶身已老草不柔，最后山价，亦随跌至三十元，经济见充之号，多办进作制花香，剩各号目光，咸希望首二帮得盘有利，待子茶出新，接做子庄云。

《国际贸易导报》1932年第4卷第2期

## 祁门红茶正式开秤

祁门红茶，今岁因天气多冷，茶身发育迟缓。近日天忽转暖，茶芽抽长，各山户以节令已届，纷纷提早开采，又值天气清明，出茶良好，各路丝号门支庄已正式开秤，浮属潘村等处，开出新盘每担八十元，较旧提高十余元，祁属西南路，开出新盘自八十元至百二十余元，均较旧增加十数元，其抢办之热烈，尤以南河为甚，因今年祁庄茶号，均趋集于南路，如山户出货不旺，供不应求，市价仍有增高趋势。

《银行周报》1932年第16卷第17期

## 茶　叶

十月份祁门宁州雨路之花香红茶，自英国加增茶类关税后，英国销路完全杜绝。俄国协助会，又复非廉不购，近数月来，除店庄略有销售外，去路异常阻滞，

近闻俄庄协助会洋行，对于市上所在之祁宁花香共计一万五千箱，因得总行电复许可，以八两一担之最低价扫数购进，就华商成本计之，仅敷做工水脚，亏折颇为巨大。兹将十月份运销各国数量列表如下。

**十月份本市茶叶运往各国或地区数量表(单位:担)**

| 茶名 / 国别或地区 | 绿茶 | 红茶 | 其他茶 | 总计 |
|---|---|---|---|---|
| 英国 | 4151 | 43862 | 84 | 48097 |
| 法国 | 196833 | 8316 | 3721 | 208870 |
| 美国 | 615827 | 85355 | 90285 | 791467 |
| 非洲 | 1191231 | 29270 | | 1220501 |
| 印度 | 150224 | 27045 | | 177269 |
| 中国香港 | 8831 | 2894 | 44695 | 56420 |
| 其他 | 49052 | 33320 | 15 | 82387 |
| 总计 | 2216149 | 230062 | 138800 | 2585011 |

《商业月刊》1932年第2卷第1期

# 后　记

本丛书虽然为2018年度国家出版基金资助项目，但资料搜集却经过十几年的时间。笔者2011年的硕士论文为《茶业经济与社会变迁——以晚清民国时期的祁门县为中心》，其中就搜集了不少近代祁门红茶史料。该论文于2014年获得安徽省哲学社会科学规划后期资助项目，经过修改，于2017年出版《近代祁门茶业经济研究》一书。在撰写本丛书的过程中，笔者先后到广州、合肥、上海、北京等地查阅资料，同时还在祁门县进行大量田野考察，也搜集了一些民间文献。这些资料为本丛书的出版奠定了坚实的基础。

2018年获得国家出版基金资助后，笔者在以前资料积累的基础上，多次赴屯溪、祁门、合肥、上海、北京等地查阅资料，搜集了很多报刊资料和珍稀的茶商账簿、分家书等。这些资料进一步丰富了本丛书的内容。

祁门红茶资料浩如烟海，又极为分散，因此，搜集、整理颇为不易。在十多年的资料整理中，笔者付出了很多心血，也得到了很多朋友、研究生的大力帮助。祁门县的胡永久先生、支品太先生、倪群先生、马立中先生、汪胜松先生等给笔者提供了很多帮助，他们要么提供资料，要么陪同笔者一起下乡考察。安徽大学徽学研究中心的刘伯山研究员还无私地将其搜集的《民国二十八年祁门王记集芝茶草、干茶总账》提供给笔者使用。安徽大学徽学研究中心的硕士研究生汪奔、安徽师范大学历史与社会学院的硕士研究生梁碧颖、王畅等帮助笔者整理和录入不少资料。对于他们的帮助一并表示感谢。

在课题申报、图书编辑出版的过程中，安徽师范大学出版社社长张奇才教授非常重视，并给予了极大支持，出版社诸多工作人员也做了很多工作。孙新文主任总体负责本丛书的策划、出版，做了大量工作。吴顺安、郭行洲、谢晓博、桑国磊、祝凤霞、何章艳、汪碧颖、蒋璐、李慧芳、牛佳等诸位老师为本丛书的编辑、校对付出了不少心血。在书稿校对中，恩师王世华教授对文字、标点、资料编排规范等

内容进行全面审订，避免了很多错误，为丛书增色不少。对于他们在本丛书出版中所做的工作表示感谢。

本丛书为祁门红茶资料的首次系统整理，有利于推动近代祁门红茶历史文化的研究。但资料的搜集整理是一项长期的工作，虽然笔者已经过十多年的努力，但仍有很多资料，如外文资料、档案资料等涉猎不多。这些资料的搜集、整理只好留在今后再进行。因笔者的学识有限，本丛书难免存在一些舛误，敬请专家学者批评指正。

康　健

2020年5月20日